中国农业统计资料汇编

1949-2004

国家统计局农村社会经济调查司 编

中国统计出版社
China Statistics Press

(京)新登字041号

图书在版编目（CIP）数据

中国农业统计资料汇编：1949-2004
/国家统计局农村社会经济调查司编.
-北京：中国统计出版社，2006.5
ISBN 7-5037-4858-3

Ⅰ.中…
Ⅱ.国…
Ⅲ.农业统计-统计资料-中国-1949~2004
Ⅳ.F322-66

中国版本图书馆CIP数据核字（2006）第017443号

中国农业统计资料汇编 1949-2004

作　者/国家统计局农村社会经济调查司编
责任编辑/佘竞雄
封面设计/艺编广告
出版发行/中国统计出版社
通信地址/北京市西城区月坛南街75号
邮政编码/100826
办公地址/北京市丰台区西三环南路甲6号
电　话/（010）63459084　63266600-22500（发行部）
印　刷/河北天普润印刷厂
经　销/新华书店
开　本/880×1230毫米　1/16
字　数/610千字
印　张/19.5
印　数/1—2200
版　别/2006年4月第1版
版　次/2006年4月第1次印刷
书　号/ISBN 7-5037-4858-3/F·2215
定　价/168.00元

《中国农业统计资料汇编1949－2004》编辑委员会

前言

中华人民共和国已经走过了55年光辉历程。55载风云翻卷而过，沧桑巨变抒写激情岁月。经过55年奋斗，特别是1978年中国改革开放以来，中国农村经济天翻地覆，粮食、棉花、油料、肉类、禽类等主要农产品产量跃居世界第一，农村产业结构日趋合理，农民收入逐年增加……几千年为温饱忙碌的中国农民，越过了贫困，从温饱线上逐步向小康迈进。

为了适应各级党政领导、专家学者、有关部门及各界关心三农、研究三农的需要，我们编辑了《中国农业统计资料汇编1949—2004》一书。本书从农村基层组织、农业生产条件、种植业、林业、畜牧业、渔业等各个方面，系统地反映了新中国成立55年来农业发展变化的概况。另外，书中分列了1978年以来的关键年份各省（自治区、直辖市）的主要农业生产数据，更方便了区域经济的研究。由于历史的原因，中国统计工作曾经中断过，1978年以前的部分统计资料缺失，虽经尽力，然难以补全，终成遗憾。虽然如此，本书仍不失为一本较为全面系统的农业统计资料书，具有较高的使用价值和珍藏价值。

值此《中国农业统计资料汇编1949—2004》出版之际，我们向为中国农业统计工作做出贡献的前辈们表示崇高的敬意，向辛勤工作在中国农业统计战线的全体同志表示亲切的慰问，向所有关心和支持中国农业统计工作的部门、组织和友人表示诚挚的感谢！

作为一部农业统计资料书，我们编辑的内容力求准确、全面、系统。但是，由于时间仓促，难免存在不足乃至错误，真诚欢迎社会各界在使用本书的同时，对本书提出宝贵意见。

国家统计局
农村社会经济调查司
2005年12月

编 者 说 明

一、《中国农业统计资料汇编 1949—2004》是一部全面反映中国农业生产发展历程的资料书。本书收录了 1949—2004 年全国主要农业统计资料和 1978—2004 年关键年份各省（自治区、直辖市）主要农业统计资料。

二、本书所收录的数据，主要源于国家统计局历年的农业统计数据，灾情等个别数据根据部门数据作了部分调整。全国资料均未包括香港、澳门特别行政区和台湾省。

三、由于统计计量单位的变化，过去使用亿斤、万亩，现改为万吨、千公顷，部分数据尾数可能产生一些误差。另外，农机、水果等部分指标数据出现千位以下为零的情况，原因是过去以万台、万吨计量，现改为台、吨计量。

四、表中“空格”表示该统计数据不详或数据不足最小计量单位；“* ”表示本表下有注解。

目录

第一部分　发展综述

第二部分　全国农业统计数据

一、农村基本情况

二、农业生产条件与灾害情况

三、农业生产发展水平

第1部分

发展综述

中国农业发展概要

新中国成立后，特别是改革开放以来，中国农村发生了翻天覆地的变化。到了本世纪初，呈现在人们面前的农业，已远非昔日可比，新的技术、装备，新的管理经验和理念，特别是市场化的浪潮，不断地推动着农业商品化、社会化和现代化的进程。农村经济迅速发展，社会面貌发生巨变，广大农民正在成长为具有时代精神的新一代农民。

统计是数字化的历史，这些凝结着农村统计人心血和汗水的数字，展示了中国农村经济发展的坚实步伐，描绘着社会主义新农村奋进腾飞的瑰丽画卷。

农村基层组织

1958 年我国农村成立人民公社 23630 个，1963 年达到 80956 个，此后，呈减少趋势，1978 年为 52781 个。1983 年农村推行联产承包责任制以后，人民公社改为乡镇。1985 年，乡镇总数达到72153个。近年来，各地逐步撤并乡镇，乡镇总数逐年减少。2004年乡镇总数为 36952 个，其中乡 17781 个，镇 19171 个。

村民委员会是农村按居住地区设立的基层群众性自治组织。1957 年村委会为 46.7 万个，到 1985 年达到 94.1 万个。随着撤并乡镇，调整村委会，农村村民委员会呈减少趋势，2004 年为 65.3 万个。

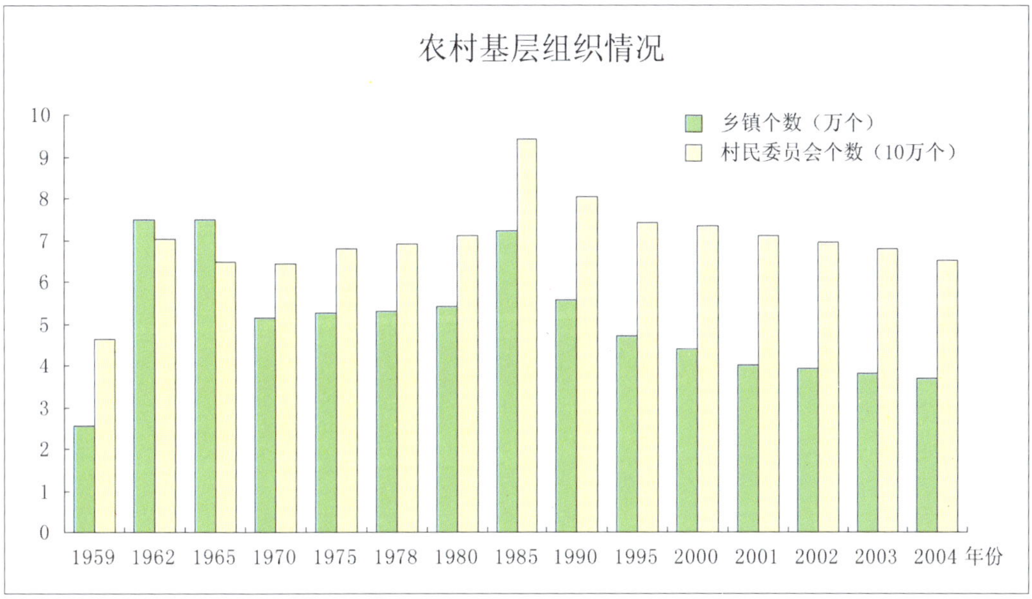

农业生产条件

新中国成立以来，我国农业生产条件有了较大的改善。物质投入不断增加，农业现代化水平逐步提高。

乡村从业人员

1958 年，乡村从业人员总数为 15492 万人。随着农村人口的增长，乡村从业人员逐年增加。1978 年，乡村从业人员为 30638 万人。到 2004 年，乡村从业人员总数达到 49695 万人，为 1958 年的 3.2 倍，为 1978 年的 1.6 倍。

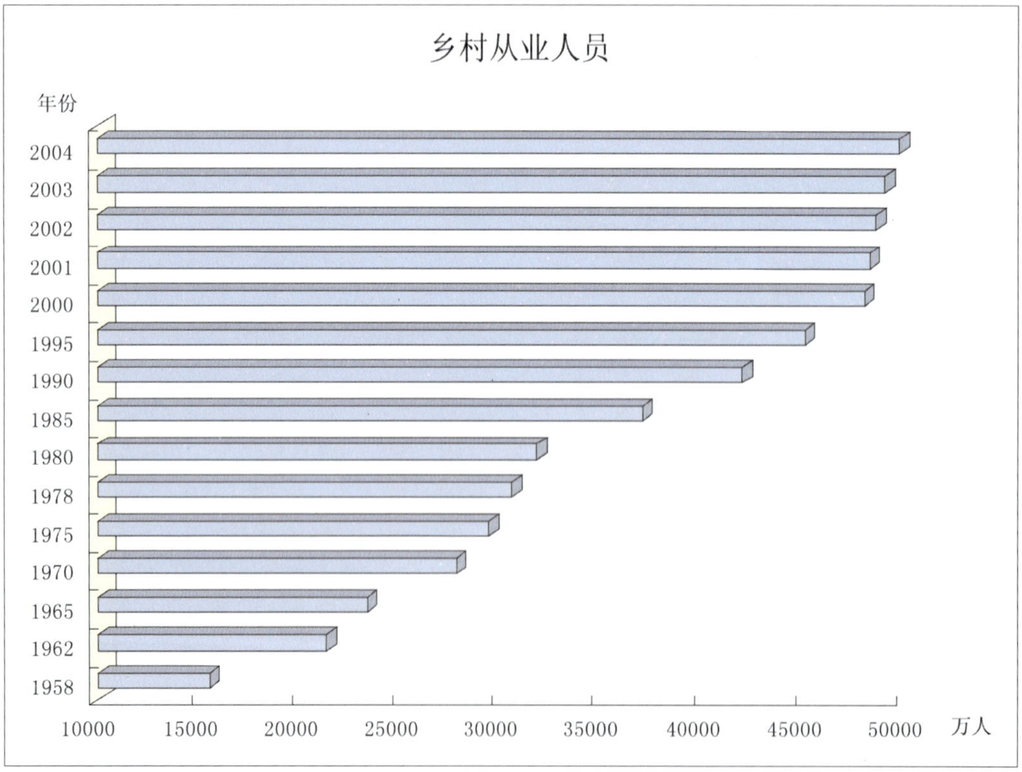

乡村从业人员构成

改革开放以来，随着农业生产水平的提高和农村经济的全面发展，乡村从业人员开始向非农行业转移。在乡村从业人员行业结构中，农村工业、建筑业、运输业、贸易餐饮业及其他非农业比重逐年上升，农林牧渔业比重连续下降。1985 年从事农林牧渔业生产的人员比重为 81.9%，2004 年这一比重为 61.6%，减少了 20.3 个百分点；相应地，从事非农行业的人员比重达到 38.4%，比 1985 年提高了 20.3 个百分点。农村非农产业的蓬勃发展，成了农村经济中一道亮丽的风景线。

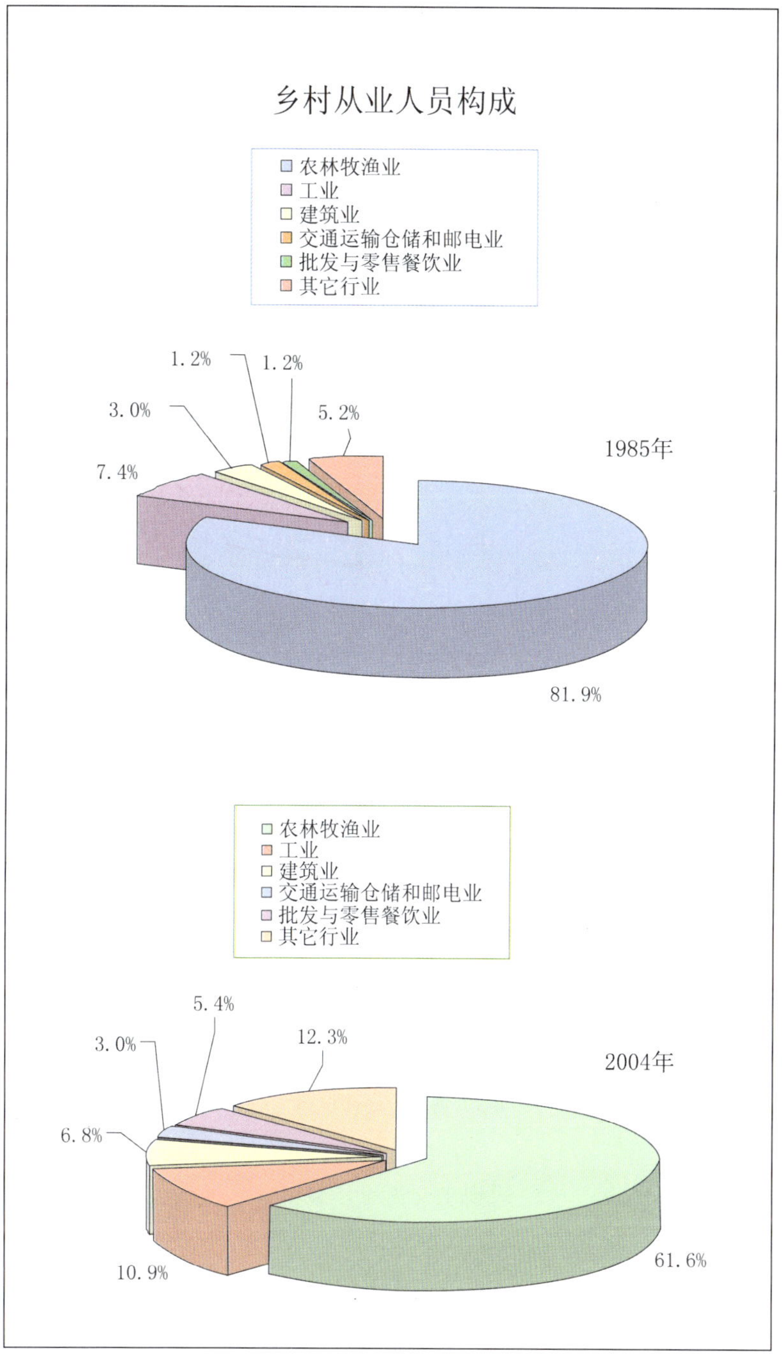

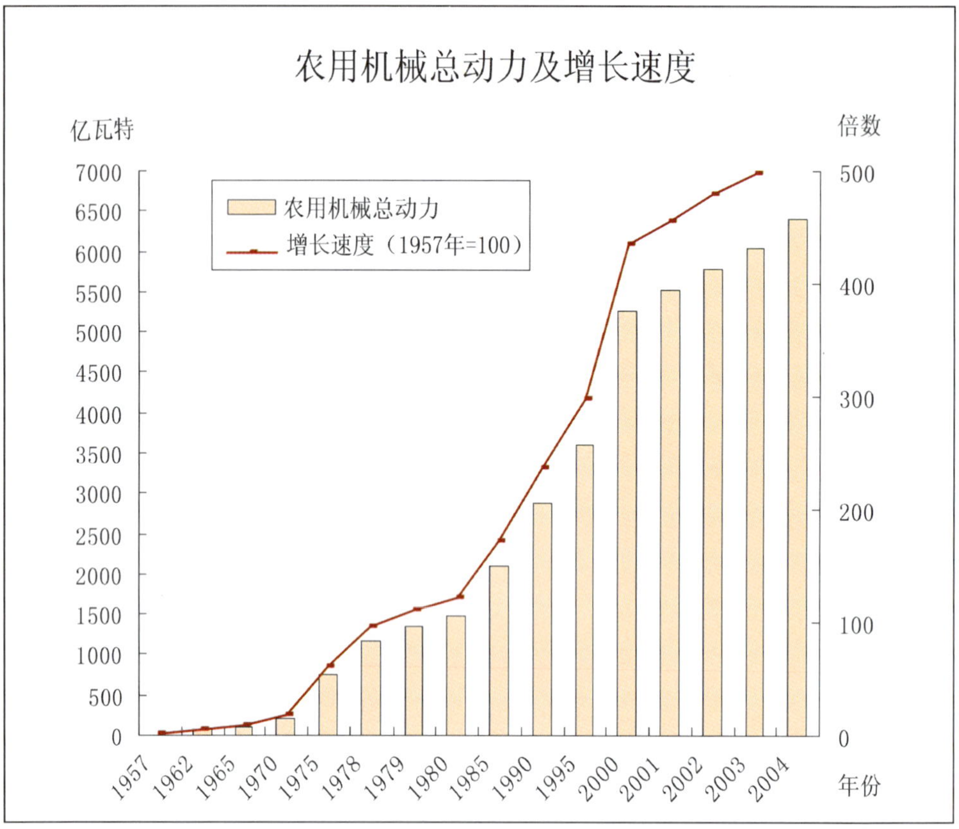

农业机械化

55 年来，我国主要农业机械拥有量显著增加，农业机械化水平快速提高。1952 年农业机械总动力仅为 18.4 万千瓦。1978 年达到 11750 万千瓦，为 1952 年的 638 倍。2004 年达到 64028 万千瓦，分别为 1952 年和 1978 年的 3479 倍和 5.4 倍。

农村水电灌溉化肥

1952 年乡村办水电站为 98 个，装机容量仅为 8000 千瓦。1978 年乡村办水电站达到 8.2 万个，装机容量达到 228.4 万千瓦，比 1952 年增长 840 倍。近年来，由于干旱和各地关停并转原因，乡村办水电站逐年减少，但装机容量仍呈上升趋势。2004 年乡村办水电站为 2.7 万个，装机容量为 993.8 万千瓦。

1952 年农田有效灌溉面积为 1996 万公顷。1978 年达到 4497 万公顷，比 1952 年增长 1.5 倍。2004 年达到 5448 万公顷，比 1978 年增长 21.2%。

1952 年化肥施用量（纯量）为 7.8 万吨。1978 年达到 884 万吨，为 1952 年的 113 倍。2004 年达到 4637 万吨，比 1978 年增长 5.2 倍。

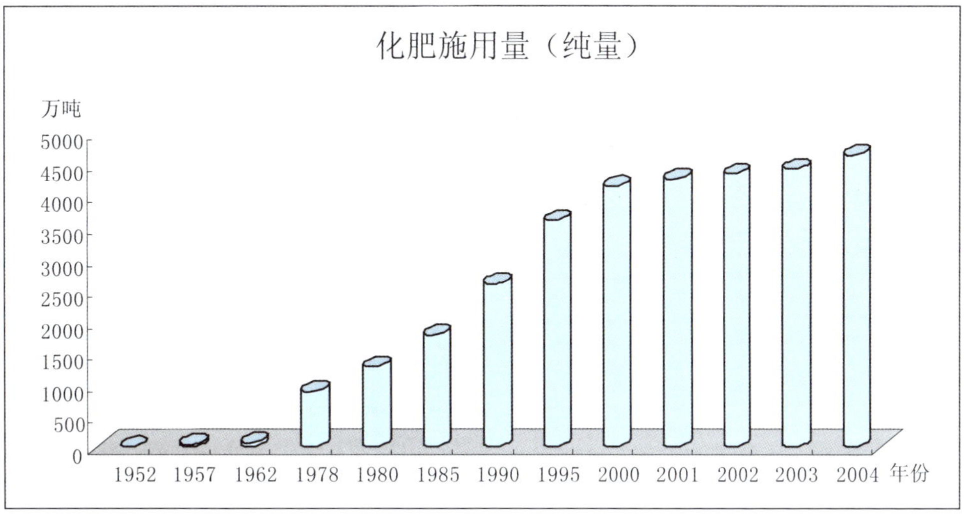
化肥施用量（纯量）
万吨
5000
4500
4000
3500
3000
2500
2000
1500
1000
500
0
1952 1957 1962 1978 1980 1985 1990 1995 2000 2001 2002 2003 2004 年份

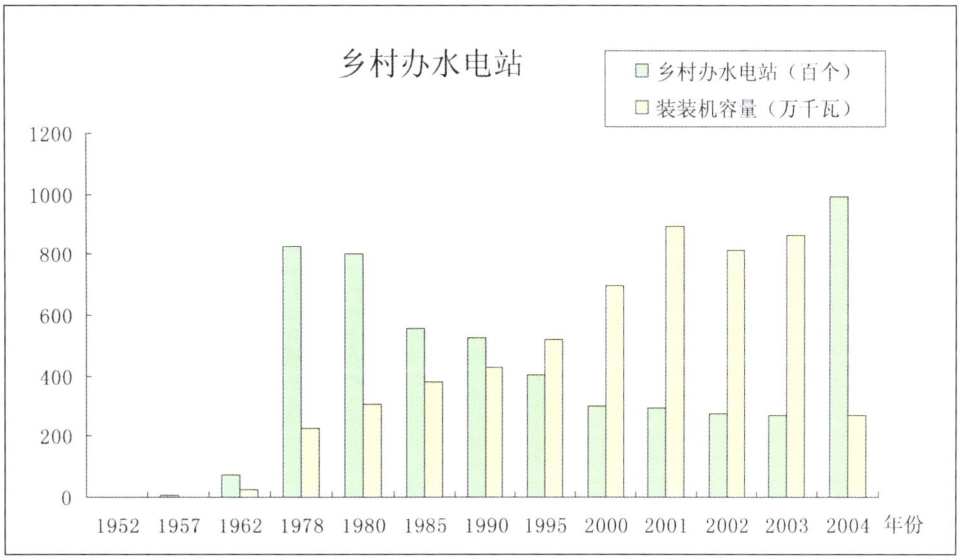
乡村办水电站
乡村办水电站（百个）
装装机容量（万千瓦）
1200
1000
800
600
400
200
0
1952 1957 1962 1978 1980 1985 1990 1995 2000 2001 2002 2003 2004 年份

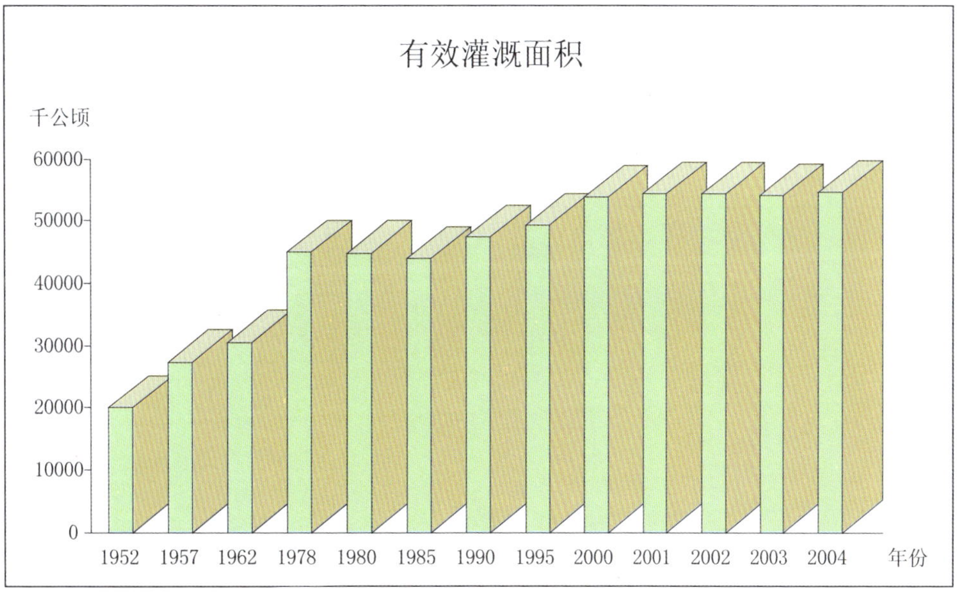
有效灌溉面积
千公顷
60000
50000
40000
30000
20000
10000
0
1952 1957 1962 1978 1980 1985 1990 1995 2000 2001 2002 2003 2004 年份

农村经济

新中国成立以来，特别是党的十一届三中全会以来，农村经济全面发展。2004年，农林牧渔业总产值达到36239亿元，为1952年的9.9倍，为1978年的4.8倍。

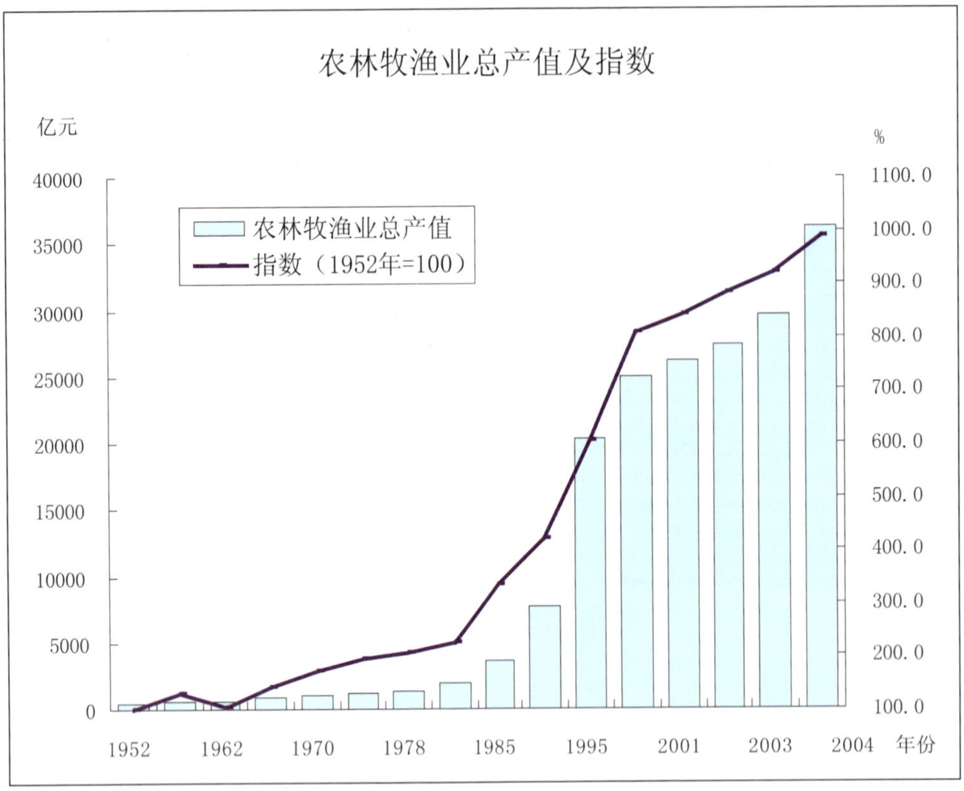

农村产业结构

农村产业结构发生了巨大变化。近年来我国农业面对加入世贸组织后的新形势，以增加农民收入为目标，认真落实党在农村的各项方针、政策，适应市场需求调整产业结构和布局，取得明显成效。1952 年农作物种植业产值占农林牧渔业总产值的比重为 85.9%，1985 年下降为 69.2%，下降 16.7 个百分点。2003 年起这一比重已下降到 50%。

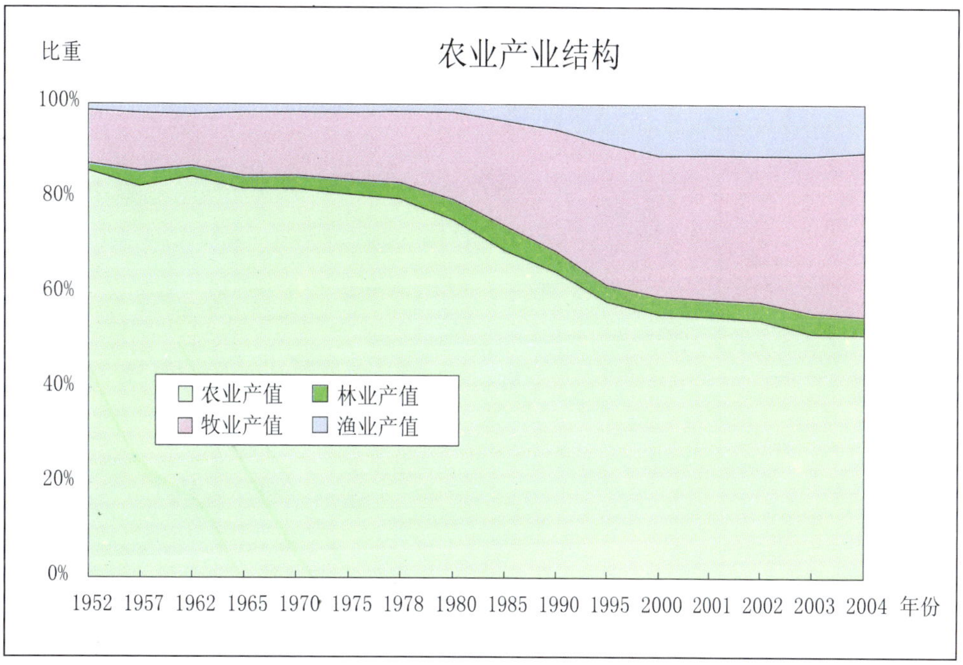

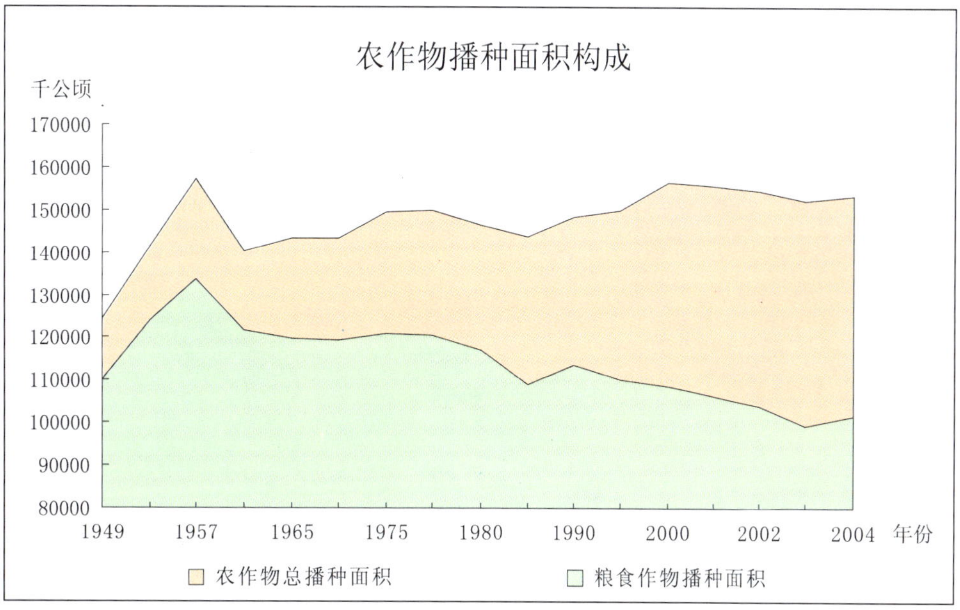

畜产品结构

随着畜产品数量的增长，畜产品结构也不断优化。猪肉占肉类总产量的比重1985年为85.9%，2004年这个比重下降到64.9%；牛羊肉则由8.6%上升到14.8%；禽肉及其他肉类也占到了19.3%。比重额度的变化，体现了生产结构更趋于合理，也使我国居民的膳食营养结构更为科学。

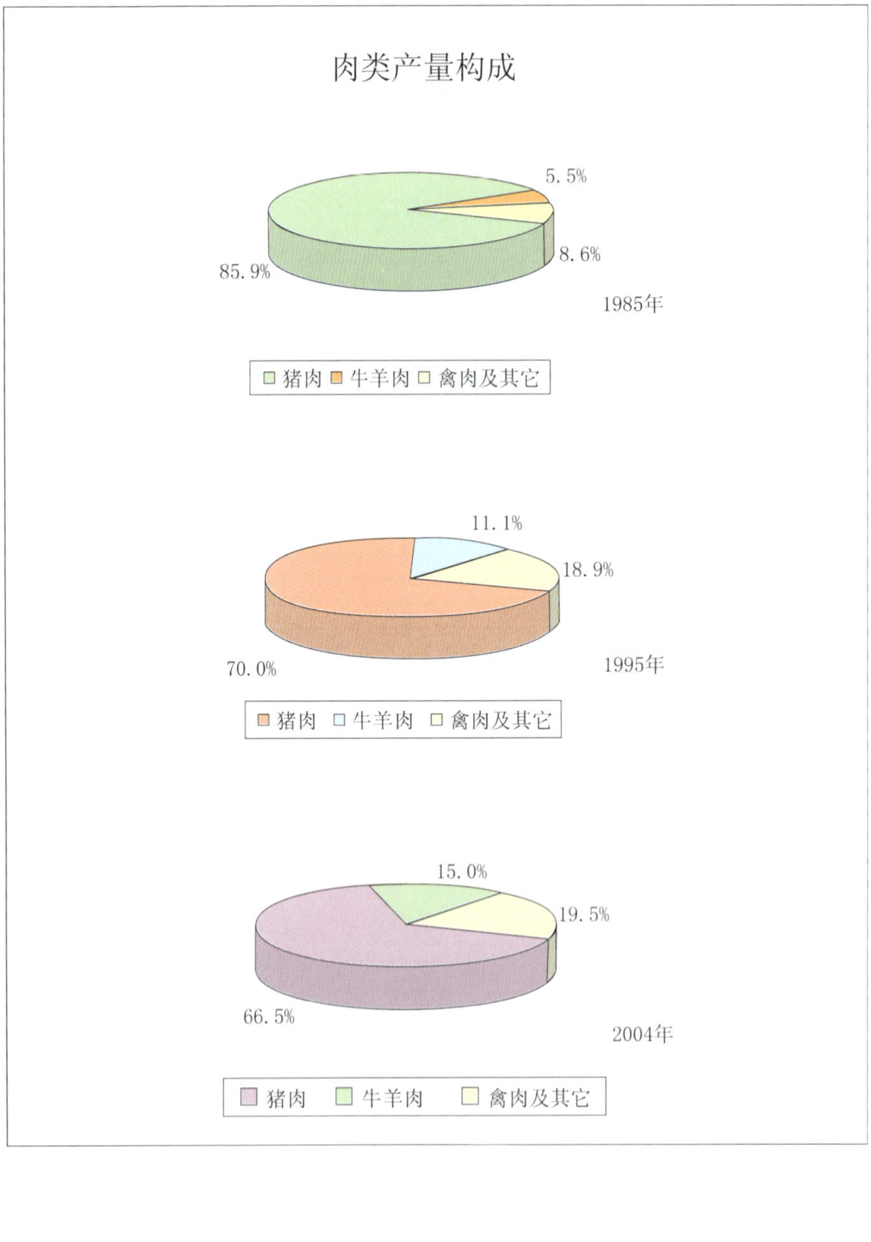

农业生产

农村生产迅速发展，农业综合生产能力显著提高。我国粮食、棉花、肉类、禽蛋、水果和水产品产量均为世界第一。

粮食

新中国成立以来，粮食生产有了长足的发展。1998 年全国粮食总产量达到 51230 万吨，为 1949 年的 4.5 倍；人均粮食占有量由 1949 年的 209 公斤，提高到 1998 年的 412 公斤，实现了粮食基本自给。近年来，由于农业种植结构调整和自然灾害的影响，产量有所减产，但 5 年来，粮食总产量均保持在 45000 万吨左右。2004 年党和国家的富民政策大大促进了农民种粮积极性，粮食大幅度增产。2004 年粮食产量达到 46947 万吨，为 1949 年的 3.1 倍，人均占有量 362 公斤，为 1949 年的 1.7 倍。

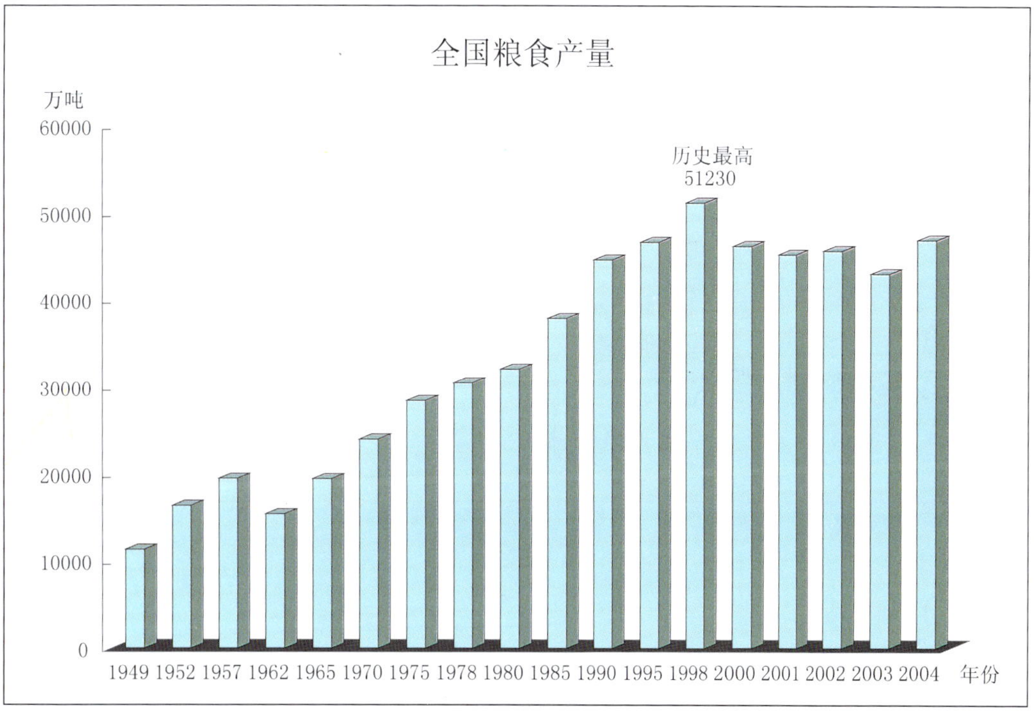

棉花

1949 我国棉花总产量仅为 44 万吨，2004 年达到 632 万吨，为 1949 年的 13.4 倍。人均占有量也由 1949 年的 0.8 公斤，提高到 4.9 公斤。中国棉花已由严重短缺，发展到自给有余。

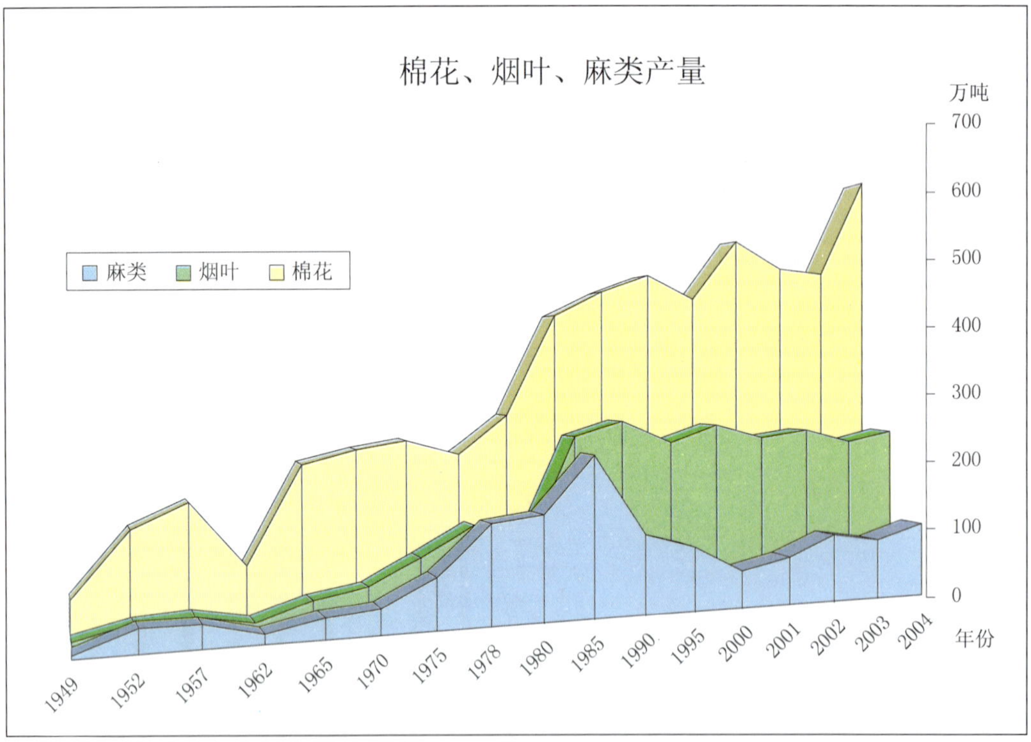

油料

1978 年我国油料产量达到 522 万吨，比 1949 年增长 1 倍多，年均增长约 2.5%。党的十一届三中全会以后，随着农村改革的深入和全国居民生活水平的提高，油料生产有了飞速的发展，到 2004 年全国油料产量达 3066 万吨，比 1949 年增长了 11 倍。2003 年人均占有量达到 21.8 公斤，为 1949 年的 4.6 倍。

糖料

1949 年我国糖料产量为 283 万吨，人均占有仅为 5.2 公斤。2004 年糖料产量提高到 9571 万吨，人均占有量达到 74.8 公斤，分别比 1949 年增长 34 倍和 14 倍。

水果

1949 年我国水果产量仅为 120 万吨，人均只有 2.2 公斤，水果被看作是生活奢侈品。经过 55 年的发展，特别是农村改革开放以来 20 多年的发展，我国水果产量有了大幅度的提高。2004 年产量达 8394 万吨，人均占有 58.6 公斤，分别为 1949 年的 63 倍和 27 倍。寻常百姓家的“果篮子”日益丰盛。

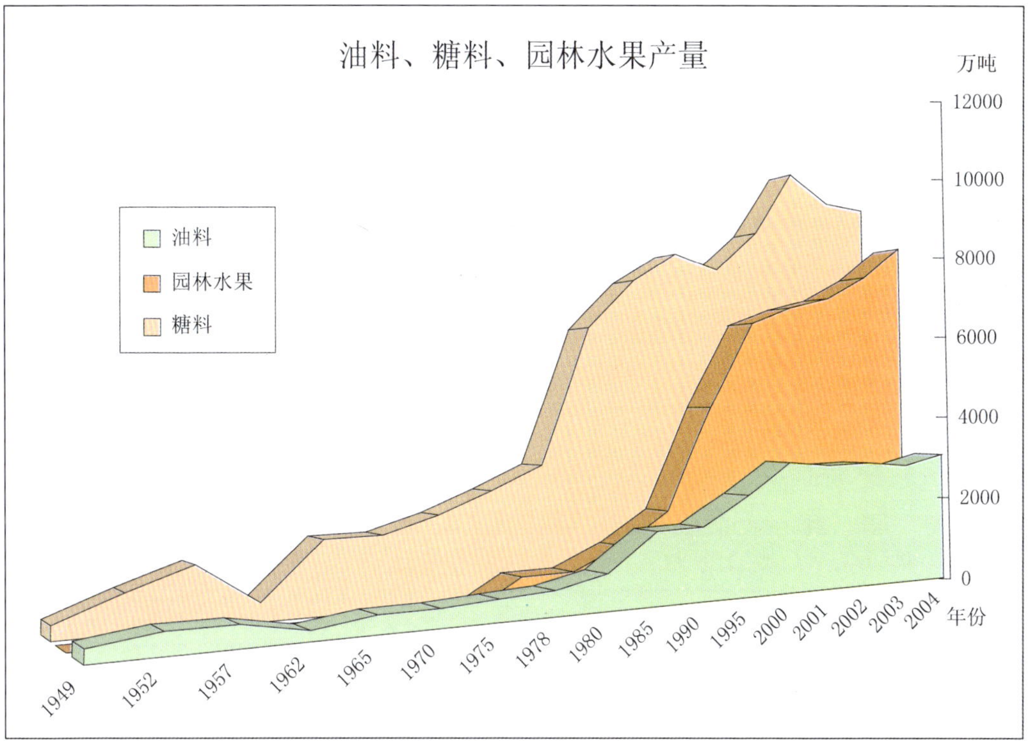

肉类总产量

新中国成立以来，随着我国经济的全面发展和人民生活水平的提高，我国畜牧业生产也有了较快的发展。1949 年我国猪牛羊肉产量仅为 220 万吨，1978 年达到 865 万吨，为 1949 年的 3.9 倍；2004 年达到 7245 万吨，为 1949 年的倍。“食有肉”，不再是百姓的梦想。

水产品产量

1949 年全国水产品产量为 44.8 万吨，人均占有仅为 0.8 公斤；2004 年达到 4902 万吨，人均占有达到 37.8 公斤，分别为 1949 年的 109 倍和 47.3 倍。我国水产品养殖量已占到水产品产量的60%，成为令世界瞩目的水产养殖大国。

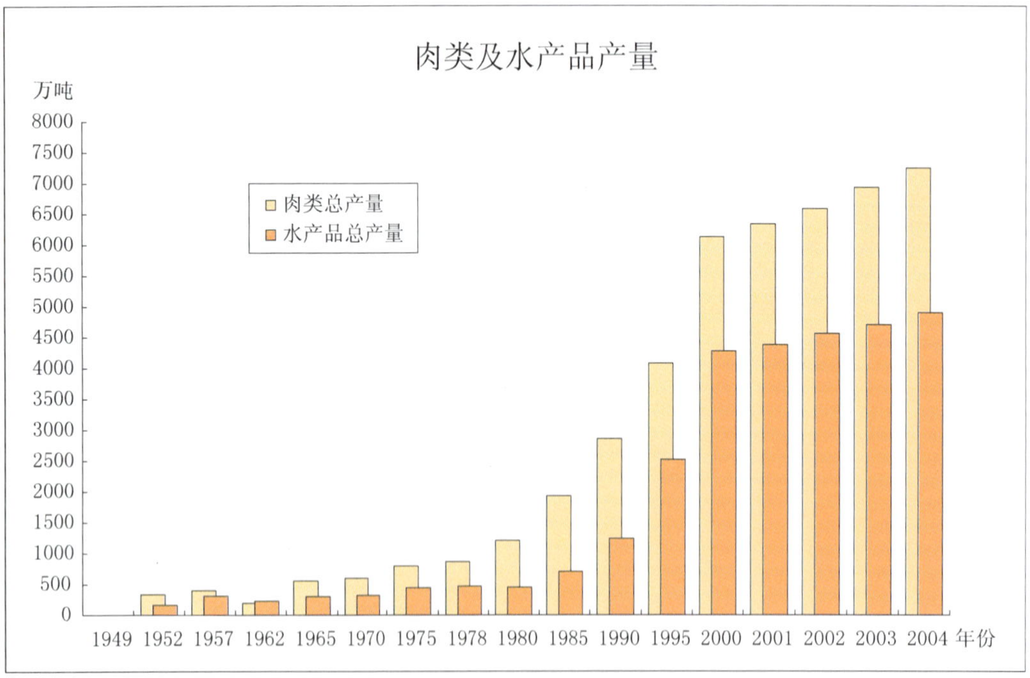

农民生活

50 多年来，农村居民生活水平显著提高，基本实现了从贫困到小康的跨越。2004 年人均纯收入 2936.4 元，扣除物价因素，比 1978 年实际增长 5.9 倍。居民消费结构明显改善，到 2004 年我国农村居民家庭恩格尔系数已降至 45.6%。

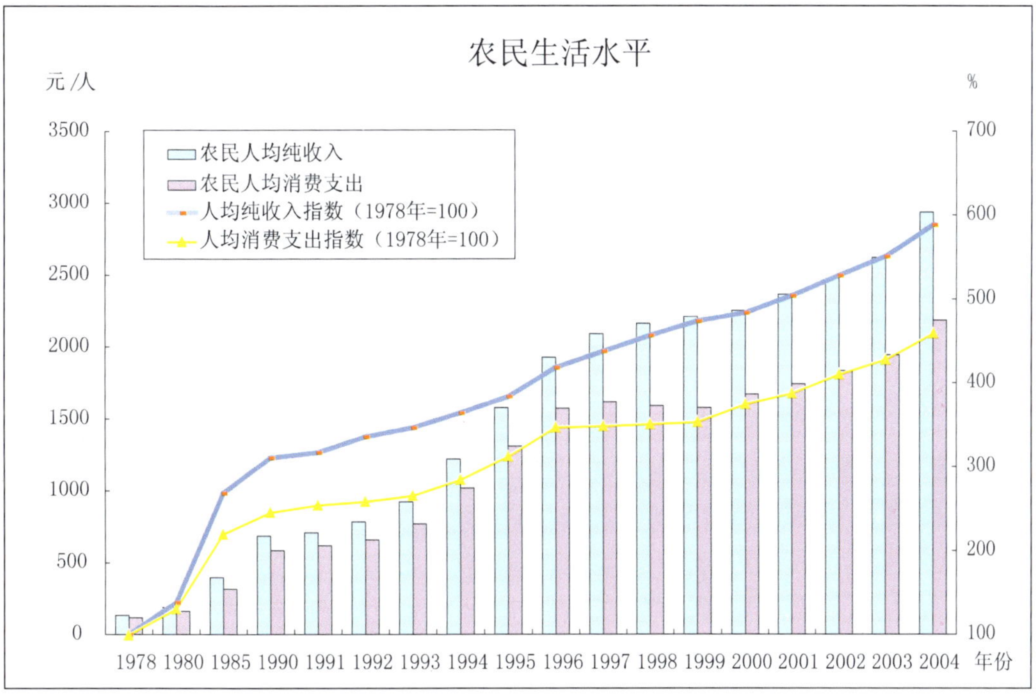

第2部分

全国农业统计数据

一、农村基本情况

2—1 全国农村基本情况

年 份	乡镇个数（个）	乡个数（个）	镇个数（个）	村民委员会个数（个）	乡村户数（万户）	乡村人口（万人）
1958	23630				12861	56017
1962	74771			703000	13410	
1965	74755			648000	13527	59122
1970	51478			643000	15178	69984
1975	52615			677000	16448	77712
1978	52781			690388	17347	80320
1980	54183			709820	17673	81096
1981	54371			718022	18016	81881
1982	54352			719438	18279	82799
1983	56331			750141	18523	83536
1984	72182			933485	18793	84301
1985	72153	83182	7956	940617	19077	84420
1986	71521	61766	9755	847894	19575	85007
1987	68296	58016	10280	830302	20168	85713
1988	56002	45393	10609	740375	20859	86725
1989	55764	44704	11060	746432	21504	87831
1990	55838	44446	11392	743278	22237	89590
1991	55542	43660	11882	804153	22566	90525
1992	48250	34115	14135	806032	22849	91154
1993	48179	32956	15223	802352	22984	91334
1994	48075	31642	16433	802052	23165	91526
1995	47136	29854	17282	740150	23282	91675
1996	45484	27486	17998	740128	23438	91941
1997	44689	26287	18402	739447	23406	91525
1998	45462	26402	19060	739980	23678	91960
1999	44741	25557	19184	737429	23811	92216
2000	43735	24043	19692	734715	24149	92820
2001	40161	19692	19555	709257	24432	93383
2002	39054	19243	19811	694515	24569	93503
2003	38028	18440	19588	678589	24793	93751
2004	36952	17781	19171	652718	24971	94254

二、农业生产条件与灾害情况

2—2 全国乡村从业人员及主要行业分布

单位:万人

年份	乡村从业人员	按性别划分		按行业划分					
		男	女	农林牧渔业	工业	建筑业	交运仓储和邮电业	批零贸易餐饮业	其它行业
1958	15492.0								
1962	21278.0								
1965	23398.0								
1970	27814.0								
1975	29459.0								
1978	30637.8			28455.6					
1980	31835.9	17379.7	14456.2	29808.4	916.3				
1981	32672.3	17839.5	14832.8	30677.6	882.7				
1982	33866.5	18517.4	15349.1	31152.7	878.7	378.9	114.7		
1983	34689.8	18946.5	15743.3	31645.1	873.0	482.5	160.9		
1984	35967.6	19663.3	16304.3	31685.0	1033.6	811.4	316.4		
1985	37065.1	20153.2	16911.9	30351.5	2741.0	1130.1	434.1	462.6	1945.8
1986	37989.8	20692.4	17297.4	30467.9	3139.3	1308.6	506.1	531.8	2036.1
1987	39000.4	21212.5	17787.9	30870.0	3297.2	1431.3	562.5	606.9	2232.5
1988	40066.7	21727.7	18339.0	31455.7	3412.8	1526.0	607.3	657.1	2407.8
1989	40938.8	22218.3	18720.5	32440.5	3255.6	1501.8	614.2	652.4	2474.3
1990	42009.5	22551.8	19457.7	33336.4	3228.7	1522.8	635.3	693.2	2593.1
1991	43092.5	23121.9	19970.6	34186.3	3267.9	1533.8	655.0	722.8	2726.7
1992	43801.6	23449.9	20351.7	34037.0	3468.2	1658.8	706.3	813.7	3117.6
1993	44255.7	23653.1	20602.6	33258.2	3659.0	1886.8	799.9	948.8	3703.0
1994	44654.1	23854.1	20800.0	32690.3	3849.5	2057.3	908.3	1084.3	4064.4
1995	45041.8	24037.4	21004.4	32334.5	3970.7	2203.6	983.0	1170.4	4379.6
1996	45288.0	24154.9	21133.1	32260.4	4018.5	2304.3	1027.6	1261.5	4415.7
1997	46234.3	24633.4	21600.9	32677.9	4031.3	2373.7	1059.0	1386.8	4705.6
1998	46432.3	24733.1	21699.2	32626.4	3928.6	2453.5	1087.9	1461.9	4874.0
1999	46896.5	24995.7	21900.8	32911.8	3953.0	2531.9	1115.8	1584.6	4799.4
2000	47962.1	25517.8	22444.3	32797.5	4108.6	2691.7	1170.6	1751.8	5441.9
2001	48228.9	25685.4	22543.5	32451.0	4296.0	2797.4	1205.4	1864.5	5614.6
2002	48526.9	25850.1	22676.7	31990.6	4505.6	2959.0	1259.1	1996.8	5815.8
2003	48971.0	26121.0	22850.0	31259.6	4937.1	3201.1	1328.2	2059.2	6185.9
2004	49695.3	26525.8	23169.5	30596.0	5438.9	3380.5	1475.9	2701.6	6102.4

2—3 全国主要农业机械拥有量

年 份	农用机械总动力（万千瓦）	大中型拖拉机（台）	大中型拖拉机（万千瓦）	小型拖拉机（台）	小型拖拉机（万千瓦）	大中型拖拉机配套农具（万部）	小型拖拉机配套农具（万部）
1949							
1952	18.4	1307					
1957	121.4	14674					
1962	757.0	54938		919			
1965	1098.8	72599		3956			
1970	2165.3	125498		78309			
1975	7478.6	344518		598533			
1978	11749.9	557358	1755.0	1373000	1171.2	119.2	145.4
1980	14745.7	744865	2369.3	1874000	1615.5	136.9	219.1
1981	15680.1	792032	2522.7	2037000	1759.8	139.0	221.5
1982	16614.2	812447	2613.2	2287000	1988.9	137.4	230.5
1983	18021.9	840776	2708.1	2750000	2391.7	130.8	262.3
1984	19497.2	853914	2719.7	3298000	2887.3	123.5	291.8
1985	20912.5	852357	2743.6	3824000	3367.0	112.8	320.2
1986	22950.0	866463	2807.0	4526000	4003.0	100.6	383.0
1987	24836.0	880952	2876.0	5300000	4713.0	103.5	413.4
1988	26575.0	870187	2896.0	5958000	5319.0	97.1	520.1
1989	28067.0	848220	2814.0	6543000	5848.0	99.1	604.3
1990	28707.7	813521	2745.5	6981000	6231.4	97.4	648.8
1991	29388.6	784466	2682.4	7304000	6528.6	99.1	732.7
1992	30308.4	758904	2630.2	7507000	6604.0	104.4	830.8
1993	31816.6	721216	2532.5	7883400	7042.8	100.1	865.7
1994	33802.5	693154	2463.4	8236687	7399.7	98.0	866.2
1995	36118.1	671846	2404.1	8646356	7848.1	99.1	958.0
1996	38546.9	670848	2415.1	9189200	8385.2	105.0	1091.2
1997	42015.6	689051	2486.6	10484813	9337.2	115.7	1253.0
1998	45207.7	725215	2587.9	11220551	10031.5	120.4	1437.8
1999	48996.1	784216	2772.8	12002509	11008.9	132.0	1621.0
2000	52573.6	974547	3161.1	12643696	11663.9	140.0	1788.8
2001	55172.1	829900	2901.7	13050840	12257.9	146.9	1882.2
2002	57929.9	911670	3073.4	13393884	12695.0	157.9	2003.4
2003	60386.5	980560	3229.8	13777056	13060.2	169.8	2117.2
2004	64027.9	1118636	3713.1	14549279	13855.4	188.7	2309.7

2—3 续

年份	农用排灌电动机		农用排灌柴油机		联合收割机		渔用机动船	
	（万台）	（万千瓦）	（万台）	（万千瓦）	（台）	（万千瓦）	（艘）	（万千瓦）
1949								
1952					284			
1957					1789		1485	7.6
1962					5906		5657	33.3
1965					6704		7789	47.1
1970					8002		14200	73.0
1975					12551		33701	157.1
1978	225.6	2253.4	265.7	2521.6	18987		47176	213.6
1980	258.3	2728.5	289.9	2717.7	27045	105.8	61022	258.5
1981	269.1	2790.3	285.5	2673.3	31268	134.9	73586	293.2
1982	283.4	2932.2	284.2	2653.3	33904	141.1	95692	322.3
1983	303.0	3022.3	294.7	2701.3	35728	153.8	120167	326.8
1984	316.6	3113.5	289.0	2616.0	35861	160.7	143430	335.2
1985	286.5	3149.3	286.5	2566.0	34573	163.3	172582	367.2
1986	336.9	3291.0	304.3	2690.0	30945	140.0	205923	424.0
1987	354.7	3397.0	320.2	2818.0	33802	173.0	238628	486.0
1988	391.5	3517.0	349.2	2998.0	35004	177.0	262126	545.0
1989	413.2	3607.0	386.7	3207.0	36582	184.0	289205	609.0
1990	430.8	3748.8	411.1	3348.5	38719	190.9	320927	696.0
1991	454.1	3785.9	433.0	3447.1	43996	213.1	329843	733.4
1992	468.3	3867.8	437.7	3441.6	51075	228.7	335875	786.1
1993	480.0	3900.6	455.4	3613.1	56304	236.5	334656	804.4
1994	513.3	4098.8	471.2	3731.0	63918	253.7	351327	831.1
1995	510.3	4038.1	491.2	3839.0	75351	242.7	376813	965.7
1996	571.2	4405.3	509.3	3984.9	96378	302.0	358869	864.1
1997	627.1	4569.4	546.1	4292.4	141312	370.9	400010	1084.0
1998	664.5	4726.7	581.6	4499.0	182629	467.5	411322	1174.4
1999	700.5	4843.6	645.0	4934.6	226036	570.5	417379	1253.1
2000	741.3	4983.9	688.1	5232.6	262578	660.9	459888	1338.7
2001	775.7	5115.9	728.6	5580.0	282871	744.5	480125	1379.7
2002	810.9	5301.8	750.6	5667.9	310147	855.7	485693	1381.2
2003	837.1	5336.1	749.6	5592.8	365041	1085.8	478123	1425.9
2004	883.5	5459.8	777.5	5804.2	410520	1265.6	486878	1384.2

2—4 全国农村电力、水利建设情况

年 份	乡村办水电站（个）	乡村办水电站装机容量（万千瓦）	乡村办水电站发电量（亿千瓦时）	农村用电量（亿千瓦时）	有效灌溉面积（千公顷）
1949					
1952	98	0.8		0.5	19959.0
1957	544	2.0		1.4	27339.0
1962	7436	25.2		16.1	30545.0
1965				37.1	
1970	29202	70.9		95.7	
1975	68158	144.4		183.1	
1978	82387	228.4		253.1	44965.0
1979	83224	276.3		282.7	45003.1
1980	80319	304.1		320.8	44888.1
1981	74017	336.0		369.9	44573.8
1982	66256	353.0		396.9	44176.9
1983	62328	346.3		435.2	44644.1
1984	60062	361.5		464.0	44453.0
1985	55754	380.2		508.9	44035.9
1986	54136	387.9		586.7	44225.8
1987	51978	394.1		658.8	44403.0
1988	51558	461.1		712.0	44375.9
1989	50862	416.8		790.5	44917.2
1990	52387	428.8		844.5	47403.1
1991	49644	456.9		963.2	47822.1
1992	48082	478.7		1106.9	48590.1
1993	45153	481.9	138.5	1244.9	48727.9
1994	48722	503.6	139.2	1473.9	48759.1
1995	40699	519.5	134.1	1655.7	49281.2
1996	37743	533.7	153.1	1812.7	50381.4
1997	36117	562.5	173.6	1980.1	51238.5
1998	33185	634.8	182.9	2042.2	52295.6
1999	31678	664.1	185.4	2173.4	53158.4
2000	29962	698.5	205.0	2421.3	53820.3
2001	29183	896.6	213.8	2610.8	54249.4
2002	27633	812.2	235.5	2993.4	54354.9
2003	26696	862.3	237.6	3432.9	54014.2
2004	27115	993.8	271.2	3933.0	54478.4

2—5 全国主要农用物资使用情况

年份	农用化肥施用量（折纯量）（万吨）	氮肥（万吨）	磷肥（万吨）	钾肥（万吨）	复合肥（万吨）	农用塑料薄膜使用量（吨）	农用柴油使用量（万吨）	农药使用量（吨）
1949								
1952	7.8							
1957	37.3							
1962	63.0							
1965	194.2							
1970								
1975								
1978	884.0							
1979	1086.3	825.9	223.5	31.6				
1980	1269.4	934.2	273.3	34.6	27.2			
1981	1334.9	942.0	295.6	40.7	56.6			
1982	1513.4	1043.3	344.8	56.8	68.5			
1983	1659.8	1163.8	351.4	58.4	86.2			
1984	1739.8	1215.3	328.6	69.4	126.5			
1985	1775.8	1204.9	310.9	80.4	179.6			
1986	1930.6	1312.6	359.8	77.4	180.8			
1987	1999.3	1326.8	371.9	91.9	208.7			
1988	2141.5	1417.1	382.1	101.2	241.2			
1989	2357.1	1536.8	418.9	120.5	280.9			
1990	2590.3	1638.4	462.4	147.9	341.6			
1991	2805.1	1726.1	499.6	173.9	405.5	642145		765307
1992	2930.2	1756.1	515.7	196.0	462.4	780611		799174
1993	3151.9	1835.1	575.1	212.3	529.4	707321	938.3	844800
1994	3317.9	1882.0	600.7	234.8	600.6	887064	966.6	978551
1995	3593.7	2021.9	632.4	268.5	670.8	915487	1087.8	1087044
1996	3827.9	2145.3	658.4	289.6	734.7	1056151	1076.1	1140812
1997	3980.7	2171.7	689.1	322.0	798.1	1161532	1229.5	1195466
1998	4083.7	2233.3	682.5	345.7	822.0	1206867	1314.7	1231700
1999	4124.3	2180.9	697.8	365.6	880.0	1258674	1354.3	1321620
2000	4146.4	2161.5	690.5	376.5	917.9	1335446	1405.0	1279533
2001	4253.8	2164.1	705.7	399.6	983.7	1449286	1485.3	1274820
2002	4339.4	2157.3	712.2	422.4	1040.4	1530756	1507.5	1312284
2003	4411.6	2149.9	713.9	438.0	1109.8	1591670	1574.6	1325226
2004	4636.6	2221.9	736.0	467.3	1204.0	1679985	1819.5	1386028

2—6 全国农作物受灾、成灾面积

单位：千公顷

年份	受灾面积合计	旱灾	水灾	风雹	霜冻
1949					
1952	9137	4236	2794	1159	947
1957	29149	17205	8083	1411	2451
1962	37175	20808	9810	2544	2743
1965	20804	13631	5587	1091	495
1970	9974	5723	3129		
1975	35379	24832	6817		
1978	50807	32641	3109	6410	1308
1980	50025	21901	9687	6477	2352
1981	39786	25693	8625	4294	1175
1982	33133	20697	8361	2872	1203
1983	34713	16089	12162	5709	754
1984	31887	15819	10632	4927	509
1985	44365	22989	14197	6230	949
1986	47135	31042	9155	4880	2008
1987	42086	24920	8686	5981	2499
1988	50874	32904	11949	5029	991
1989	46991	29358	11328	4359	1896
1990	38474	18175	11804	6354	2141
1991	55472	24914	24596	4247	1715
1992	51333	32980	9423	5225	3705
1993	48829	21098	16387	6628	4716
1994	55043	30425	17329	3793	1919
1995	45821	23455	12731	4476	3576
1996	46989	20151	18146	4145	2047
1997	53427	33516	11415	4493	2287
1998	50145	14236	22292	4740	8665
1999	49981	30156	9020	3590	6626
2000	54688	40541	7323	2307	2795
2001	52215	38472	6042	3627	2978
2002	46946	22124	12288	7477	4212
2003	54506	24852	19208	4791	4483
2004	37106	17253	7314	5797	3711

2—6 续

单位：千公顷

年 份	成灾面积合 计	旱灾	水灾	风雹	霜冻
1949	8525		8525		
1952	4433	2589	1844		
1957	14983	7400	6032		224
1962	17286	8691	6318	1067	1210
1965	11223	8107	2813	153	150
1970	3295	1931	1234		
1975	10239	5318	3467		
1978	24457	16564	2012	3559	804
1980	29777	14174	6070	3878	1463
1981	18743	12134	3973	2000	629
1982	16117	9972	4397	1172	510
1983	16209	7586	5747	2557	319
1984	15607	7015	5395	2854	343
1985	22705	10063	8949	3353	341
1986	23656	14765	5601	2689	571
1987	20393	13033	4104	2287	969
1988	24503	15303	6128	1989	531
1989	24449	15262	5917	2279	965
1990	17819	7805	5605	3415	994
1991	27814	10559	14614	2017	625
1992	25895	17049	4464	2324	2058
1993	23133	8657	8611	3637	2228
1994	31383	17049	10744	2143	672
1995	22267	10401	7604	2075	1791
1996	21234	6247	10855	2116	902
1997	30307	20012	5839	2951	831
1998	25181	5060	13785	3132	3103
1999	26731	16614	5071	2037	2690
2000	34374	26784	4321	1162	1032
2001	31793	23698	3614	2056	1777
2002	27160	13174	7388	3832	2293
2003	32516	14470	12289	2928	2110
2004	16297	8482	3747	2191	1665

三、农业生产发展水平

2—7 全国农林牧渔业增加值和指数

年份	农林牧渔业增加值(亿元)	指数	
		以1978年为100	以上年为100
1978	1018.4	100.0	104.1
1979	1258.9	106.1	106.1
1980	1359.4	104.5	98.5
1981	1545.6	111.9	107.0
1982	1761.6	124.8	111.5
1983	1960.8	135.1	108.3
1984	2295.5	152.6	112.9
1985	2541.6	155.4	101.8
1986	2763.9	160.5	103.3
1987	3204.3	168.1	104.7
1988	3861.0	172.3	102.5
1989	4228.0	177.6	103.1
1990	5017.0	190.7	107.3
1991	5288.6	195.2	102.4
1992	5743.9	203.1	104.1
1993	6882.3	211.2	104.0
1994	9457.2	219.6	104.0
1995	11993.4	229.5	104.5
1996	13391.2	241.2	105.1
1997	14148.6	251.6	104.3
1998	14555.7	260.4	103.5
1999	14457.2	267.7	102.8
2000	14628.1	274.1	102.4
2001	15411.9	281.8	102.8
2002	16117.3	290.0	102.9
2003	17508.1	297.3	102.5
2004	21224.9	316.0	106.3

注:1.指数按可比价格计算。
2.自2003年起执行新国民经济行业分类标准,农林牧渔业总产值、增加值、中间消耗均包括农林牧渔服务业。

2—8 全国农林牧渔业总产值

（按当年价格计算）

单位:亿元

年 份	农林牧渔业总产值	#农业产值	林业产值	牧业产值	渔业产值
1952	461.00	395.95	7.28	51.72	6.05
1957	537.00	443.93	17.51	65.41	10.15
1962	584.00	494.65	13.02	63.77	12.56
1965	833.00	684.31	22.32	111.54	14.83
1970	1021.00	838.44	28.59	136.61	17.36
1975	1260.00	1020.46	39.18	178.44	21.92
1978	1397.00	1117.60	48.06	209.27	22.07
1979	1697.60	1325.30	60.70	285.60	26.00
1980	1922.60	1454.14	81.38	354.23	32.85
1981	2180.62	1635.87	98.89	402.17	43.69
1982	2483.26	1865.30	110.04	456.70	51.22
1983	2750.00	2074.47	127.20	485.11	63.22
1984	3214.13	2380.15	161.61	587.32	85.05
1985	3619.49	2506.39	188.68	798.31	126.11
1986	4013.01	2771.75	201.19	875.71	164.36
1987	4675.70	3160.49	221.98	1068.37	224.86
1988	5865.27	3666.89	275.30	1600.61	322.47
1989	6534.73	4100.58	284.92	1800.38	348.85
1990	7662.09	4954.26	330.27	1967.00	410.56
1991	8157.03	5146.43	367.90	2159.22	483.48
1992	9084.71	5588.02	422.61	2460.52	613.48
1993	10995.53	6605.14	494.00	3014.40	881.99
1994	15750.47	9169.22	611.07	4671.99	1298.19
1995	20340.86	11884.63	709.94	6044.98	1701.31
1996	22353.73	13539.75	778.01	6015.54	2020.43
1997	23788.36	13852.54	817.76	6835.36	2282.70
1998	24541.86	14241.88	851.26	7025.84	2422.88
1999	24519.06	14106.22	886.30	6997.58	2529.04
2000	24915.77	13873.59	936.52	7393.08	2712.57
2001	26179.64	14462.79	938.75	7963.13	2814.97
2002	27390.75	14931.54	1033.50	8454.64	2971.07
2003	29691.80	14870.11	1239.93	9538.81	3137.61
2004	36238.99	18138.36	1327.12	12173.80	3605.60

2—9　全国农林牧渔业总产值构成

（按当年价格计算）

单位：%

年　份	以农林牧渔业总产值为100			
	农业产值	林业产值	牧业产值	渔业产值
1952	85.9	1.6	11.2	1.3
1957	82.7	3.3	12.2	1.9
1962	84.7	2.2	10.9	2.2
1965	82.2	2.7	13.4	1.8
1970	82.1	2.8	13.4	1.7
1975	81.0	3.1	14.2	1.7
1978	80.0	3.4	15.0	1.6
1979	78.1	3.6	16.8	1.5
1980	75.6	4.2	18.4	1.7
1981	75.0	4.5	18.4	2.0
1982	75.1	4.4	18.4	2.1
1983	75.4	4.6	17.6	2.3
1984	74.1	5.0	18.3	2.6
1985	69.2	5.2	22.1	3.5
1986	69.1	5.0	21.8	4.1
1987	67.6	4.7	22.8	4.8
1988	62.5	4.7	27.3	5.5
1989	62.8	4.4	27.6	5.3
1990	64.7	4.3	25.7	5.4
1991	63.1	4.5	26.5	5.9
1992	61.5	4.7	27.1	6.8
1993	60.1	4.5	27.4	8.0
1994	58.2	3.9	29.7	8.2
1995	58.4	3.5	29.7	8.4
1996	60.6	3.5	26.9	9.0
1997	58.2	3.4	28.8	9.6
1998	58.0	3.5	28.6	9.9
1999	57.5	3.6	28.5	10.4
2000	55.7	3.8	29.7	10.8
2001	55.2	3.6	30.4	10.8
2002	54.5	3.8	30.9	10.8
2003	50.1	4.2	32.1	10.6
2004	50.1	3.7	33.6	9.9

2—10 全国农林牧渔业总产值

单位:亿元

年 份	农林牧渔业总产值	农业产值	林业产值	牧业产值	渔业产值
	(按1957年不变价格计算)				
1952	417.00	364.90	2.90	47.90	1.30
1957	536.70	455.50	9.30	69.00	2.90
1962	430.30	370.80	7.30	44.50	
1965	589.60	484.80	12.00	82.70	10.10
1970	716.30	596.80	16.00	92.60	10.90
	(按1970年不变价格计算)				
1975	1202.40	966.80	37.10	179.40	19.10
1978	1288.70	1031.00	44.40	193.00	20.30
1979	1386.30	1100.50	45.00	221.20	19.60
	(按1980年不变价格计算)				
1980	1964.50	1491.60	94.50	339.60	38.80
1981	2091.40	1592.90	98.40	359.60	40.50
1982	2327.60	1767.34	106.80	407.96	45.50
1983	2508.20	1917.06	117.70	423.99	49.40
1984	2815.60	2136.83	140.10	480.61	58.10
1985	2912.20	2133.39	146.40	563.29	69.10
1986	3010.70	2191.32	141.20	594.85	83.30
1987	3185.14	2332.06	140.83	613.90	98.35
1988	3309.70	2364.33	144.11	691.48	109.78
1989	3412.76	2420.72	144.62	729.78	117.64
	(按1990年不变价格计算)				
1990	8151.21	5190.79	378.43	2048.80	533.19
1991	8451.76	5239.60	408.55	2229.67	573.94
1992	8989.12	5461.34	439.89	2426.08	661.81
1993	9692.87	5747.23	475.26	2686.77	783.61
1994	10525.89	5933.82	517.33	3134.38	940.36
1995	11670.71	6404.96	543.44	3599.07	1123.24
1996	12127.00	6901.58	574.00	3371.19	1280.23
1997	12942.35	7209.98	593.07	3711.68	1427.62
1998	13712.76	7564.64	610.37	3984.52	1553.23
1999	14351.44	7891.10	629.61	4165.86	1664.87
2000	14863.90	7999.82	663.37	4428.29	1772.42
2001	15493.96	8288.27	658.61	4705.60	1841.48
2002	16259.68	8611.68	705.20	4988.53	1954.27
2003	16997.22	8005.48	818.72	5564.28	2067.11

2—11 全国农林牧渔业总产值指数

（以1952年为100）

年份	农林牧渔业总产值	农业产值	林业产值	牧业产值	渔业产值
1949	65.2	64.6	55.2	70.4	46.2
1952	100.0	100.0	100.0	100.0	100.0
1957	128.7	124.8	320.7	144.1	223.1
1962	103.2	101.6	251.7	92.9	592.3
1965	141.4	132.9	413.8	172.7	776.9
1970	171.8	163.6	551.7	193.3	838.5
1975	192.4	179.4	745.5	232.2	1150.3
1978	206.2	191.3	892.2	249.8	1222.5
1979	221.8	204.2	904.2	286.3	1180.4
1980	224.9	203.6	1014.8	306.4	1270.7
1981	239.5	217.4	1056.6	324.4	1326.4
1982	266.5	241.2	1146.8	368.0	1490.1
1983	287.2	261.7	1263.9	382.5	1617.8
1984	322.4	291.7	1504.4	433.6	1902.8
1985	333.4	291.2	1572.1	508.2	2263.0
1986	344.7	299.1	1516.2	536.6	2728.1
1987	364.7	318.3	1512.3	553.8	3221.0
1988	379.0	322.4	1547.5	623.8	3595.3
1989	390.8	330.4	1553.0	658.3	3852.7
1990	420.5	356.7	1601.1	704.4	4238.2
1991	436.0	360.1	1728.5	766.5	4562.1
1992	463.0	375.3	1861.1	834.1	5260.5
1993	500.0	394.9	2010.4	923.8	6222.5
1994	543.0	407.5	2189.3	1078.1	7467.0
1995	602.2	439.7	2298.8	1237.7	8915.6
1996	658.9	474.0	2428.1	1379.0	10161.8
1997	703.2	495.2	2508.7	1518.3	11331.4
1998	745.0	519.6	2582.0	1629.9	12328.6
1999	779.7	542.0	2664.6	1704.0	13215.0
2000	807.8	549.6	2808.5	1811.4	14074.0
2001	842.0	569.4	2788.4	1924.8	14622.3
2002	883.6	591.6	2985.6	2040.5	15518.0
2003	918.9	591.6	3194.6	2183.3	16293.9
2004	987.8	641.9	3258.5	2340.5	17271.5

注：本表按可比价格计算。

2—12 全国主要农作物播种面积

单位：千公顷

年份	农作物总播种面积	粮食作物播种面积	按季节分			按作物品种分					
			夏粮	早稻	秋粮	谷物	稻谷	小麦	玉米	高粱	谷子
1949	124286	109959	29117	5623	75219		25709	21515	12915	8922	9207
1952	141256	123979	32264	5781	85934		28382	24780	12566	9385	9835
1957	157244	133633	36479	7872	89282		32241	27542	14943	6634	8377
1962	140229	121621	32371	6575	82675		26935	24075	12819	6327	6429
1965	143291	119627	30700	8007	80920		29825	24709	15671	6150	6562
1970	143487	119267	29633	10264	79370		32358	25458	15831	5219	6913
1975	149545	121062	30873	12819	77370		35729	27661	18598	4670	4918
1978	150104	120587	31885	12189	76513		34421	29183	19961	3458	4271
1980	146380	117234	31000	11110	75124		33878	28844	20087	2693	3872
1981	145157	114958	29870	10642	74445		33295	28307	19425	2610	3889
1982	144755	113462	29609	10511	73342		33071	27955	18543	2784	4039
1983	143993	114047	30453	10496	73099		33136	29050	18824	2707	4087
1984	144221	112884	31097	10262	71525		33178	29576	18537	2450	3797
1985	143626	108845	30396	9575	68874		32070	29218	17694	1937	3318
1986	144204	110933	30729	9543	70661		32266	29616	19124	1876	2980
1987	144957	111268	30511	9370	71387		32193	28798	20212	1864	2688
1988	144869	110123	30898	9220	70004		31987	28785	19692	1784	2513
1989	146554	112205	31385	9365	71455		32700	29841	20353	1630	2396
1990	148362	113466	32043	9418	72005		33064	30753	21401	1545	2278
1991	149586	112314	32216	9132	70965	94073	32590	30948	21574	1388	2081
1992	149007	110560	31674	8768	70117	92520	32090	30496	21044	1299	1867
1993	147741	110509	31703	7999	70807	88912	30355	30235	20694	1342	1832
1994	148241	109544	30917	8002	70625	87537	30171	28981	21152	1369	1672
1995	149879	110060	30820	8199	71041	89310	30744	28860	22776	1215	1522
1996	152381	112548	31418	8284	72846	92207	31406	29611	24498	1292	1514
1997	153969	112912	32025	8161	72726	91964	31765	30057	23775	1083	1442
1998	155706	113787	31839	7808	74141	92117	31214	29774	25239	969	1410
1999	156373	113161	31099	7575	74487	91617	31283	28855	25904	979	1329
2000	156300	108463	29588	6820	72055	85264	29962	26653	23056	889	1250
2001	155708	106080	27928	6388	71764	82596	28812	24664	24282	783	1148
2002	154636	103891	27414	5873	70604	81466	28202	23908	24634	843	1140
2003	152415	99410	25735	5590	68086	76810	26508	21997	24068	722	1024
2004	153553	101606	25176	5947	70484	79350	28379	21626	25446	567	916

2—12续1

单位:千公顷

年 份	豆类	大豆	薯类	棉花	油料	花生	油菜籽	芝麻
1949		8319	7011	2770	4228	1255	1515	
1952		11679	8688	5576	5714	1804	1863	
1957		12748	10495	5775	6932	2541	2308	
1962		9504	12171	3497	4153	1301	1361	
1965		8593	11175	5003	5167	1846	1822	
1970		7985	10717	4997	4522	1709	1453	
1975		6999	10969	4955	5652	1877	2313	
1978		7144	11796	4866	6222	1768	2600	638
1980		7226	10153	4920	7928	2339	2844	776
1981		8024	9620	5185	9134	2472	3801	818
1982		8419	9370	5828	9343	2416	4122	965
1983		7567	9402	6077	8390	2201	3669	789
1984		7286	8988	6923	8678	2421	3413	858
1985		7718	8572	5140	11800	3318	4494	1052
1986		8295	8685	4306	11415	3253	4916	1007
1987		8445	8868	4844	11181	3022	5267	869
1988		8120	9054	5535	10619	2977	4936	704
1989		8057	9097	5203	10504	2946	4993	722
1990		7560	9121	5588	10900	2907	5503	669
1991	9163	7041	9078	6538	11530	2880	6133	680
1992	8983	7221	9057	6835	11489	2976	5976	746
1993	12377	9454	9220	4985	11142	3379	5300	754
1994	12736	9222	9270	5528	12081	3776	5783	690
1995	11232	8127	9519	5422	13102	3809	6907	642
1996	10543	7471	9797	4722	12555	3616	6734	594
1997	11164	8346	9785	4491	12381	3722	6475	615
1998	11671	8500	10000	4459	12919	4039	6527	630
1999	11189	7962	10355	3726	13906	4268	6899	697
2000	12660	9307	10538	4041	15400	4856	7494	784
2001	13268	9482	10217	4810	14631	4991	7095	758
2002	12543	8720	9881	4184	14766	4921	7143	759
2003	12898	9313	9702	5111	14990	5057	7221	687
2004	12799	9589	9457	5693	14431	4745	7271	624

2—12 续 2

单位：千公顷

年份	麻类	黄红麻	苎麻	糖料	甘蔗	甜菜	烟叶	烤烟
1949		29		124	108	16		61
1952		158	45	218	183	35		186
1957		143	81	426	267	159		355
1962		62	24	237	154	83		176
1965		113	50	522	351	171		325
1970		135	44	586	387	199	387	291
1975		297	40	826	523	303	610	460
1978	751	412	36	879	549	331	784	613
1980	666	314	44	922	480	443	512	397
1981	591	306	48	987	551	436	757	586
1982	459	246	47	1116	653	462	1124	888
1983	389	227	39	1198	654	544	768	572
1984	486	320	39	1230	728	502	897	715
1985	1231	992	86	1525	965	560	1313	1077
1986	762	345	272	1470	950	520	1125	894
1987	967	272	516	1357	859	498	1128	913
1988	735	277	272	1669	924	745	1555	1304
1989	563	286	149	1529	959	569	1798	1503
1990	495	300	81	1679	1009	670	1593	1342
1991	453	270	54	1947	1164	783	1804	1562
1992	434	277	53	1906	1246	660	2093	1849
1993	420	274	50	1687	1088	599	2089	1835
1994	372	176	83	1755	1057	698	1490	1302
1995	376	147	97	1820	1125	695	1470	1309
1996	349	147	93	1846	1207	638	1853	1683
1997	327	162	84	1923	1311	612	2353	2161
1998	224	93	78	1984	1401	583	1361	1200
1999	205	65	74	1644	1303	341	1374	1216
2000	262	50	96	1514	1185	329	1437	1269
2001	323	52	114	1654	1248	406	1340	1181
2002	338	55	125	1872	1393	424	1328	1192
2003	337	41	128	1657	1409	248	1264	1139
2004	332	32	126	1568	1378	190	1266	1145

2—13 全国主要农作物产量

单位：万吨

年份	粮食总产量	按季节分			按作物品种分					
		夏粮	早稻	秋粮	谷物	稻谷	小麦	玉米	高粱	谷子
1949	11318	1900	996	8423		4865	1381	1242	675	780
1952	16392	2337	1180	12875		6843	1813	1685	1110	1153
1957	19505	3029	1934	14542		8678	2364	2144	765	856
1962	15441	2320	1461	11661		6299	1667	1626	607	531
1963	17000	2375	1671	12955		7377	1848	2058	686	601
1964	18750	2609	2028	14114		8300	2084	2269	668	683
1965	19453	3210	2495	13748		8772	2522	2366	712	621
1970	23996	3408	3741	16847		10999	2919	3303	880	974
1975	28452	4992	4870	18590		12556	4531	4722	1077	716
1978	30477	5938	5081	19458		13693	5384	5595	807	656
1980	32056	5928	4914	21214		13991	5521	6260	678	545
1981	32502	6399	4954	21150		14396	5964	5921	665	577
1982	35450	7334	5306	22810		16160	6847	6056	699	658
1983	38728	8444	5077	25207		16887	8139	6821	836	754
1984	40731	9199	5331	26202		17826	8782	7341	772	703
1985	37911	8874	4881	24157		16857	8581	6383	561	598
1986	39151	9329	4962	24860		17222	9004	7086	538	454
1987	40298	9106	4763	26428		17426	8590	7924	543	436
1988	39408	9099	4701	25608		16911	8543	7735	559	441
1989	40755	9375	4798	26581		18013	9081	7893	444	375
1990	44624	10013	5058	29554		18933	9823	9682	568	458
1991	43529	9841	4625	29064	39566	18381	9595	9877	494	342
1992	44266	10328	4649	29290	40170	18622	10159	9538	467	332
1993	45649	10842	4115	30692	40517	17751	10639	10270	551	400
1994	44510	10430	4086	29994	39389	17593	9930	9928	633	370
1995	46662	10693	4222	31747	41612	18523	10221	11199	476	302
1996	50454	11427	4398	34628	45127	19510	11057	12747	567	357
1997	49417	12768	4578	32071	44349	20073	12329	10431	364	231
1998	51230	11322	4052	35855	45625	19871	10973	13295	409	312
1999	50839	11850	4097	34892	45304	19849	11388	12809	324	232
2000	46218	10679	3752	31786	40522	18791	9964	10600	258	213
2001	45264	10173	3400	31690	39648	17758	9387	11409	270	197
2002	45706	9861	3029	32815	39799	17454	9029	12131	333	218
2003	43070	9638	2948	30484	37429	16066	8649	11583	286	194
2004	46947	10114	3222	33611	41157	17909	9195	13029	233	181

2—13 续 1

单位:万吨

年 份	豆类	大豆	薯 类	棉 花	油 料	花生	油菜籽	芝 麻
1949		509	985	44	256	127	73	
1952		952	1633	130	419	232	93	
1957		1005	2192	164	420	257	89	
1962		651	2345	75	200	110	49	
1963		691	2139	120	246	142	52	
1964		787	2013	166	337	175	94	
1965		614	1986	210	363	193	109	
1970		871	2668	228	377	215	97	
1975		724	2857	238	452	227	154	
1978		757	3174	217	522	238	187	32
1980		794	2873	271	769	360	238	26
1981		933	2597	297	1021	383	406	51
1982		903	2705	360	1182	392	566	34
1983		976	2925	464	1055	395	429	35
1984		970	2848	626	1191	482	421	48
1985		1050	2604	415	1578	666	561	69
1986		1161	2534	354	1474	588	588	62
1987		1247	2821	425	1528	617	661	53
1988		1165	2697	415	1320	569	504	40
1989		1023	2730	379	1295	536	544	34
1990		1100	2743	451	1613	637	696	47
1991	1247	971	2716	568	1638	630	744	44
1992	1252	1030	2844	451	1641	595	765	52
1993	1950	1531	3181	374	1804	842	694	56
1994	2096	1600	3025	434	1990	968	749	55
1995	1788	1350	3263	477	2250	1023	978	58
1996	1790	1322	3536	420	2211	1014	920	58
1997	1876	1473	3192	460	2157	965	958	57
1998	2001	1515	3604	450	2314	1189	830	66
1999	1894	1425	3641	383	2601	1264	1013	74
2000	2010	1541	3685	442	2955	1444	1138	81
2001	2053	1541	3563	532	2865	1442	1133	80
2002	2241	1651	3666	492	2897	1482	1055	90
2003	2128	1539	3513	486	2811	1342	1142	59
2004	2232	1740	3558	632	3066	1434	1318	70

2—13 续 2　　　　单位：万吨

年 份	麻类	黄红麻	苎麻	糖料	甘蔗	甜菜	烟叶	烤烟
1949		4		283	264	19		4
1952		31	4	760	712	48		22
1957		30	5	1189	1039	150		26
1962		13	2	378	344	34		13
1963		20	2	832	780	52		23
1964		24	2	1347	1216	130		32
1965		28	3	1538	1339	198		37
1970		34	3	1556	1346	210	50	40
1975		70	3	1914	1667	248	84	70
1978	135	109	3	2382	2112	270	124	105
1980	144	110	3	2911	2281	631	84	72
1981	158	126	5	3603	2967	636	150	128
1982	124	106	6	4359	3688	671	218	185
1983	125	102	4	4032	3114	918	138	115
1984	179	149	5	4780	3952	828	179	154
1985	445	412	8	6047	5155	892	242	207
1986	193	142	23	5853	5022	831	171	137
1987	208	114	57	5550	4736	814	194	164
1988	181	108	32	6187	4906	1281	273	234
1989	112	66	18	5804	4879	924	283	240
1990	110	73	9	7214	5762	1452	263	226
1991	88	51	6	8419	6790	1629	303	267
1992	94	62	6	8808	7301	1507	350	312
1993	96	67	7	7624	6419	1205	345	304
1994	75	35	12	7345	6093	1253	224	194
1995	90	37	15	7940	6542	1398	231	207
1996	79	36	14	8360	6819	1542	323	295
1997	75	43	14	9386	7890	1497	425	391
1998	50	25	12	9790	8344	1447	236	209
1999	47	16	12	8334	7470	864	247	219
2000	53	13	16	7635	6828	807	255	224
2001	68	11	20	8655	7566	1089	235	205
2002	96	16	24	10293	9011	1282	245	214
2003	85	10	25	9642	9023	618	226	201
2004	107	9	25	9571	8985	586	241	216

2—14 全国主要农作物单位面积产量

单位:公斤/公顷

年份	粮食	按季节分			按作物品种分					
		夏粮	早稻	秋粮	谷物	稻谷	小麦	玉米	高粱	谷子
1949	1029	652	1771	1120		1892	642	962	756	847
1952	1322	724	2041	1498		2411	731	1341	1182	1172
1957	1460	830	2457	1629		2691	858	1435	1152	1022
1962	1270	717	2222	1410		2338	692	1269	960	825
1965	1626	1046	3115	1699		2941	1021	1509	1157	946
1970	2012	1150	3645	2123		3399	1146	2086	1685	1408
1975	2350	1617	3799	2403		3514	1638	2539	2306	1455
1978	2527	1862	4168	2543		3978	1845	2803	2334	1536
1980	2734	1912	4423	2824		4130	1914	3116	2516	1406
1981	2827	2142	4655	2841		4324	2107	3048	2548	1482
1982	3124	2477	5048	3110		4886	2449	3266	2509	1629
1983	3396	2773	4837	3448		5096	2802	3623	3087	1845
1984	3608	2958	5194	3663		5373	2969	3960	3148	1850
1985	3483	2919	5097	3507		5256	2937	3607	2896	1801
1986	3529	3036	5200	3518		5338	3040	3705	2871	1524
1987	3622	2985	5084	3702		5413	2983	3921	2911	1621
1988	3579	2945	5099	3658		5287	2968	3928	3136	1755
1989	3632	2987	5124	3720		5508	3043	3878	2722	1566
1990	3933	3125	5370	4104		5726	3194	4524	3674	2008
1991	3876	3055	5064	4096	4206	5640	3100	4578	3562	1645
1992	4004	3261	5302	4177	4342	5803	3331	4533	3596	1776
1993	4131	3420	5144	4335	4557	5848	3519	4963	4107	2183
1994	4063	3374	5107	4247	4500	5831	3426	4693	4627	2211
1995	4240	3469	5149	4469	4659	6025	3541	4917	3914	1982
1996	4483	3637	5309	4754	4894	6212	3734	5203	4393	2360
1997	4377	3987	5609	4410	4822	6319	4102	4387	3358	1604
1998	4502	3556	5190	4836	4953	6366	3685	5268	4215	2213
1999	4493	3810	5408	4684	4945	6345	3947	4945	3311	1744
2000	4261	3609	5502	4411	4753	6272	3738	4597	2904	1700
2001	4267	3643	5323	4416	4800	6163	3806	4698	3446	1713
2002	4399	3597	5158	4648	4885	6189	3777	4924	3945	1909
2003	4332	3745	5274	4477	4873	6061	3932	4813	3962	1894
2004	4620	4017	5418	4769	5187	6311	4252	5120	4102	1980

2—14 续 1

单位:公斤/公顷

年 份	豆类	大豆	薯类	棉花	油料	花生	油菜籽	芝麻
1949		611	1404	160	606	1010	484	
1952		815	1879	234	734	1284	500	
1957		788	2089	284	605	1012	385	
1962		684	1926	214	482	846	359	
1965		714	1777	419	702	1044	598	
1970		1090	2489	456	834	1257	664	
1975		1034	2604	481	800	1209	664	
1978		1059	2691	445	839	1344	718	506
1980		1099	2829	550	970	1539	838	333
1981		1162	2699	572	1117	1548	1070	623
1982		1073	2886	617	1265	1621	1372	355
1983		1290	3111	763	1257	1795	1168	442
1984		1331	3168	904	1372	1989	1232	554
1985		1361	3037	807	1338	2008	1248	657
1986		1400	2917	822	1291	1808	1196	614
1987		1476	3181	876	1366	2042	1254	605
1988		1434	2978	750	1243	1913	1022	575
1989		1269	3001	728	1233	1820	1089	467
1990		1455	3008	807	1480	2191	1264	702
1991	1361	1379	2992	868	1421	2189	1212	640
1992	1394	1427	3141	660	1428	2000	1281	692
1993	1576	1619	3450	750	1619	2492	1309	747
1994	1645	1735	3264	785	1647	2564	1295	794
1995	1591	1661	3428	879	1718	2687	1415	908
1996	1698	1770	3609	890	1761	2804	1366	969
1997	1680	1765	3262	1025	1742	2592	1479	919
1998	1714	1783	3604	1009	1791	2943	1272	1042
1999	1693	1789	3516	1028	1871	2961	1469	1066
2000	1588	1656	3497	1093	1919	2973	1519	1034
2001	1547	1625	3488	1107	1958	2888	1597	1061
2002	1787	1893	3710	1175	1962	3011	1477	1180
2003	1649	1653	3621	951	1875	2654	1582	863
2004	1744	1815	3762	1111	2125	3022	1813	1128

2—14 续 2 单位:公斤/公顷

年 份	麻类	黄红麻	苎 麻	糖 料	甘 蔗	甜 菜	烟 叶	烤 烟
1949		1276		22847	24463	11938		705
1952		1937	889	34839	38885	13686		1194
1957		2105	654	27918	38921	9440		721
1962		2129	625	15958	22357	4084		733
1965		2469	600	29454	38151	11602		1145
1970		2526	659	26553	34773	10568	1279	1371
1975		2354	725	23176	31868	8172	1377	1524
1978	1800	2639	722	27083	38496	8166	1584	1717
1980	2155	3497	750	31566	47562	14242	1650	1806
1981	2667	4115	1021	36501	53818	14595	1978	2181
1982	2702	4314	1255	39077	56453	14519	1939	2080
1983	3207	4493	1128	33660	47607	16884	1798	2012
1984	3678	4662	1282	38861	54280	16500	1994	2158
1985	3614	4154	953	39644	53430	15913	1847	1927
1986	2528	4117	835	39806	52866	15963	1517	1537
1987	2155	4180	1099	40912	55142	16355	1722	1791
1988	2460	3887	1169	37082	53119	17197	1758	1793
1989	1996	2310	1235	37970	50856	16243	1574	1600
1990	2216	2421	1099	42965	57118	21668	1650	1683
1991	1954	1902	1074	43235	58345	20791	1680	1709
1992	2160	2233	1151	46217	58605	22832	1672	1687
1993	2289	2449	1360	45206	59012	20124	1652	1654
1994	2010	2020	1398	41858	57669	17935	1502	1491
1995	2386	2534	1515	43630	58133	20132	1574	1584
1996	2275	2487	1521	45293	56470	24150	1745	1750
1997	2289	2649	1635	48810	60158	24475	1807	1809
1998	2206	2677	1568	49339	59550	24806	1737	1740
1999	2301	2540	1619	50700	57338	25334	1798	1797
2000	2023	2516	1684	50426	57626	24518	1776	1763
2001	2109	2046	1730	52321	60625	26807	1754	1732
2002	2853	2868	1902	56630	64663	30232	1843	1792
2003	2528	2462	1920	58172	64023	24925	1785	1768
2004	3233	2719	2025	61034	65199	30829	1901	1889

2—15 全国主要茶叶、水果面积和产量

单位：千公顷、吨

年 度	年末实有茶园面积	茶叶采摘面积	茶叶产量	红毛茶	绿毛茶	乌龙茶	紧压茶	其它茶
1949	154.7		41050					
1952	224.0		82400					
1957	329.3		111600					
1962	279.3		73850					
1965	336.0		100550					
1970	487.3		136000					
1975	872.0		210500					
1978	1047.5		268000					
1980	1040.8	660.9	303700	71000	178000	8850	5800	40050
1981	1060.8	705.5	342600	61100	214450	8600	4000	54450
1982	1096.9	752.1	397300	69050	247400	14200	15900	50750
1983	1104.7	785.3	400550	68150	242000	14600	19050	56750
1984	1077.4	777.9	414150	75950	242500	17400	19600	58700
1985	1044.9	795.9	432337	86930	238455	21149	27064	58740
1986	1023.9	803.8	460468	124003	256980	23848	18571	37066
1987	1044.1	809.5	507972	125386	301089	28532	19920	33044
1988	1055.9	816.9	545417	114386	338491	30406	20149	35002
1989	1065.0	821.4	534876	131255	314333	30512	22981	35795
1990	1061.3	822.0	540070	109680	332502	33411	25026	39451
1991	1060.1	828.9	541581	83360	357373	37647	20569	42632
1992	1084.2	840.3	559827	75501	383302	39510	15163	46351
1993	1170.8	911.0	599941	74614	420721	41038	17370	46198
1994	1134.8	884.0	588468	75850	402877	43411	16642	49688
1995	1115.3	868.2	588423	52003	413784	55372	17476	49788
1996	1103.0	870.5	593386	50229	424157	54073	18764	46163
1997	1076.2	868.3	613366	49515	443164	56290	18620	45777
1998	1056.5	859.5	665034	56827	480211	60598	21099	46299
1999	1130.3	909.4	675871	48899	496986	63303	18903	47780
2000	1089.0	879.6	683324	47294	498057	67608	22558	47807
2001	1140.7	887.7	701699	42949	513154	70062	25004	50530
2002	1134.2	894.6	745374	43547	546124	76660	25073	53970
2003	1207.3	925.1	768140	39948	569907	81268	25496	51518
2004	1262.3	971.8	835231	43689	613709	90168	28195	59469

2—15 续 1　　单位:千公顷

年　度	年末实有果园面积	香蕉园	苹果园	柑桔园	梨园	葡萄园
1949						
1952	684.4					
1957	943.2					
1962	888.1					
1965						
1970						
1975	1483.1					
1978	1656.7	4.5	678.9	177.9	278.9	26.3
1980	1782.7	5.3	738.3	260.1	299.3	31.6
1981	1796.6	5.2	726.6	274.3	295.7	37.5
1982	1951.7	9.1	720.8	322.0	297.3	46.7
1983	2014.6	13.3	726.1	353.4	294.6	58.5
1984	2218.9	18.7	756.9	401.3	301.3	64.2
1985	2736.3	47.3	865.4	506.9	337.9	86.7
1986	3671.6	71.6	1173.8	672.1	394.5	114.7
1987	4508.2	152.7	1440.9	863.8	441.7	142.7
1988	5065.8	141.9	1660.5	955.3	487.5	146.6
1989	5371.9	110.8	1689.9	1025.9	481.9	138.7
1990	5178.7	108.8	1633.1	1061.2	480.7	122.6
1991	5317.5	132.9	1661.5	1122.7	482.9	113.9
1992	5818.3	182.0	1914.5	1087.3	521.2	139.0
1993	6431.9	187.8	2250.3	1130.3	597.1	133.6
1994	7264.4	150.8	2690.3	1123.9	750.1	148.9
1995	8091.1	190.2	2953.1	1214.1	859.4	152.5
1996	8553.0	175.5	2986.8	1279.8	931.9	153.5
1997	8648.4	180.0	2838.3	1309.2	924.0	157.9
1998	8535.0	178.0	2621.5	1270.4	927.8	176.5
1999	8667.4	202.7	2439.1	1282.8	976.7	223.2
2000	8931.6	249.2	2254.1	1271.8	1014.6	283.0
2001	9042.6	245.0	2066.2	1323.7	1026.5	334.4
2002	9097.9	247.9	1938.3	1404.5	1042.3	392.3
2003	9436.5	255.5	1900.4	1505.7	1061.5	420.8
2004	9768.2	264.4	1876.6	1627.2	1078.6	413.5

2—15 续 2

单位:吨

年度	园林水果产量	香蕉	苹果	柑桔	梨	葡萄	菠萝	红枣	柿子
1949	1200000								
1952	2443000		118050	206600	393750	48400			
1957	3247450		221500	321900	503500	85450			
1962	2711500		224650	205750	443450	84450			
1965	3239300		318300	253800	510650	99850			
1970	3744950		797900	241700	654050	85250			
1975	5381050		1583450	336350	1086750	123350			
1978	6569700	85350	2275150	382700	1516950	103850	66200	348850	715650
1980	6792550	61300	2363100	712600	1466300	110000	75200	371600	560400
1981	7800850	126250	3005750	797550	1593400	147500	90550	397800	505500
1982	7712950	201200	2429550	938900	1755250	185950	134350	426100	482450
1983	9487050	206650	3541050	1296400	1795100	247100	124650	387341	553150
1984	9845300	299900	2941200	1498750	2099900	293850	131950	439350	607950
1985	11639456	631017	3614111	1808347	2136766	361409	183157	432038	679873
1986	13477471	1251094	3336783	2547983	2347600	441590	302668	544648	655672
1987	16679158	2029498	4263836	3223848	2489040	640878	411630	571508	760630
1988	16661004	1829672	4344394	2560013	2721242	792247	485151	520072	732921
1989	18319316	1403736	4498920	4561104	2564959	874245	510954	454446	650283
1990	18744222	1455927	4319315	4854935	2352753	858525	462549	423222	624773
1991	21761256	1981170	4540445	6332543	2497760	915882	429222	449392	641576
1992	24400930	2450988	6555836	5160081	2846121	1125102	441682	488183	724329
1993	30112154	2700680	9069557	6560974	3217130	1354770	454748	522874	789113
1994	34998152	2897832	11129017	6805445	4042932	1522083	485019	650196	826870
1995	42146267	3125003	14007662	8224984	4942445	1741707	539408	782069	969353
1996	46528224	2535591	17047250	8456587	5806627	1883142	492766	778537	1025218
1997	50893223	2892268	17218571	10102200	6414831	2032805	527288	936058	1075417
1998	54528533	3518175	19480719	8590360	7275464	2358219	644925	1103613	1314136
1999	62376432	4194244	20801641	10787059	7742331	2708127	882616	1103373	1481327
2000	62251470	4941454	20431230	8783129	8412413	3281698	856517	1306036	1591906
2001	66579966	5272352	20014986	11606915	8796097	3679680	869049	1308633	1584665
2002	69519803	5557297	19240985	11990065	9309432	4479453	827307	1573698	1740591
2003	75515217	5903279	21101776	13453709	9798424	5175939	821868	1718689	1795110
2004	83941334	6056148	23675473	14958302	10642287	5675318	808254	2011217	1998214

2—16 全国林业生产情况

单位:千公顷

年 度	造林面积	1、按造林方式分		2、按用途分			
		人工造林	飞播造林	用材林	经济林	防护林	薪炭林
1949							
1952	1085.3			500.3		543.1	
1957	4355.1			1734.9	1350.0	994.3	
1962	1198.7			605.8	340.0	126.1	
1965	3425.6			1661.1	740.5		
1970	3884.0			1979.9	524.3	325.7	
1975	4973.7			3651.2	533.1	428.3	
1978	4496.3	4097.8	398.5	3130.2	881.1	420.2	
1980	4552.0	3966.9	585.1	2926.7	823.3	513.1	
1981	4110.1	3681.0	429.1	2531.2	630.5	636.9	
1982	4495.6	4115.8	379.8	2630.6	652.8	860.9	
1983	6324.4	5603.1	721.3	3804.6	819.5	1098.4	451.1
1984	8078.1	7115.2	962.9	4965.9	922.7	1422.7	580.1
1985	8336.8	6948.8	1388.0	5291.4	793.1	1472.8	598.7
1986	5274.0	4158.2	1115.8	3326.7	689.2	768.9	392.5
1987	5414.2	4207.3	1206.9	3338.5	865.3	752.5	373.8
1988	5533.3	4574.8	958.5	3302.9	913.7	823.3	392.5
1989	5023.3	4109.5	913.8	3015.3	752.2	817.1	364.7
1990	5208.5	4353.3	855.2	3156.5	644.5	1029.7	340.1
1991	5594.5	4751.8	842.7	3343.7	669.5	1243.7	311.7
1992	6030.4	5083.7	946.7	3355.1	973.2	1442.1	235.3
1993	5903.4	5044.4	859.0	2812.4	1563.6	1314.6	191.1
1994	5992.7	5190.2	802.4	2504.5	2063.9	1253.3	152.1
1995	4967.2	4405.4	561.9	1823.3	1740.3	1243.2	143.9
1996	4915.8	4313.9	622.0	1720.1	1642.6	1375.2	154.0
1997	4354.9	3737.7	617.2	1465.3	1275.3	1386.8	136.8
1998	4811.1	4086.0	725.1	1459.7	1394.8	1772.0	167.0
1999	4900.7	4276.9	623.9	1418.1	1403.9	1948.5	115.2
2000	5105.1	4345.0	760.1	1218.5	1350.3	2430.8	82.3
2001	4946.9	3971.2	975.7	905.5	1067.7	2908.2	45.6
2002	7467.9	6607.1	860.9	958.3	878.4	5545.6	54.8
2003	9097.3	8419.2	678.1	1189.6	797.0	7052.5	37.1
2004	5598.1	5018.9	579.2	871.1	456.7	4210.8	50.0

2—16 续 1　　　　单位：千公顷、万株

年　度	迹地更新面积	四旁零星植树	育苗面积	幼林抚育作业面积	成林抚育面积
1949					
1952	22.5		18.6		
1957	55.8		70.4		
1962	106.3		34.8		
1965	238.9		178.1		
1970	324.5		175.6		
1975	422.0		483.2		
1978	458.4	472134	413.5	6359.9	
1980	421.9	467212	392.9	6506.4	
1981	442.6	419510	346.5	6966.2	
1982	440.4	469174	353.9	7354.7	
1983	508.8	482736	434.7	8135.5	2051.5
1984	552.0	603973	510.5	10259.8	2642.1
1985	638.3	730372	459.4	11324.7	2635.8
1986	577.4	579035	354.1	11976.7	3075.3
1987	703.5	449359	279.5	12389.6	3382.0
1988	636.9	375571	240.7	12705.7	3428.1
1989	719.1	351138	215.5	12993.5	3921.1
1990	671.5	337596	213.5	13033.3	4089.9
1991	664.1	362035	228.3	13807.7	4434.7
1992	673.6	346937	250.2	14422.5	4508.3
1993	739.2	341465	261.6	14740.8	4878.2
1994	722.7	346734	219.3	15067.5	5288.0
1995	729.7	326378	206.3	15834.4	6563.4
1996	790.5	330940	205.2	20678.4	6492.6
1997	793.6	337868	199.2	13721.9	6750.1
1998	805.0	329383	204.1	12329.0	7100.9
1999	1042.8	298391	220.2	11526.0	8489.2
2000	919.8	300504	278.6	11825.3	7528.9
2001	515.3	280448	381.1	15955.3	6672.2
2002	403.2	269084	481.9	11564.2	6915.1
2003	310.6	303230	564.6	13941.2	6904.2
2004	319.3	271139	558.8	14778.9	7713.0

2—16 续 2

单位:吨

年　度	林产品产量										
	生漆	油桐籽	油茶籽	乌桕籽	五倍籽	棕片	松脂	竹笋片	核桃	板栗	紫胶
1949											
1952		434600	249050	117800							
1957	1735	518200	494450	125200					103350		
1962	580	183150	200950	81200					40000		
1965			331850						48200		
1970		223800	349900						51050		
1975	2050	369650	424650	76850			302650		65150	44350	
1978	2200	391150	478900	84650	2000	27450	337600	8200	118650	61500	
1980	2450	303350	490350	93100	2200	22850	420750	13350	118900	67300	
1981	2950	359850	653800	95000	3250	21900	562300	19300	106550	51350	
1982	2900	338500	494050	85450	3800	25100	469800	24300	103250	55050	
1983	2750	368200	434500	85150	4950	30150	303600	37200	119250	65000	2150
1984	2300	361600	535550	80600	3300	34300	369300	33070	128150	83400	2900
1985	2168	378770	619229	71221	3407	36049	343946	46418	121917	83198	4307
1986	2874	346227	437746	69520	3849	23775	416287	67870	136335	95375	2465
1987	3296	341742	518398	67833	4769	35831	522917	62402	147243	114539	2775
1988	3334	358697	462622	63483	3754	34072	461370	64354	177098	103576	2732
1989	2951	334757	667245	56106	5266	40337	486837	72821	160054	102546	2238
1990	2683	350770	523313	51947	5783	39860	435244	83551	149560	115191	1421
1991	2945	327544	620727	45477	5595	42137	440431	87242	151644	135747	1280
1992	3350	437154	629112	43465	6223	42037	469331	104226	163862	139169	1568
1993	3376	421027	487942	40621	8818	45895	580780	127135	192159	162403	2455
1994	3219	434539	630737	36864	9094	50339	569270	133035	209997	218793	3733
1995	2976	404929	623128	38834	10084	52955	548133	174588	230867	247026	3486
1996	3740	407744	696633	42306	9875	58549	580819	182921	237989	340302	3019
1997	4416	453535	856868	40912	11060	58158	701183	217215	249834	376674	2201
1998	4577	438680	722846	40911	13299	74421	543156	244919	265121	468759	1816
1999	5314	448323	792690	35401	9008	61040	571477	310480	274246	534631	1830
2000	5279	453461	823224	35775	8678	61082	551057	339084	309875	598185	1419
2001	4925	406716	824731	29296	8338	59612	563689	353783	252347	599077	1590
2002	6360	389024	854624	31774	8512	60392	563388	392735	340174	704776	1650
2003	8664	372645	779492	27611	10132	59873	625757	426194	393529	791794	2092
2004	9641	381428	874861	22542	11052	64194	673310	443543	436862	922735	5246

2—17 全国主要畜禽出栏量

单位:万头、万只

年 份	猪	牛	羊	家禽	兔
1949					
1952	6545.0				
1957	7121.0				
1962	4300.0				
1965	12167.0				
1970	12593.0				
1975	16230.0				
1978	16109.5	240.3	2621.9		
1979	18767.6	296.8	3543.4		
1980	19860.7	332.2	4241.9		
1981	19494.7	301.6	4481.4		
1982	20062.7	309.6	4874.2		
1983	20661.4	347.2	4923.7		
1984	22047.1	386.9	5080.5		
1985	23875.2	456.5	5081.0		
1986	25721.5	555.0	5227.1		
1987	26177.0	740.3	6052.9		
1988	27570.3	858.0	6827.2		
1989	29023.3	943.0	8122.9		
1990	30991.0	1088.3	8931.4		
1991	32897.1	1303.9	9816.2		
1992	35169.7	1519.2	10266.6	319254.3	14343.9
1993	37720.1	1897.1	11146.9	397760.3	15517.6
1994	42103.2	2512.7	13124.8	512823.2	16924.7
1995	48051.0	3049.0	16537.4	488392.6	15019.9
1996	41225.2	2685.9	13412.5	557127.2	16666.6
1997	46483.7	3283.9	15945.5	638853.2	20984.5
1998	50215.1	3587.1	17279.5	684378.7	21741.3
1999	51977.2	3766.2	18820.4	743165.1	22103.0
2000	52673.3	3964.8	20472.7	809857.1	25878.2
2001	54936.8	4118.4	21722.5	808834.8	28992.5
2002	56684.3	4401.1	23280.8	832858.9	30560.2
2003	59200.5	4703.0	25958.3	888587.8	31938.4
2004	61800.7	5018.9	28343.0	907021.8	33985.9

2—18 全国主要畜产品产量

单位:万吨

年 份	肉类总产量	猪牛羊肉	猪肉	牛肉	羊肉	禽肉	兔肉
1949							
1952		338.5					
1957		398.5					
1962		194.0					
1965		551.0					
1970		596.5					
1975		797.0					
1978		856.3					
1979		1062.4	1001.4	23.0	38.0		
1980		1205.4	1134.1	26.9	44.5		
1981		1260.9	1188.4	24.8	47.6		
1982		1350.8	1271.8	26.6	52.4		
1983		1402.1	1316.1	31.5	54.5		
1984		1540.6	1444.7	37.3	58.6		
1985	1926.5	1760.7	1654.7	46.7	59.3	160.2	5.6
1986	2112.4	1917.1	1796.0	58.9	62.2	187.9	7.4
1987	2215.5	1986.0	1834.9	79.2	71.9	219.4	10.1
1988	2479.5	2193.6	2017.6	95.8	80.2	274.4	11.5
1989	2628.5	2326.2	2122.8	107.2	96.2	282.0	10.3
1990	2857.0	2513.5	2281.1	125.6	106.8	322.9	9.6
1991	3144.4	2723.8	2452.3	153.5	118.0	395.0	10.8
1992	3430.7	2940.6	2635.3	180.3	125.0	454.2	18.5
1993	3841.5	3225.3	2854.4	233.6	137.3	573.6	20.4
1994	4499.3	3692.7	3204.8	327.0	160.9	755.2	22.9
1995	5260.1	4265.3	3648.4	415.4	201.5	934.7	20.7
1996	4584.0	3694.7	3158.0	355.7	181.0	832.7	23.7
1997	5268.8	4249.9	3596.3	440.9	212.8	978.5	28.1
1998	5723.8	4598.2	3883.7	479.9	234.6	1056.3	30.8
1999	5949.0	4762.3	4005.6	505.4	251.3	1115.5	31.0
2000	6125.4	4838.2	4031.4	532.8	274.0	1207.5	37.0
2001	6333.9	5026.0	4184.5	548.8	292.7	1210.3	40.6
2002	6586.5	5228.9	4326.6	584.6	316.7	1249.8	42.3
2003	6932.9	5506.3	4518.6	630.4	357.2	1312.1	43.8
2004	7244.8	5776.8	4701.6	675.9	399.3	1351.4	46.7

2—18 续 1

单位:万吨

年 份	奶类产量	#牛奶产量	山羊毛产量（吨）	绵羊毛产量（吨）	细羊毛（吨）	半细羊毛（吨）
1949						
1952						
1957						
1962						
1965						
1970						
1975		88.9		150000		
1978		88.3		138000		
1979		106.5	12000	153000		
1980		114.1	11687	175728	71575	34587
1981		129.1	14070	189062	74722	39498
1982		161.8	12741	201837	88388	41719
1983		184.5	11103	194093	88949	38008
1984		218.6	10588	182776	85548	34384
1985	289.4	249.9	10512	177953	85861	32070
1986	332.9	289.9	11501	185196	89758	32048
1987	378.8	330.1	12611	208909	100059	37040
1988	418.9	366.0	14326	221737	110677	40832
1989	435.8	381.3	16168	237332	120111	42556
1990	475.1	415.7	16506	239457	119457	44246
1991	524.3	464.6	16498	239607	108613	55839
1992	563.9	503.1	17496	238192	106201	52478
1993	563.7	498.6	19020	240309	109969	53624
1994	608.9	528.8	24559	254659	113357	58337
1995	672.8	576.4	29973	277375	114219	70369
1996	735.8	629.4	35284	298102	121020	74099
1997	681.1	601.1	25865	255059	116054	55683
1998	745.4	662.9	31417	277545	115752	68775
1999	806.9	717.6	31849	283152	114103	73700
2000	919.1	827.3	33266	292502	117386	84921
2001	1122.9	1025.4	34241	298254	114651	88075
2002	1400.3	1299.7	35459	307588	112193	102419
2003	1848.6	1746.3	36692	338058	120263	110249
2004	2368.4	2260.6	37727	373902	130413	119514

2—18 续 2

单位:万吨

年 份	羊绒产量(吨)	蜂蜜产量	禽蛋产量	蚕茧产量(吨)	#桑蚕茧(吨)	柞蚕茧(吨)
1949						11900
1952				123300	62250	61050
1957				112300	67850	44450
1962				44800	37250	7550
1965				105150	66450	38700
1970				164800	121500	43300
1975	4000			194350	152950	41400
1978	4000			227750	173300	54450
1979	4000			270750	213350	57400
1980	4005	9.6		325750	249800	75650
1981	3762	11.0		311050	251650	59300
1982	3833	13.6	280.9	314050	270850	43000
1983	3561	14.3	332.3	339950	267850	71900
1984	3424	14.8	431.6	356550	306400	50050
1985	2989	15.5	534.7	371354	335760	35524
1986	3470	17.2	555.0	369069	336214	32698
1987	4003	20.4	590.2	402152	353537	48531
1988	4710	19.5	695.5	440804	394397	46283
1989	5435	18.9	719.8	488098	434758	52914
1990	5751	19.3	794.6	534421	480179	54096
1991	5930	20.6	922.0	583656	550541	33020
1992	5886	17.8	1019.9	692205	659522	32297
1993	6479	17.5	1179.8	756667	711622	44317
1994	7336	17.7	1479.0	813078	776941	35973
1995	8482	17.8	1676.7	800218	759835	40383
1996	9585	18.3	1965.2	508312	470942	37370
1997	8626	21.1	1897.1	497506	450850	46556
1998	9799	20.7	2021.3	535464	482475	52327
1999	10180	23.0	2134.7	484702	447261	37234
2000	11057	24.6	2243.3	547613	500640	46782
2001	10968	25.2	2336.7	654703	602358	51931
2002	11756	26.5	2462.7	697614	644889	52310
2003	13528	28.9	2606.7	667364	610978	55843
2004	14515	29.3	2723.7	730551	676819	53558

2—19　全国主要牲畜年末存栏量

单位:万头

年　份	大牲畜	牛	马	驴	骡	骆驼
1949	6002.0	4393.6	487.5	949.4	147.1	24.7
1952	7646.0	5660.0	613.0	1180.6	163.7	28.5
1957	8382.0	6361.2	730.2	1086.4	167.9	36.5
1962	7020.0	5571.7	632.0	645.4	132.4	38.6
1965	8421.0	6695.1	792.1	743.8	144.7	44.8
1970	9436.0	7358.3	964.8	840.0	224.5	48.7
1975	9686.0	7354.7	1129.9	812.7	335.4	53.5
1978	9389.2	7072.4	1124.5	748.1	386.8	57.4
1980	9524.6	7167.6	1104.2	774.8	416.6	61.4
1981	9764.1	7330.1	1097.2	841.5	432.5	62.8
1982	10112.7	7607.3	1098.1	899.9	446.4	61.0
1983	10349.6	7808.4	1080.6	944.9	459.3	56.4
1984	10838.9	8212.8	1097.8	996.2	479.0	53.1
1985	11381.8	8682.0	1108.1	1041.5	497.2	53.0
1986	11896.1	9166.7	1098.8	1068.9	511.3	50.4
1987	12191.1	9465.1	1069.1	1084.6	524.8	47.5
1988	12537.8	9794.8	1054.0	1105.2	536.6	47.2
1989	12804.8	10075.2	1029.4	1113.6	539.1	47.5
1990	13021.3	10288.4	1017.4	1119.8	549.4	46.3
1991	13192.6	10459.2	1009.4	1115.8	560.6	44.1
1992	13485.1	10784.0	1001.7	1098.3	561.0	40.1
1993	13987.5	11315.7	995.9	1088.6	549.8	37.3
1994	14918.7	12231.8	1003.8	1092.3	555.2	35.6
1995	15861.7	13206.0	861.1	945.5	476.9	34.1
1996	13360.6	11031.8	871.5	944.4	478.0	34.5
1997	14541.8	11684.7	891.2	952.8	480.6	35.0
1998	14803.2	12441.9	898.1	955.8	473.9	33.5
1999	15024.8	12698.3	891.4	934.8	467.3	33.0
2000	15151.5	12866.3	876.6	922.7	453.0	32.6
2001	14995.9	12824.2	826.0	881.5	436.2	27.9
2002	15189.3	13084.8	808.8	849.9	419.4	26.4
2003	15500.1	13467.2	790.0	820.7	395.7	26.5
2004	15737.8	13781.8	763.9	791.9	374.0	26.2

2—19 续

单位:万头

年份	猪	能繁母猪	羊	能繁母羊	山羊	绵羊
1949	5775.0		4235.0		1613.0	2622.0
1952	8977.0		6178.0		2490.0	3688.0
1957	14590.0		9858.0		4515.0	5343.0
1962	9997.0		13465.0		7053.0	6412.0
1965	16693.0		13903.0		6077.0	7826.0
1970	20610.0		14704.0		6141.0	8563.0
1975	28117.0		16337.0		6804.0	9533.0
1978	30128.5		16993.7		7354.0	9640.0
1980	30543.1	2162.0	18731.1	8755.3	8068.4	10662.7
1981	29370.2	2061.6	18773.0	8933.4	7826.4	10946.6
1982	30078.3	2256.2	18179.0	8845.4	7522.2	10656.8
1983	29853.6	2166.6	16695.1	8372.6	6803.5	9891.6
1984	30679.2	2212.0	15840.0	7850.0	6320.7	9519.3
1985	33139.6	2547.3	15588.4	7729.8	6167.4	9421.0
1986	33719.1	2398.4	16622.9	8283.3	6722.0	9900.9
1987	32773.3	2199.9	18034.2	9130.0	7768.7	10265.5
1988	34221.8	2519.2	20152.7	10147.2	9095.6	11057.1
1989	35281.0	2542.6	21164.2	10558.1	9813.4	11350.8
1990	36240.8	2521.4	21002.1	10448.2	9720.5	11281.6
1991	36964.6	2626.7	20621.0	10235.1	9535.5	11085.5
1992	38421.1	2860.5	20732.9	10214.8	9761.0	10971.9
1993	39300.1	2958.7	21731.4	11249.0	10569.6	11161.8
1994	41461.5	3226.3	24052.8	12065.8	12308.3	11744.4
1995	44169.2	3660.5	27685.6	10730.3	10794.0	10945.7
1996	36283.6	2694.5	23728.3		12315.8	11412.5
1997	40034.8	3268.5	25575.7		13480.1	12095.6
1998	42256.3	3495.1	26903.5		14168.3	12735.2
1999	43019.8	3544.0	27925.8		14816.3	13109.5
2000	44681.5	3780.8	29031.9		15715.9	13316.0
2001	45743.0	4364.2	29826.4		16129.2	13697.2
2002	46291.5	4378.5	31655.2	16903.5	17275.9	14379.3
2003	46601.7	4455.1	34053.7	18463.3	18320.7	15733.0
2004	48189.1	4605.2	36639.1	20090.1	19550.9	17088.2

2—20 全国水产品产量

单位:吨

年 份	水产品总产量	按水域分		按生产方式分	
		海水产品产量	内陆水域产品产量	捕捞产量	养殖产量
1949	448000				
1952	1666000	1060000	606000	1470000	196000
1957	3116000	1937000	1179000	2429000	687000
1962	2283000	1498000	785000	1880000	403000
1965	2984000	2014000	970000	2366000	618000
1970	3185000	2281000	904000	2419000	766000
1975	4412000	3347000	1065000	3380000	1032000
1978	4653482	3594787	1058695	3441690	1211792
1980	4496985	3257038	1239947	3151161	1345824
1981	4605744	3232270	1373474	3133542	1472202
1982	5155050	3593050	1562000	3453188	1701862
1983	5458143	3617368	1840775	3484873	1973270
1984	6193437	3943730	2249707	3743791	2449646
1985	7051534	4197461	2854073	3961516	3090018
1986	8235626	4753733	3481893	4434081	3801545
1987	9553475	5481613	4071862	4980318	4573157
1988	10609189	6056953	4552236	5287225	5321964
1989	11516895	6612126	4904769	5771000	5745895
1990	12370203	7132915	5237288	6291908	6078295
1991	13507755	8000999	5506756	7011208	6496547
1992	15571201	9336537	6234664	7813265	7757936
1993	18229967	10760402	7469565	8701919	9528048
1994	21432251	12414997	9017254	10125213	11307038
1995	25171794	14391297	10780497	11641237	13530557
1996	32880941	20128785	12752156	14252428	18628513
1997	36017753	21764233	14253520	15740185	20277568
1998	39065111	23567168	15497943	17250371	21814740
1999	41224066	24719208	16504858	17253932	23970134
2000	42784845	25387389	17397456	17038176	25746669
2001	43813340	25716967	18096373	16552043	27261297
2002	45645340	26463371	19181969	16586999	29058341
2003	47045587	26857267	20188320	16792542	30253045
2004	49017671	27677907	21339764	16930650	32087021

2—20 续

单位:吨

年份	按品种分				
	鱼类	虾蟹类	贝类	藻类	其它类
1949					
1952					
1957					
1962					
1965					
1970					
1975					
1978	3557770	543963	291910	259839	
1980	3504521	472076	258751	261637	
1981	3607146	469314	301564	227720	
1982	4057464	525859	343360	228367	
1983	4272528	547043	393690	244882	
1984	4838394	645692	442707	266644	
1985	5510127	761573	506903	272931	
1986	6457279	830796	714445	233106	
1987	7454326	920230	942262	236657	
1988	8037081	1117740	1203306	251062	
1989	8556997	1152599	1448200	300063	59036
1990	9280816	1165054	1549061	275186	100086
1991	9966203	1300836	1671079	400259	169378
1992	11160447	1397888	2148522	568208	296136
1993	12679759	1519890	3048793	693908	287617
1994	15067060	1911830	3389121	745203	319037
1995	17767539	2121365	4127896	749140	405854
1996	20013228	2409304	9010729	929111	518569
1997	22890325	2734979	8605622	979792	807035
1998	24811935	3190259	9158876	1041224	862817
1999	25750023	3477691	10022389	1194393	779570
2000	26060480	3853954	10849816	1221988	798607
2001	26437856	4033336	11307342	1249497	785309
2002	27324846	4329627	11760722	1333413	896732
2003	28235789	4370157	11637443	1413128	1389070
2004	29106894	4657906	11649587	1505216	2098068

2—21 全国海水产品产量

单位:吨

年份	按品种分					按生产方式分	
	鱼类	虾蟹类	贝类	藻类	其它类	捕捞	养殖
1949							
1952						1000000	60000
1957						1815000	122100
1962						1410000	88200
1965						1910000	104300
1970						2097000	183600
1975						3068000	278700
1978	2560721	505862	268365	259839		3145249	449538
1980	2341193	420451	233757	261637		2812689	444349
1981	2317360	417977	269213	227720		2774128	458142
1982	2578455	469377	316851	228367		3098364	494686
1983	2514295	491427	367416	244882		3072296	545072
1984	2672092	591977	412877	266644		3305220	638510
1985	2745322	706197	473013	272956		3485176	712285
1986	3094250	754932	669139	233106		3896141	857592
1987	3515102	870693	888951	206978		4380827	1100786
1988	3628593	1033006	1144323	251061		4632810	1424143
1989	3829410	1057158	1375326	300063	50169	5036487	1575639
1990	4231476	1070499	1473290	275186	82464	5508862	1624053
1991	4662407	1193586	1585776	400259	158971	6096358	1904641
1992	5176244	1273929	2043556	568208	274600	6912314	2424223
1993	5573881	1386604	2885871	693908	220138	7673429	3086973
1994	6473701	1708927	3236373	745203	250793	8958319	3456678
1995	7581438	1848346	3922790	749140	289583	10268373	4122924
1996	8235186	2046481	8526752	929111	391255	12489772	7639013
1997	9641513	2257064	8241826	979792	644038	13853804	7910429
1998	10559707	2585828	8700672	1041224	679737	14966765	8600403
1999	10579126	2770727	9592781	1194393	582181	14976223	9742985
2000	10329888	2970907	10386671	1221988	477935	14774524	10612865
2001	10147398	3025418	10781415	1249497	513239	14406144	11310823
2002	10222843	3105834	11193231	1333413	608050	14334934	12128437
2003	10284180	2982010	11096100	1413128	1081849	14324206	12533061
2004	10172677	3124022	11115006	1505216	1760986	14510858	13167049

2—22 全国内陆水域水产品产量

单位：吨

年 份	按品种分				按生产方式分	
	鱼类	虾蟹类	贝类	其它	捕捞	养殖
1949						
1952					470000	136000
1957					614000	564800
1962					470000	314900
1965					456000	514500
1970					322000	582000
1975					312000	752700
1978	997049	38101	23545		296441	762254
1980	1163328	51625	24994		338472	901475
1981	1289786	51337	32351		359414	1014060
1982	1479009	56482	26509		354824	1207176
1983	1758326	56175	26274		412577	1428198
1984	2167920	51884	29830		438571	1811136
1985	2764806	55376	33891		476340	2377733
1986	3363751	62091	56051		537940	2943953
1987	3938004	80528	53330		599491	3472371
1988	4408488	84734	59014		654415	3897821
1989	4727587	95441	72874	8867	734513	4170256
1990	5049340	94555	75771	17622	783046	4454242
1991	5303796	107250	85303	10407	914850	4591906
1992	5984203	123959	104966	21536	900951	5333713
1993	7105878	133286	162922	67479	1028490	6441075
1994	8592372	202903	152748	68244	1165907	7850360
1995	10186101	273019	205106	116271	1372864	9407633
1996	11778042	362823	483977	127314	1762656	10989500
1997	13248812	477915	363796	162997	1886381	12367139
1998	14252228	604431	458204	183080	2283606	13214337
1999	15170897	706964	429608	197389	2277709	14227149
2000	15730592	883047	463145	320672	2263652	15133804
2001	16290458	1007918	525927	272070	2145899	15950474
2002	17102003	1223793	567491	288682	2252065	16929904
2003	17951609	1388147	541343	307221	2468336	17719984
2004	18934217	1533884	534581	337082	2419792	18919972

2—23 全国水产养殖面积

单位：千公顷

年份	水产养殖面积	海水养殖面积	浅海	港湾	滩涂	内陆水域养殖面积	池塘	湖泊	河沟	水库	其它
1949											
1952											
1957	1114.7	60.0				1054.7	633.3	346.0		76.0	
1962	1650.0	50.0				1600.0	538.7	453.3		518.0	
1965	2062.7	83.3				1979.3					
1970	2804.7	83.3				2721.3					
1975	3356.0	112.0				3244.0					
1978	2823.4	100.6				2722.8	721.9	531.1		1208.4	
1980	2997.7	133.6				2864.1	821.5	528.8	247.1	1266.7	
1981	3018.8	138.5				2880.3	847.6	492.6	258.9	1281.1	
1982	3213.2	162.5				3050.6	918.8	576.0	257.1	1298.8	
1983	3269.4	186.7				3082.6	964.9	556.9	251.2	1298.3	
1984	3502.2	242.6				3259.5	1070.6	536.7	281.3	1334.5	36.0
1985	3964.5	277.0				3687.5	1258.1	622.0	310.3	1375.6	
1986	4113.1	325.2				3787.9	1334.9	658.0		1401.6	
1987	4228.6	369.3				3859.3	1394.4	646.0		1429.7	
1988	4304.5	409.5				3895.0	1421.4	636.6		1441.5	
1989	4235.3	423.1				3812.3					
1990	4258.7	428.9				3829.8					
1991	4276.8	449.3	39.1	130.8	279.4	3827.5	1413.5	625.1	323.9	1425.7	41.8
1992	4474.8	499.1	77.9	127.9	293.3	3975.7	1475.8	702.7	323.2	1425.7	48.5
1993	4718.9	586.3	87.2	153.8	345.3	4132.6	1594.4	709.6	332.4	1416.6	79.6
1994	5083.4	653.5	133.4	169.6	350.7	4429.9	1738.2	761.3	335.7	1477.1	118.1
1995	5385.3	715.9	131.8	159.5	424.6	4669.4	1857.9	824.2	347.5	1515.8	124.2
1996	5654.4	822.1	114.9	185.6	521.5	4832.3	1953.6	904.9	357.2	1491.5	125.1
1997	5900.8	937.9	168.1	175.1	594.8	4962.9	2010.2	914.3	395.2	1499.8	143.8
1998	6068.7	1004.4	195.2	189.6	619.6	5064.2	2063.6	883.9	275.7	1680.0	161.0
1999	6277.1	1095.0	263.3	201.5	629.1	5182.1	2136.8	909.7	371.1	1604.7	159.8
2000	6508.1	1243.2	326.0	230.8	686.5	5264.8	2212.6	879.1	379.8	1620.0	173.3
2001	6686.3	1286.9	289.6	245.3	752.0	5399.4	2288.3	871.3	395.7	1667.3	176.8
2002	6854.4	1344.7	350.8	256.1	737.8	5509.7	2336.7	866.8	434.9	1636.8	234.5
2003	7141.5	1532.2	590.0	266.0	676.0	5609.4	2399.0	936.0	382.0	1697.0	194.0
2004	7346.8	1623.8	659.9	632.1	331.8	5723.3	2396.0	958.6	387.5	1725.6	255.5

四、农业生产效益

2－24 全国主要农作物产量年增长

单位：%

年 份	粮食总产量	按季节分			按作物品种分					
		夏 粮	早 稻	秋 粮	谷物	稻谷	小 麦	玉 米	高 粱	谷 子
1950	16.7	3.7	3.4	21.3		13.3	5.0	11.9	25.5	11.6
1952	14.1	0.7	6.7	17.7		13.0	5.2	22.0	35.2	32.1
1957	1.2	－1.7	0.1	2.0		5.2	－4.7	－7.0	16.7	1.3
1962	13.1	16.8	1.6	14.0		17.4	16.9	5.0	5.4	1.6
1965	3.7	23.1	23.0	－2.6		5.7	21.0	4.3	6.5	－9.2
1970	13.7	11.6	24.0	12.1		15.7	7.0	32.5	28.6	6.2
1975	3.4	8.2	－4.2	4.2		1.3	10.9	10.0	－5.3	1.9
1978	7.8	34.8	10.0	1.1		6.5	31.1	13.3	5.1	6.9
1980	－3.5	－12.7	－5.5	－0.1		－2.7	－12.0	4.3	－11.1	－11.1
1981	1.4	7.9	0.8	－0.3		2.9	8.0	－5.4	－1.8	5.9
1982	9.1	14.5	7.1	7.9		12.3	14.8	2.3	5.0	14.1
1983	9.2	15.3	－4.3	10.5		4.5	18.9	12.6	19.6	14.6
1984	5.2	8.9	5.0	3.9		5.6	7.9	7.6	－7.7	－6.8
1985	－6.9	－3.5	－8.4	－7.8		－5.4	－2.3	－13.1	－27.3	－14.9
1986	3.3	5.1	1.7	2.9		2.2	4.9	11.0	－4.0	－24.0
1987	3.4	－1.0	－3.9	6.5		1.3	－2.5	12.7	0.8	0.0
1988	－2.6	－1.5	－1.4	－3.3		－3.0	－2.7	－3.1	3.1	－2.8
1989	3.4	3.0	2.1	3.8		6.5	6.3	2.0	－20.7	－15.0
1990	9.5	6.8	5.4	11.2		5.1	8.2	22.7	28.0	21.9
1991	－2.5	－1.7	－8.6	－1.7		－2.9	－2.3	2.0	－12.9	－25.2
1992	1.7	4.9	0.5	0.8	1.5	1.3	5.9	－3.4	－5.5	－3.1
1993	3.1	5.0	－11.5	4.8	0.9	－4.7	4.7	7.7	18.0	20.6
1994	－2.5	－3.8	－0.7	－2.3	－2.8	－0.9	－6.7	－3.3	14.9	－7.6
1995	4.8	2.5	3.3	5.8	5.6	5.3	2.9	12.8	－24.9	－18.3
1996	8.1	6.9	4.2	9.1	8.4	5.3	8.2	13.8	18.1	18.4
1997	－2.1	11.7	4.1	－7.4	－1.7	2.9	11.5	－18.2	－35.2	－35.3
1998	3.7	－11.3	－11.5	11.8	2.9	－1.0	－11.0	27.5	12.3	34.9
1999	－0.8	4.7	1.1	－2.7	－0.7	－0.1	3.8	－3.7	－20.7	－25.7
2000	－9.1	－9.9	－8.4	－8.9	－10.6	－5.3	－12.5	－17.2	－20.3	－8.3
2001	－2.1	－4.7	－9.4	－0.3	－2.2	－5.5	－5.8	7.6	4.5	－7.4
2002	1.0	－3.1	－10.9	3.6	0.4	－1.7	－3.8	6.3	23.4	10.6
2003	－5.8	－2.3	－2.7	－7.1	－6.0	－8.0	－4.2	－4.5	－14.0	－10.8
2004	9.0	4.9	9.3	10.3	10.0	11.5	6.3	12.5	－36.7	19.9

2—24续1　　单位:%

年份	豆类	大豆	薯类	棉花	油料	花生	油菜籽	芝麻
1950		46.2	25.9	55.9	15.9	37.1	−6.9	
1952		10.3	16.6	26.5	15.8	10.5	19.8	
1957		−1.9	0.3	13.5	−17.5	−22.9	−3.8	
1962		4.8	7.9	−6.3	10.4	4.9	28.4	
1965		−22.0	−1.3	26.2	7.6	10.2	16.0	
1970		14.2	10.6	9.5	13.2	17.2	9.9	
1975		−3.1	1.2	−3.3	2.4	−2.3	11.1	
1978		4.3	7.0	5.8	29.9	20.2	59.7	
1980		6.4	0.9	22.7	19.5	27.6	−0.7	−38.0
1981		17.4	−9.6	9.6	32.7	6.3	70.5	97.1
1982		−3.2	4.1	21.2	15.8	2.4	39.1	−32.9
1983		8.1	8.1	28.9	−10.7	0.9	−24.2	1.9
1984		−0.7	−2.6	35.0	12.9	21.9	−1.9	36.4
1985		8.3	−8.6	−33.7	32.5	38.4	33.3	45.4
1986		10.6	−2.7	−14.6	−6.6	−11.7	4.9	−10.6
1987		4.9	11.3	19.9	3.7	4.9	12.3	−15.0
1988		−4.4	−4.4	−2.3	−13.6	−7.7	−23.6	−23.1
1989		−12.2	1.3	−8.7	−1.9	−5.8	7.8	−16.5
1990		7.6	0.5	19.0	24.6	18.7	28.0	39.0
1991		−11.7	−1.0	25.9	1.6	−1.0	6.9	−7.3
1992	0.4	6.1	4.7	−20.6	0.2	−5.6	2.9	18.7
1993	55.8	48.6	11.8	−17.1	9.9	41.5	−9.3	9.0
1994	7.4	4.5	−4.9	16.1	10.3	15.0	8.0	0.0
1995	−14.7	−15.6	7.8	9.8	13.1	5.7	30.5	−2.7
1996	0.2	−2.1	8.4	−11.8	−1.8	−0.9	−5.9	5.1
1997	4.8	11.4	−9.7	9.5	−2.4	−4.8	4.1	−1.7
1998	6.7	2.9	12.9	−2.2	7.3	23.2	−13.3	16.0
1999	−5.3	−6.0	1.0	−14.9	12.4	6.3	22.1	13.3
2000	6.1	8.2	1.2	15.4	13.6	14.2	12.3	9.1
2001	2.1	0.0	−3.3	20.5	−3.0	−0.1	−0.4	−0.9
2002	9.2	7.1	2.9	−7.7	1.1	2.8	−6.9	11.3
2003	−5.1	−6.7	−4.2	−1.1	−3.0	−9.4	8.2	−33.7
2004	4.9	13.0	1.3	30.1	9.1	6.9	15.4	18.7

2—24 续 2　　单位：%

年份	麻类	黄红麻	苎麻	糖料	甘蔗	甜菜	烟叶	烤烟
1950		113.5		19.2	18.6	28.3		32.6
1952		22.4		52.2	53.7	33.1		−8.3
1957		16.7	6.0	15.5	20.1	−8.8		−35.8
1962		7.3	−11.8	−25.3	−19.3	−57.5		34.4
1965		18.7	30.4	14.2	10.1	52.1		14.8
1970		−0.9		20.8	28.2	−11.9		−10.3
1975		11.0	20.8	2.3	1.4	8.2	17.5	19.2
1978		26.4	8.3	17.9	18.9	10.0	9.1	8.3
1980	5.5	0.8	−5.7	18.3	6.0	103.0	−10.2	−11.0
1981	9.7	14.8	48.5	23.8	30.1	0.9	77.2	78.4
1982	−21.4	−15.9	20.4	21.0	24.3	5.5	45.6	44.5
1983	0.9	−3.9	−25.4	−7.5	−15.6	36.8	−36.6	−37.7
1984	43.0	46.4	13.6	18.6	26.9	−9.8	29.5	34.1
1985	148.8	176.1	64.0	26.5	30.4	7.7	35.6	34.5
1986	−56.7	−65.5	176.8	−3.2	−2.6	−6.9	−29.6	−33.8
1987	8.1	−19.9	149.8	−5.2	−5.7	−2.0	13.8	19.1
1988	−13.2	−5.4	−43.9	11.5	3.6	57.4	40.7	42.8
1989	−37.9	−38.7	−42.1	−6.2	−0.5	−27.8	3.5	2.9
1990	−2.4	10.0	−51.6	24.3	18.1	57.1	−7.2	−6.1
1991	−19.4	−29.3	−34.8	16.7	17.8	12.1	15.4	18.2
1992	6.1	20.7	5.2	4.6	7.5	−7.5	15.4	16.8
1993	2.3	8.6	11.5	−13.4	−12.1	−20.0	−1.4	−2.7
1994	−22.2	−47.2	70.6	−3.7	−5.1	4.0	−35.1	−36.1
1995	20.1	4.5	26.7	8.1	7.4	11.6	3.4	6.7
1996	−11.4	−1.6	−4.1	5.3	4.2	10.2	39.8	42.2
1997	−5.8	17.8	−2.8	12.3	15.7	−2.9	31.4	32.7
1998	−33.9	−42.3	−10.9	4.3	5.8	−3.4	−44.4	−46.6
1999	−4.6	−33.9	−1.6	−14.9	−10.5	−40.3	4.4	4.6
2000	12.1	−23.2	34.2	−8.4	−8.6	−6.6	3.4	2.4
2001	28.7	−15.9	22.4	13.4	10.8	34.9	−7.9	−8.6
2002	41.6	50.0	20.8	18.9	19.1	17.7	4.1	4.4
2003	−11.5	−37.1	2.9	−6.3	0.1	−51.8	−7.8	−5.6
2004	25.9	−13.1	4.0	−0.7	−0.4	−5.2	6.6	7.3

2—25 全国主要农产品人均占有产量

单位:公斤/人

年 份	粮食	棉花	油料	糖料	水果	肉类	水产品
1949	208.9	0.8	4.7	5.2	2.2		0.8
1952	288.1	2.3	7.4	13.4	4.3		2.9
1957	306.0	2.6	6.6	18.7	5.1		4.9
1962	231.9	1.1	3.0	5.7	4.1		3.4
1965	272.0	2.9	5.1	21.5	4.5		4.2
1970	293.2	2.8	4.6	19.0	4.6		3.9
1975	310.5	2.6	4.9	20.9	5.9		4.8
1978	318.7	2.3	5.5	24.9	6.9		4.9
1980	326.7	2.8	7.8	29.7	6.9	12.3	4.6
1981	327.0	3.0	10.3	36.2	7.8	12.7	4.6
1982	351.7	3.6	11.7	43.2	7.7	13.4	5.1
1983	379.6	4.5	10.3	39.5	9.3	13.7	5.4
1984	395.5	6.1	11.6	46.4	9.6	15.0	6.0
1985	362.2	4.0	15.1	57.8	11.1	18.4	6.7
1986	367.0	3.3	13.8	54.9	12.6	19.8	7.7
1987	373.4	3.9	14.1	51.2	15.4	20.4	8.8
1988	357.7	3.8	12.0	56.2	15.1	22.5	9.6
1989	364.3	3.4	11.6	51.9	16.4	23.5	10.3
1990	393.1	4.0	14.2	63.6	16.5	25.2	10.9
1991	378.3	4.9	14.2	73.2	18.9	27.3	11.7
1992	380.0	3.9	14.1	75.6	20.9	29.4	13.4
1993	387.4	3.2	15.3	64.7	25.6	32.6	15.5
1994	373.5	3.6	16.7	61.6	29.4	37.8	18.0
1995	387.3	4.0	18.7	65.9	35.0	43.7	20.9
1996	414.4	3.5	18.2	68.7	38.2	13.0	27.0
1997	401.7	3.7	17.5	76.3	41.4	42.8	29.3
1998	412.4	3.6	18.6	78.8	43.9	46.1	31.4
1999	405.5	3.1	20.7	66.5	49.8	47.5	32.9
2000	366.1	3.5	23.4	60.5	49.3	48.5	33.9
2001	355.9	4.2	22.5	68.1	52.3	49.8	34.4
2002	357.0	3.8	22.6	80.4	54.3	51.4	35.6
2003	334.3	3.8	21.8	74.8	112.7	53.8	36.5
2004	362.2	4.9	23.7	73.8	118.4	55.9	37.8

2－26　全国每一农业从业人员提供主要农产品数量

单位:公斤/人

年　份	粮食	棉花	油料	糖料	水果	肉类	水产品
1978	1071.4	7.6	18.3	83.7	23.1	0.0	16.4
1979	1154.8	7.7	22.4	85.6	24.4	36.9	15.0
1980	1088.8	9.2	26.1	98.9	23.1	40.9	15.3
1981	1074.7	9.8	33.7	119.1	25.8	41.7	15.2
1982	1146.7	11.6	38.2	141.0	24.9	43.7	16.7
1983	1233.4	14.8	33.6	128.4	30.2	44.7	17.4
1984	1286.3	19.8	37.6	151.0	31.1	48.7	19.6
1985	1222.2	13.4	50.9	194.9	37.5	62.1	22.7
1986	1287.5	11.6	48.5	192.5	44.3	69.5	27.1
1987	1319.7	13.8	49.8	181.0	54.4	72.2	31.2
1988	1264.6	13.3	42.4	198.6	53.5	79.6	34.0
1989	1275.7	11.9	40.5	181.7	57.3	82.3	36.0
1990	1356.8	13.7	49.1	219.4	57.0	86.9	37.6
1991	1289.3	16.8	48.5	249.4	64.5	93.1	40.0
1992	1297.7	13.2	48.1	258.2	71.5	100.6	45.6
1993	1356.7	11.1	53.6	226.6	89.5	114.2	54.2
1994	1349.8	13.2	60.3	222.8	106.1	136.4	65.0
1995	1435.2	14.7	69.2	244.2	129.6	161.8	77.4
1996	1562.1	13.0	68.4	258.8	144.1	141.9	101.8
1997	1527.7	14.2	66.7	290.2	157.3	162.9	111.3
1998	1574.8	13.8	71.1	301.0	167.6	176.0	120.1
1999	1551.4	11.7	79.4	254.3	190.4	181.5	125.8
2000	1406.7	13.4	89.9	232.4	189.5	186.4	130.2
2001	1387.4	16.3	87.8	265.3	204.1	194.1	134.3
2002	1418.5	15.3	89.9	319.4	215.8	204.4	141.7
2003	1361.9	15.4	88.9	304.9	459.0	219.2	148.8
2004	1518.0	20.4	99.1	309.5	496.0	234.2	158.5

2—27 全国主要农产品每亩总生产成本

单位:元/亩

年 份	粮食平均	稻谷	小麦	玉米	高粱	大豆	棉花	油料平均	花生
1978	44.02	60.50	49.73	47.44	38.86	32.13	85.98	41.16	52.35
1980	41.48	58.56	47.89	44.50	38.76	27.92	85.42	41.44	54.15
1983	43.73	62.67	49.34	47.72	37.11	32.03	102.54	42.03	62.18
1984	53.96	77.28	60.05	57.07		37.72	126.78	55.82	77.94
1985	53.70	77.29	60.20	57.48		37.99	121.34	56.31	83.20
1986	54.33	79.53	61.60	59.22		38.90	119.36	56.89	83.93
1987	65.48	95.72	72.65	73.33		46.49	145.22	67.48	96.02
1988	74.97	116.30	82.85	84.12		54.61	162.42	77.38	117.89
1989	90.95	142.91	102.54	104.04		64.16	204.88	96.56	145.92
1990	101.35	151.91	115.45	118.18	78.40	71.74	240.77	106.94	156.42
1991	100.05	159.98	115.52	111.29		66.76	258.15	109.60	168.00
1992	110.25	161.17	127.17	126.45	94.48	76.11	274.97	108.98	155.95
1993	151.77	185.15	149.11	138.67	116.42	87.99	319.16	130.67	189.40
1994	184.13	272.81	197.69	188.89	146.59	116.84	456.98	177.33	262.66
1995	219.68	349.19	246.16	251.30	207.75	142.08	559.36	216.15	306.34
1996	280.56	396.76	309.24	316.35	251.67	206.28	665.73	254.77	352.97
1997	281.69	388.96	311.62	321.24	237.58	218.86	654.48	281.06	398.79
1998	270.67	362.33	300.01	302.43		194.44	627.11	260.18	376.76
1999	248.42	343.45	297.09	279.13		170.93	548.12	232.03	325.56
2000	282.08	319.15	264.97	262.13		152.23	517.50	270.44	315.85
2001	280.52	316.72	258.93	265.89		153.65	534.88	273.13	325.77
2002	286.40	319.04	264.96	272.96		154.46	543.54	257.96	300.13
2003	324.30	382.61	294.06	298.72	224.39	191.44	601.97	301.67	352.47
2004	341.38	397.68	312.12	314.26	247.18	190.91	652.58	325.92	398.02

注:1.粮食平均成本 2000 年以前为六种粮食平均;2000 年以后指稻谷、小麦、玉米三种粮食平均。

2.油料平均成本 2000 年以前为三种油料平均;2000 年以后指花生、油菜籽两种油料平均。

2—27 续

单位:元/亩

年 份			黄红麻	甘蔗	甜菜	烤烟	绿毛茶	苹果	柑桔
	油菜籽	芝麻							
1978	43.00	29.02	82.43	96.17	21.80	121.34	91.71	106.36	194.16
1980	43.45	26.80	84.26	102.92	45.44	112.79	93.88	121.66	228.10
1983	42.11	21.80	100.48	135.73	58.19	135.71		128.45	234.94
1984	59.01	30.51	117.35	209.27	51.52	165.69	120.40	177.29	331.55
1985	52.46	33.27	114.25	192.19	80.03	163.79		218.39	281.87
1986	53.33	33.46	105.61	197.90	67.80	148.23	149.91	224.01	381.83
1987	65.68	40.74	124.41	264.55	96.38	187.69		318.36	475.53
1988	74.42	39.85	140.49	274.07	115.68	225.78		348.68	464.50
1989	95.12	48.68	167.40	331.99	136.63	291.35	266.15	481.49	704.59
1990	104.26	60.44	180.51	343.46	162.70	313.78	365.29	489.13	686.08
1991	98.71	62.00	166.56	343.08	170.62	313.39		515.10	622.91
1992	106.79	64.19	172.30	366.49	201.96	330.43		506.31	724.35
1993	132.66	70.10	173.80	415.20	208.42	360.25	540.50	575.92	776.55
1994	186.45	91.96	279.40	595.59	253.68	493.32	571.49	818.11	828.63
1995	220.74	126.63	357.64	753.11	315.22	598.45	603.34	973.30	1014.24
1996	255.83	156.46	393.38	829.15	404.23	795.05	1158.51	1253.22	1139.41
1997	267.43	178.96	387.64	857.83	428.71	814.56	851.40	1255.76	1009.70
1998	252.07	151.62	333.61	749.53	441.86	766.84	916.36	977.36	954.91
1999	240.06	130.45	287.84	678.46	403.65	725.57	887.56	1005.86	1181.61
2000	223.92			634.74	345.66	711.58		891.22	
2001	219.33			638.65	340.96	730.20		843.53	
2002	215.69			641.61	361.38	762.95		726.97	
2003	248.41		478.92	702.71	415.85	816.43	1097.73	941.78	
2004	253.65		443.69	712.63	353.82	1000.03	932.75	1248.73	

2—28 全国农村居民从农业得到的纯收入

单位:元/人

年 份	家庭经营纯收入	第一产业	农业	林业	牧业	渔业
1978	35.8	33.8	17.9		15.9	
1980	62.6	56.3	26.3		30.1	
1985	296.0	263.8	202.1	6.2	52.0	3.6
1990	518.6	456.0	344.6	7.5	96.8	7.1
1991	523.6	460.6	338.7	8.5	105.2	8.2
1992	561.6	486.9	354.5	9.6	113.9	8.9
1993	678.5	567.0	448.4	12.6	96.8	9.2
1994	881.9	746.7	610.5	12.9	112.3	11.0
1995	1125.8	956.5	799.4	13.5	127.8	15.7
1996	1362.5	1147.3	955.1	16.1	158.6	17.5
1997	1472.7	1220.0	976.2	19.4	203.5	21.0
1998	1466.0	1192.4	962.8	18.7	188.5	22.4
1999	1448.4	1139.0	918.3	21.6	174.3	24.8
2000	1427.3	1090.7	833.9	22.4	207.4	27.0
2001	1459.6	1126.6	863.6	22.1	212.0	28.9
2002	1486.5	1135.0	866.7	25.5	210.6	32.2
2003	1541.3	1195.6	885.7	29.3	245.7	34.9
2004	1745.8	1398.0	1056.5	34.1	271.1	36.3

第 3 部分

各地区农业统计

一、各地区农村基本情况

3—1 各地区乡镇个数

单位：个

地区	1978年	1980年	1985年	1990年	1995年	1996年	1997年
全国总计	**52781**	**54183**	**72153**	**55838**	**47136**	**45484**	**44689**
北京	263	263	362	291	276	276	254
天津	215	219	221	221	226	226	225
河北	3652	3644	3674	3367	3202	1970	1970
山西	1887	1889	1920	1930	1933	1936	1936
内蒙古	749	1382	1533	1535	1551	1551	1553
辽宁	1346	1145	1211	1216	1235	1203	1198
吉林	1117	928	919	929	918	912	911
黑龙江	1201	1077	1163	1157	1159	1159	1161
上海	204	205	217	211	208	207	207
江苏	1885	1885	1923	1913	1982	1978	1979
浙江	2991	3030	3243	3181	1841	1841	1841
安徽	2528	3316	3407	3336	1854	1859	1867
福建	877	867	958	966	969	969	973
江西	1628	1643	1748	1779	1820	1797	1731
山东	2012	2100	2680	2453	2383	2385	2375
河南	2068	2061	2104	2127	2144	2150	2147
湖北	1276	1262	4709	2065	1901	1873	1395
湖南	3298	3331	3379	3269	2321	2313	2299
广东	1882	1937	1985	1651	1655	1678	1589
广西	975	969	1242	1359	1362	1360	1360
海南				304	305	307	308
重庆							1440
四川	8360	8547	8612	8550	6285	6298	4981
贵州	3731	3765	3882	3870	1467	1478	1464
云南	1401	1398	13281	1576	1574	1575	1574
西藏	1971	2067	2090	930	934	922	916
陕西	2520	2523	2617	2621	2574	2190	1968
甘肃	1367	1460	1517	1516	1532	1532	1533
青海	399	403	453	430	432	441	432
宁夏	273	251	279	288	295	299	299
新疆	705	616	824	797	798	799	803

3—1 续

单位:个

地　区	1998 年	1999 年	2000 年	2001 年	2002 年	2003 年	2004 年
全国总计	**45462**	**44741**	**43735**	**40161**	**39054**	**38028**	**36952**
北　京	240	239	215	214	196	190	185
天　津	225	221	220	141	140	140	140
河　北	1972	1973	1973	1974	1968	1971	1967
山　西	1937	1839	1834	1187	1189	1191	1193
内蒙古	1554	1496	1448	1149	1154	1138	1147
辽　宁	1678	1619	1587	1585	1418	1011	1007
吉　林	898	887	856	791	788	774	767
黑龙江	1161	1161	1161	915	909	904	882
上　海	209	206	153	151	133	127	109
江　苏	1971	1922	1482	1287	1281	1259	1153
浙　江	1832	1770	1723	1415	1375	1334	1281
安　徽	1870	1840	1841	1791	1760	1739	1584
福　建	980	976	943	936	928	960	954
江　西	1811	1816	1817	1666	1507	1449	1435
山　东	2366	2362	2207	1499	1494	1476	1468
河　南	2144	2043	2031	2029	2019	2014	2014
湖　北	1388	1355	1329	969	966	964	964
湖　南	2351	2350	2353	2358	2364	2357	2343
广　东	1707	1709	1612	1591	1527	1395	1247
广　西	1363	1360	1360	1356	1337	1325	1324
海　南	308	308	309	299	200	200	200
重　庆	1483	1465	1472	1237	1223	1183	1035
四　川	5007	5039	5062	5051	5052	5008	4808
贵　州	1473	1464	1463	1460	1457	1381	1380
云　南	1574	1565	1564	1433	1419	1406	1402
西　藏	914	720	720	719	683	685	685
陕　西	1969	1963	1933	1919	1556	1544	1526
甘　肃	1535	1536	1534	1533	1528	1523	1371
青　海	432	430	430	422	392	392	392
宁　夏	299	299	309	291	293	189	192
新　疆	811	808	794	793	798	799	797

3—2 各地区村民委员会个数

单位:个

地 区	1978年	1980年	1985年	1990年	1995年	1996年	1997年
全国总计	**690388**	**709820**	**940617**	**743278**	**740150**	**740128**	**739447**
北 京	3985	3994	4215	4140	4086	4072	4071
天 津	3825	3880	3963	3872	3876	3878	3877
河 北	50150	50218	50434	50658	50224	50063	50201
山 西	30046	31422	32291	32396	32430	32362	32365
内蒙古	5879	12286	13628	13884	13958	13958	13962
辽 宁	17427	15534	15656	15739	15788	16444	16372
吉 林	12563	10104	10144	10300	10234	10139	10112
黑龙江	14351	13827	14568	14490	14432	14423	14410
上 海	2917	2958	3006	3030	2997	2939	2920
江 苏	34286	34996	36117	36130	35982	35962	35856
浙 江	41913	42241	43307	43506	43364	43322	43222
安 徽	27506	29514	31495	31681	30523	30605	30726
福 建	13432	13980	15439	14864	14923	14916	14960
江 西	21954	22948	20103	20475	20921	20925	20752
山 东	83325	84968	89088	89576	88927	88914	87762
河 南	42567	44382	46846	47804	48274	48364	48357
湖 北	29505	31019	32438	32765	32802	32783	32704
湖 南	47102	46650	47899	48614	47666	47595	47544
广 东	25361	26699	140812	23845	22869	22869	23153
广 西	12570	13834	14379	14769	14803	14818	14822
海 南				2605	2739	2740	2684
重 庆							20853
四 川	74616	75301	76278	76308	75910	75860	55024
贵 州	24206	25021	25812	25965	25870	25842	25742
云 南	13223	13771	102720	13365	13415	13419	13424
西 藏			5362	7468	7431	7206	7803
陕 西	29912	30455	32668	32393	32445	32469	32423
甘 肃	14944	16696	17530	17603	17715	17761	17774
青 海	3545	3692	3933	4021	4008	4008	4046
宁 夏	2325	2285	2393	2501	2595	2586	2592
新 疆	6953	7145	8093	8511	8943	8886	8934

3—2 续

单位:个

地 区	1998 年	1999 年	2000 年	2001 年	2002 年	2003 年	2004 年
全国总计	**739980**	**737429**	**734715**	**709257**	**694515**	**678589**	**652718**
北 京	4044	4043	4043	4044	4032	4003	3978
天 津	3877	3872	3870	3852	3829	3825	3821
河 北	50027	49954	49951	49914	49838	49752	49697
山 西	32365	32371	32338	32066	30896	28745	28552
内蒙古	13993	13925	13648	13302	13120	12269	12215
辽 宁	16310	16287	16192	16033	15950	13720	12024
吉 林	10121	10133	10107	10005	9850	9569	9370
黑龙江	14387	14319	14206	9502	9115	9018	8951
上 海	2895	2811	2784	2715	2090	1991	1905
江 苏	35726	34903	33259	20782	20245	19520	18619
浙 江	43108	42865	42226	40569	39125	38322	35445
安 徽	30558	30691	30658	29810	29186	28852	26545
福 建	14970	14969	14988	15008	15001	14894	14745
江 西	20677	20701	20738	20550	20183	17955	17354
山 东	87750	87870	87817	87282	86700	86666	86121
河 南	48436	48392	48437	48556	48480	48442	48330
湖 北	32662	32509	32400	31616	28671	27634	26697
湖 南	49849	49866	50068	50064	50088	50195	45722
广 东	22945	22889	22962	22881	22842	22574	21917
广 西	14816	14837	14849	14837	14660	14601	14560
海 南	2633	2652	2647	2676	2666	2633	2624
重 庆	20647	20630	20589	18264	16407	14357	10143
四 川	55042	55044	55020	55047	55017	54742	52875
贵 州	25847	25748	25692	24890	23898	22245	20053
云 南	13423	13428	13433	13419	13380	13308	13198
西 藏	7306	6406	6449	6422	6050	6047	6009
陕 西	31969	31477	31329	31083	29207	28956	28506
甘 肃	17803	17818	17825	17834	17725	17491	17043
青 海	4054	4056	4120	4123	4129	4133	4158
宁 夏	2602	2607	2692	2690	2664	2685	2515
新 疆	9138	9356	9378	9421	9471	9445	9026

3—3 各地区乡村户数

单位:万户

地区	1978年	1980年	1985年	1990年	1995年	1996年	1997年
全国总计	**17347.0**	**17672.7**	**19076.5**	**22237.2**	**23281.7**	**23437.7**	**23406.2**
北京	91.9	95.0	111.8	124.5	124.9	124.6	125.0
天津	80.6	81.0	94.5	110.3	112.6	113.2	112.4
河北	1040.8	1075.1	1159.8	1325.5	1387.1	1390.1	1394.4
山西	487.1	495.5	516.0	580.8	604.0	606.6	609.3
内蒙古	148.5	282.5	301.2	330.2	344.3	345.9	346.1
辽宁	546.0	496.6	542.0	608.0	630.6	631.8	660.4
吉林	341.7	303.9	317.8	340.9	348.8	351.1	354.0
黑龙江	385.9	379.0	386.7	419.7	422.1	426.7	427.8
上海	122.3	125.4	135.7	139.8	134.6	123.9	139.0
江苏	1234.0	1252.2	1314.0	1508.2	1516.9	1511.2	1505.4
浙江	794.4	809.4	892.2	1034.6	1066.3	1070.1	1067.0
安徽	911.9	919.5	992.0	1200.3	1244.3	1250.0	1255.6
福建	414.2	419.1	475.8	549.9	599.4	606.9	617.0
江西	520.9	517.1	546.3	656.1	706.0	707.2	714.0
山东	1493.8	1542.3	1650.9	1876.7	1975.9	1982.6	1984.0
河南	1323.3	1362.3	1488.0	1734.7	1880.4	1891.2	1890.0
湖北	799.8	800.6	861.1	1005.3	1004.2	996.9	992.0
湖南	1055.7	1067.9	1146.8	1396.8	1428.5	1432.7	1437.0
广东	953.6	970.3	1070.5	1201.4	1283.7	1336.3	1173.4
广西	590.3	598.3	651.1	756.5	827.9	840.7	859.6
海南				94.7	100.2	101.7	101.4
重庆							708.6
四川	1944.6	1970.1	2122.5	2543.3	2635.0	2651.3	1951.4
贵州	471.1	484.2	529.7	651.6	682.4	689.7	698.2
云南	513.0	522.5	572.8	690.4	769.5	783.0	794.4
西藏	29.6	31.3	31.8	33.5	35.8	35.9	37.0
陕西	484.3	497.8	560.0	641.5	674.6	680.6	682.6
甘肃	297.2	304.8	334.6	385.2	421.1	428.7	435.4
青海	46.4	47.7	50.7	57.4	63.3	64.8	65.7
宁夏	53.5	52.9	57.1	69.5	76.1	78.2	80.8
新疆	170.6	168.4	163.1	169.9	181.2	184.1	187.3

3—3 续 单位:万户

地　区	1998 年	1999 年	2000 年	2001 年	2002 年	2003 年	2004 年
全国总计	**23678.0**	**23810.5**	**24148.7**	**24432.2**	**24569.4**	**24793.1**	**24971.4**
北　京	125.9	125.9	126.8	127.6	128.0	131.1	132.9
天　津	112.7	112.5	112.1	112.7	112.9	115.1	117.9
河　北	1401.6	1401.2	1422.6	1434.1	1434.7	1436.1	1439.4
山　西	612.2	615.8	620.8	622.6	625.1	630.1	634.4
内蒙古	347.7	344.1	349.0	351.7	352.3	351.0	353.2
辽　宁	663.8	674.6	680.1	685.3	685.9	692.1	696.2
吉　林	357.8	364.4	370.0	369.8	376.1	377.9	381.8
黑龙江	437.7	446.7	458.3	465.9	474.7	479.1	486.7
上　海	116.7	117.8	115.6	115.8	115.2	114.1	112.8
江　苏	1503.1	1497.4	1496.3	1544.6	1552.5	1551.4	1562.9
浙　江	1073.3	1071.9	1076.0	1122.7	1146.6	1168.7	1193.5
安　徽	1256.5	1266.2	1294.6	1303.4	1310.9	1320.6	1333.0
福　建	630.2	640.4	660.0	666.9	676.7	679.4	682.3
江　西	720.6	729.0	741.5	747.5	758.6	776.1	785.0
山　东	1993.1	2004.4	2026.5	2027.3	2031.7	2043.1	2052.1
河　南	1912.1	1919.7	1972.3	1984.3	1998.5	2005.8	2015.6
湖　北	986.4	983.0	983.9	987.0	994.6	997.9	1006.0
湖　南	1441.7	1440.5	1444.0	1455.4	1459.1	1468.7	1481.7
广　东	1319.8	1337.3	1412.0	1470.1	1443.3	1487.4	1493.9
广　西	877.9	894.1	914.0	922.4	936.7	950.2	973.1
海　南	99.9	102.8	105.0	106.4	107.3	108.7	110.9
重　庆	709.8	711.0	710.3	714.7	718.3	718.7	715.0
四　川	1958.9	1959.8	1959.9	1965.7	1967.1	1967.2	1973.4
贵　州	708.7	719.1	734.7	743.9	756.1	762.5	781.8
云　南	806.4	816.5	829.8	836.2	844.9	885.3	865.7
西　藏	36.7	37.1	37.8	38.3	38.9	39.0	39.3
陕　西	686.0	687.4	689.8	693.2	696.2	698.2	703.4
甘　肃	440.3	444.2	449.0	451.1	454.5	457.1	459.4
青　海	67.1	68.5	69.9	71.2	72.5	73.8	75.9
宁　夏	81.0	81.4	85.6	87.7	89.4	92.2	92.7
新　疆	192.3	196.1	200.9	207.0	210.4	214.8	219.6

3—4 各地区乡村人口

单位:万人

地　区	1978年	1980年	1985年	1990年	1995年	1996年	1997年
全国总计	**80319.7**	**81096.0**	**84419.7**	**89590.3**	**91674.8**	**91940.9**	**91524.6**
北　京	382.1	374.3	387.2	392.0	371.4	368.9	365.3
天　津	358.7	354.5	375.4	393.4	396.3	394.8	389.7
河　北	4490.4	4537.8	4792.3	5211.6	5324.3	5319.3	5313.8
山　西	2028.3	2036.4	2098.7	2207.3	2270.4	2278.7	2284.2
内蒙古	627.9	1320.4	1374.7	1414.4	1421.1	1418.6	1412.3
辽　宁	2585.0	2202.6	2201.3	2251.8	2225.6	2219.9	2298.8
吉　林	1741.8	1477.7	1464.1	1465.8	1434.5	1436.9	1430.0
黑龙江	1963.4	1869.7	1841.0	1862.7	1840.9	1842.5	1842.9
上　海	429.6	429.0	429.2	417.9	392.3	384.5	399.3
江　苏	5066.2	5052.3	5153.1	5361.8	5321.0	5305.0	5277.0
浙　江	3302.4	3327.1	3400.4	3550.8	3588.2	3590.8	3585.7
安　徽	4194.4	4316.7	4475.7	4776.7	4949.5	4979.3	4999.4
福　建	2115.5	2138.8	2301.2	2493.0	2627.4	2639.9	2647.5
江　西	2750.7	2719.8	2812.3	3043.8	3205.0	3199.9	3208.5
山　东	6511.0	6556.3	6759.1	7059.4	7115.9	7096.7	7036.6
河　南	6472.3	6607.5	6865.9	7376.3	7715.2	7753.0	7716.6
湖　北	3891.5	3856.0	3927.3	4110.6	4041.7	4027.2	4003.0
湖　南	4605.3	4635.9	4885.4	5219.8	5322.3	5321.9	5333.5
广　东	4691.1	4818.2	5190.5	5241.0	5622.3	5747.8	5261.2
广　西	3039.7	3127.1	3422.0	3710.6	3881.9	3901.2	3921.6
海　南				447.4	475.9	484.4	486.5
重　庆							2452.8
四　川	8592.8	8649.2	8897.3	9333.6	9386.3	9387.4	6940.9
贵　州	2366.1	2445.2	2623.7	2833.2	2955.5	2979.5	3000.6
云　南	2736.0	2797.7	2996.2	3225.9	3335.1	3352.2	3366.3
西　藏	146.2	154.2	172.3	189.8	202.7	208.9	214.0
陕　西	2378.0	2395.1	2503.3	2681.8	2750.7	2754.4	2755.3
甘　肃	1604.8	1630.8	1718.3	1852.8	1948.1	1974.7	1993.5
青　海	264.7	271.7	286.2	304.1	322.9	326.0	328.3
宁　夏	284.8	289.9	316.9	347.3	364.0	369.7	371.8
新　疆	699.0	704.1	748.7	813.7	866.4	876.9	887.7

3—4 续

单位:万人

地　　区	1998 年	1999 年	2000 年	2001 年	2002 年	2003 年	2004 年
全国总计	**91960.1**	**92216.3**	**92819.7**	**93382.9**	**93502.5**	**93750.6**	**94253.7**
北　　京	364.4	363.9	363.7	361.6	357.6	360.6	359.9
天　　津	389.7	388.2	386.1	387.2	386.6	391.4	395.2
河　　北	5325.6	5336.3	5382.4	5385.6	5388.8	5383.0	5389.9
山　　西	2293.1	2303.2	2322.6	2324.0	2327.4	2335.5	2344.5
内 蒙 古	1405.4	1378.3	1376.8	1372.9	1370.0	1358.1	1352.3
辽　　宁	2289.9	2315.6	2311.5	2318.6	2314.5	2325.6	2338.9
吉　　林	1433.0	1442.1	1440.5	1433.0	1443.5	1439.4	1440.1
黑 龙 江	1848.1	1864.4	1864.2	1877.6	1890.5	1895.6	1899.3
上　　海	373.2	372.6	366.3	363.7	360.7	355.9	347.9
江　　苏	5245.2	5194.7	5150.6	5257.7	5237.0	5209.7	5248.0
浙　　江	3579.6	3553.5	3545.5	3631.3	3664.1	3712.1	3734.8
安　　徽	5007.7	5028.4	5089.1	5106.2	5119.9	5142.7	5198.2
福　　建	2669.8	2674.3	2689.4	2692.6	2699.2	2675.8	2686.3
江　　西	3165.5	3182.5	3203.2	3207.4	3215.5	3244.9	3266.6
山　　东	7027.2	7035.2	7035.9	7033.1	7038.1	7044.4	7042.5
河　　南	7739.8	7742.6	7826.7	7865.6	7907.9	7936.1	7968.8
湖　　北	3975.4	3966.4	3947.3	3939.3	3960.7	3958.0	3965.3
湖　　南	5355.1	5355.1	5386.2	5413.8	5420.8	5425.9	5455.8
广　　东	5644.6	5777.3	6017.3	6185.0	6062.5	6174.8	6254.5
广　　西	3953.3	3982.5	4026.4	4034.8	4064.2	4088.7	4123.4
海　　南	476.6	492.2	499.1	504.6	507.6	511.4	519.6
重　　庆	2445.1	2442.5	2420.3	2438.8	2443.2	2436.5	2425.3
四　　川	6947.0	6940.9	6941.2	6925.9	6904.9	6872.1	6885.7
贵　　州	3030.0	3061.4	3123.5	3160.6	3193.4	3201.5	3253.6
云　　南	3389.1	3409.3	3449.6	3463.7	3489.8	3510.8	3537.9
西　　藏	213.3	214.8	216.8	218.6	220.1	221.2	223.6
陕　　西	2755.2	2756.4	2768.4	2771.3	2775.3	2770.6	2790.8
甘　　肃	2009.0	2021.1	2031.3	2039.5	2046.9	2055.7	2063.6
青　　海	331.1	334.1	336.6	339.5	342.9	347.3	354.1
宁　　夏	377.8	381.0	388.4	397.5	401.0	407.6	412.1
新　　疆	900.5	905.8	913.2	932.0	948.0	957.8	975.5

二、各地区农业生产条件

3—5 各地区乡村从业人员

单位：万人

地 区	1978 年	1980 年	1985 年	1990 年	1995 年	1996 年	1997 年
全国总计	**30637.8**	**31835.9**	**37065.1**	**42009.5**	**45041.8**	**45288.0**	**46234.3**
北 京	161.7	164.4	190.0	184.3	163.5	164.2	161.2
天 津	149.2	151.2	177.9	170.8	169.9	167.9	173.0
河 北	1726.6	1766.6	2059.8	2360.5	2573.5	2583.2	2613.4
山 西	696.8	702.6	796.5	887.8	947.0	953.2	964.0
内蒙古	230.0	443.0	505.7	538.0	589.5	604.3	605.4
辽 宁	726.7	678.0	819.7	831.0	866.1	871.4	921.5
吉 林	391.7	338.1	450.0	614.4	631.1	629.1	616.2
黑龙江	446.5	438.5	489.0	538.2	583.5	599.4	959.7
上 海	276.2	282.2	268.5	250.0	230.4	227.0	242.6
江 苏	2257.4	2264.5	2599.3	2786.9	2773.0	2758.5	2750.4
浙 江	1465.2	1496.4	1863.8	2034.8	2097.0	2096.0	2099.6
安 徽	1580.8	1670.5	1974.0	2301.5	2592.2	2618.7	2674.8
福 建	711.6	729.1	864.2	1012.2	1148.5	1166.9	1181.4
江 西	911.9	929.3	1211.0	1394.2	1556.1	1543.3	1550.5
山 东	2555.3	2652.9	3010.3	3348.3	3572.5	3565.0	3588.7
河 南	2383.8	2505.4	2931.7	3423.7	3773.0	3847.8	4015.2
湖 北	1468.5	1500.6	1648.9	1791.3	1810.4	1792.8	1783.5
湖 南	1925.9	1997.5	2253.2	2598.3	2756.1	2765.7	2774.7
广 东	1914.2	1962.5	2254.3	2363.0	2519.2	2548.9	2627.8
广 西	1219.5	1300.1	1542.5	1767.8	1964.6	1997.2	2032.3
海 南				190.1	202.9	206.1	209.7
重 庆							1320.9
四 川	3553.4	3727.6	4251.0	4890.8	5177.7	5152.7	3823.6
贵 州	882.4	929.3	1118.0	1402.3	1587.7	1614.3	1646.0
云 南	1097.1	1199.0	1419.6	1646.8	1835.3	1855.9	1884.0
西 藏	76.8	81.8	87.8	90.7	92.3	95.3	98.8
陕 西	841.5	890.8	1046.6	1202.8	1324.9	1330.5	1342.1
甘 肃	534.7	574.0	715.7	821.1	876.0	886.9	900.4
青 海	97.1	103.6	120.2	135.9	152.7	158.3	161.4
宁 夏	94.7	99.4	120.5	140.7	162.5	168.7	176.6
新 疆	260.6	257.0	275.4	291.3	312.5	318.8	334.9

3—5 续

单位:万人

地　区	1998 年	1999 年	2000 年	2001 年	2002 年	2003 年	2004 年
全国总计	**46432.3**	**46896.5**	**47962.1**	**48228.9**	**48526.9**	**48971.0**	**49695.3**
北　京	161.0	165.3	165.8	165.3	165.6	169.6	171.4
天　津	173.0	169.3	168.1	169.2	168.7	173.8	175.7
河　北	2635.9	2654.3	2707.1	2717.9	2731.8	2748.0	2772.0
山　西	969.7	978.6	988.6	988.6	1000.3	1012.8	1021.5
内蒙古	606.9	621.0	631.5	632.5	650.5	652.3	675.8
辽　宁	933.2	938.8	966.0	977.5	993.5	1016.3	1083.9
吉　林	616.3	627.4	641.0	640.0	656.0	669.0	670.9
黑龙江	904.3	894.9	913.2	918.8	929.2	936.1	943.3
上　海	223.2	257.7	255.6	255.0	253.5	250.1	248.1
江　苏	2735.9	2709.4	2688.0	2684.4	2649.3	2649.1	2664.8
浙　江	2096.5	2090.1	2108.4	2170.1	2185.6	2219.9	2252.3
安　徽	2717.5	2724.3	2797.8	2821.5	2841.4	2861.7	2910.8
福　建	1200.3	1213.9	1244.1	1255.2	1274.5	1283.7	1311.5
江　西	1541.5	1545.8	1547.2	1552.2	1577.4	1588.4	1605.4
山　东	3595.8	3619.5	3639.6	3653.7	3695.2	3718.4	3754.2
河　南	4067.2	4311.2	4712.4	4687.8	4690.9	4695.0	4718.0
湖　北	1770.5	1769.8	1781.7	1781.7	1797.6	1832.5	1877.0
湖　南	2786.9	2810.1	2856.1	2877.6	2898.2	2914.4	2951.6
广　东	2632.9	2664.7	2785.1	2858.7	2780.3	2824.5	2944.6
广　西	2068.2	2080.3	2145.4	2159.6	2189.0	2216.3	2245.4
海　南	210.3	215.1	224.0	229.5	233.5	240.3	250.1
重　庆	1317.0	1343.0	1352.6	1345.2	1342.2	1340.3	1361.5
四　川	3829.5	3798.2	3789.0	3778.8	3762.3	3759.6	3774.0
贵　州	1682.7	1728.2	1802.6	1821.5	1841.8	1874.9	1903.0
云　南	1908.6	1911.3	1948.9	1971.0	1990.4	2002.7	2030.0
西　藏	97.5	100.9	100.8	100.7	103.5	103.6	105.7
陕　西	1355.8	1326.0	1343.2	1333.1	1362.6	1396.2	1425.5
甘　肃	906.7	919.4	934.5	942.2	1008.2	1050.5	1057.9
青　海	162.4	173.3	172.0	174.0	177.3	180.6	184.6
宁　夏	181.2	192.1	197.9	200.4	203.2	208.5	209.9
新　疆	343.9	342.7	354.1	365.4	373.4	382.3	395.1

3—6 各地区农林牧渔业从业人员

单位:万人

地区	1978年	1980年	1985年	1990年	1995年	1996年	1997年
全国总计	**28455.6**	**29808.4**	**30351.5**	**33336.4**	**32334.5**	**32260.6**	**32677.9**
北京	141.5	142.9	90.1	82.5	65.6	66.9	65.3
天津	134.6	133.1	95.2	89.5	80.9	80.2	79.4
河北	1533.1	1631.4	1639.0	1780.4	1715.4	1621.8	1620.3
山西	622.4	645.4	562.6	624.9	631.2	635.4	633.0
内蒙古	214.1	414.3	462.9	477.5	503.1	514.1	512.1
辽宁	645.3	585.5	588.9	605.5	592.9	605.1	624.3
吉林	353.8	307.5	399.7	541.2	537.4	534.2	521.6
黑龙江	400.1	394.8	425.3	463.9	480.2	494.8	822.0
上海	210.3	228.4	111.0	75.0	65.6	66.0	72.7
江苏	2034.5	1952.6	1704.1	1714.5	1541.3	1530.2	1532.5
浙江	1401.5	1375.4	1261.8	1336.5	1145.9	1123.1	1106.6
安徽	1525.4	1620.8	1726.7	1923.2	1930.3	1953.6	1964.8
福建	680.0	685.0	692.8	771.7	777.0	775.8	771.4
江西	875.5	887.5	996.8	1152.7	1112.4	1103.2	1089.4
山东	2309.8	2466.5	2365.6	2507.9	2502.2	2475.1	2497.5
河南	2250.5	2365.4	2557.5	2819.8	2808.0	2815.8	2902.7
湖北	1354.9	1393.7	1324.5	1454.0	1329.2	1296.5	1266.0
湖南	1809.8	1885.4	1994.2	2257.5	2114.7	2089.3	2074.1
广东	1752.2	1850.5	1742.5	1600.7	1342.3	1439.8	1502.2
广西	1145.3	1265.2	1449.2	1589.1	1562.9	1579.9	1589.9
海南				162.2	164.6	165.9	168.7
重庆							962.6
四川	3362.3	3581.1	3802.2	4234.8	3979.8	3903.7	2859.6
贵州	851.8	911.7	1051.0	1285.5	1362.9	1376.6	1382.5
云南	1044.0	1165.6	1297.0	1502.5	1632.3	1642.2	1653.6
西藏	76.2	80.1	83.7	85.9	86.8	88.6	91.0
陕西	783.8	838.2	884.2	1001.0	1049.3	1046.1	1045.7
甘肃	503.2	557.6	571.2	683.3	667.5	672.0	680.1
青海	95.6	101.5	107.1	119.7	131.8	137.1	138.2
宁夏	88.8	94.8	108.6	124.3	137.4	139.1	145.4
新疆	255.3	246.5	256.1	269.2	283.6	288.5	302.8

3—6 续

单位:万人

地　　区	1998 年	1999 年	2000 年	2001 年	2002 年	2003 年	2004 年
全国总计	**32626.4**	**32911.8**	**32797.5**	**32451.0**	**31990.6**	**31259.6**	**30596.0**
北　　京	67.7	71.1	69.7	67.9	64.1	59.5	57.9
天　　津	79.4	81.5	79.7	81.0	80.3	81.2	80.5
河　　北	1635.4	1639.9	1665.5	1665.0	1652.0	1660.2	1600.4
山　　西	639.9	654.8	658.3	658.0	658.4	646.0	640.3
内 蒙 古	512.4	525.6	524.3	518.4	535.7	514.4	523.8
辽　　宁	633.0	643.2	651.2	649.0	659.2	667.3	685.8
吉　　林	517.0	519.6	516.8	514.3	509.1	502.5	496.7
黑 龙 江	760.3	744.7	744.1	742.5	745.9	734.8	706.1
上　　海	76.3	90.4	84.6	83.2	81.5	71.7	65.2
江　　苏	1531.5	1505.0	1480.2	1452.3	1354.2	1230.3	1134.9
浙　　江	1102.7	1073.6	1014.9	985.1	929.6	873.0	826.6
安　　徽	1992.9	1991.1	2001.8	1975.6	1931.5	1860.6	1794.7
福　　建	776.8	779.7	768.7	760.4	756.6	735.9	722.7
江　　西	1073.7	1060.2	983.4	977.4	983.5	971.3	961.0
山　　东	2487.0	2474.1	2462.6	2434.3	2370.9	2264.6	2180.1
河　　南	2940.3	3299.3	3558.6	3472.3	3393.0	3321.2	3235.0
湖　　北	1232.9	1210.9	1159.1	1143.7	1131.0	1110.7	1105.7
湖　　南	2062.9	2074.1	2071.4	2058.7	2019.6	1997.7	1975.9
广　　东	1508.2	1530.9	1570.1	1566.4	1555.0	1543.4	1525.0
广　　西	1604.1	1603.4	1556.8	1555.1	1557.0	1541.0	1516.1
海　　南	170.2	172.0	177.2	179.9	181.7	187.3	190.8
重　　庆	943.7	955.1	921.5	884.6	852.7	813.2	800.8
四　　川	2811.9	2735.1	2631.1	2582.6	2503.3	2414.0	2367.0
贵　　州	1388.4	1427.4	1372.1	1368.3	1353.9	1322.1	1288.5
云　　南	1661.8	1654.9	1674.3	1689.4	1696.1	1690.2	1693.7
西　　藏	89.3	91.8	90.1	88.8	88.8	84.4	85.2
陕　　西	1047.4	1008.9	1002.2	985.9	994.9	989.0	957.1
甘　　肃	683.8	689.8	697.5	696.8	738.2	760.8	763.2
青　　海	138.2	144.0	142.3	141.6	136.5	134.8	131.9
宁　　夏	146.6	152.8	153.1	151.7	150.5	145.8	144.0
新　　疆	310.7	307.0	314.5	321.0	326.0	330.9	339.4

3—7 各地区农用机械总动力

单位:万千瓦

地区	1978年	1980年	1985年	1990年	1995年	1996年	1997年
全国总计	**11749.9**	**14745.7**	**20912.5**	**28707.7**	**36118.1**	**38546.9**	**42015.6**
北京	189.2	234.6	320.2	416.2	468.1	468.4	433.2
天津	182.1	213.4	331.5	439.0	532.5	558.0	586.8
河北	1083.2	1254.7	1995.1	2822.2	4336.4	5133.4	5808.7
山西	462.7	542.4	822.7	1053.5	1359.6	1426.2	1423.2
内蒙古	189.4	420.8	472.0	760.5	902.5	958.5	1042.5
辽宁	592.3	568.8	830.8	1012.3	1016.9	1040.3	1090.5
吉林	340.6	367.5	476.3	629.0	661.4	718.0	773.2
黑龙江	519.6	709.3	960.4	1173.4	1226.1	1254.8	1285.4
上海	187.0	214.8	236.7	276.5	173.4	157.7	158.7
江苏	853.1	1114.6	1676.2	2004.8	2227.0	2297.4	2499.7
浙江	392.9	534.7	808.7	1217.9	1641.8	1641.8	1733.3
安徽	541.5	664.7	833.6	1307.3	1836.0	2017.0	2239.6
福建	167.7	240.4	374.9	587.1	757.3	786.5	792.4
江西	261.7	328.8	497.9	667.7	663.1	691.3	750.0
山东	1084.6	1371.8	2300.6	3215.8	4016.5	4308.9	4763.6
河南	974.4	1178.3	1569.9	2264.0	3115.4	3557.5	4337.9
湖北	616.1	773.1	911.6	1099.6	1174.3	1222.2	1276.0
湖南	427.0	586.6	892.0	1209.1	1532.5	1616.0	1692.8
广东	555.3	666.1	954.8	1278.8	1669.6	1457.8	1673.0
广西	312.7	390.6	473.0	784.2	1075.4	1148.0	1183.2
海南				127.3	176.0	184.8	187.6
重庆							454.1
四川	458.1	655.7	920.1	1259.9	1595.8	1673.2	1348.2
贵州	111.1	132.3	183.6	286.2	379.1	425.2	454.4
云南	243.1	321.9	439.2	648.8	910.7	1003.3	1103.7
西藏	17.4	29.9	32.7	45.4	58.5	63.6	
陕西	374.9	471.7	561.9	712.0	780.5	802.0	885.4
甘肃	315.6	355.9	439.1	568.1	748.0	783.9	813.2
青海	52.8	69.7	88.0	126.9	188.5	196.6	207.9
宁夏	69.2	84.2	124.0	191.1	241.5	256.0	288.4
新疆	166.6	248.6	384.9	523.1	653.8	698.9	729.0

3—7 续 单位:万千瓦

地　区	1998年	1999年	2000年	2001年	2002年	2003年	2004年
全国总计	**45207.7**	**48996.1**	**52573.6**	**55172.1**	**57929.9**	**60386.5**	**64027.9**
北　京	415.5	410.4	399.2	395.0	381.8	365.9	340.0
天　津	602.1	481.5	593.4	603.3	612.7	601.7	608.1
河　北	6263.9	6622.8	7000.4	7244.4	7451.2	7764.5	8135.6
山　西	1505.8	1655.0	1701.3	1767.5	1869.4	1928.2	2186.5
内蒙古	1125.2	1241.5	1350.3	1423.6	1510.2	1616.6	1772.3
辽　宁	1138.1	1236.5	1339.8	1401.3	1484.7	1542.3	1619.5
吉　林	827.5	897.3	1015.4	1096.5	1150.7	1230.6	1319.8
黑龙江	1454.5	1559.7	1613.8	1648.3	1741.8	1807.7	1952.2
上　海	155.7	151.1	142.5	133.9	126.9	112.6	105.2
江　苏	2594.8	2767.9	2925.3	2957.9	2983.9	3029.1	3052.5
浙　江	1798.8	1912.5	1990.1	2017.2	2053.2	2039.7	2026.7
安　徽	2546.6	2766.2	2975.9	3165.0	3372.1	3544.7	3784.4
福　建	818.4	838.7	873.3	888.8	915.8	951.9	981.0
江　西	793.9	853.0	902.3	1002.0	1111.8	1220.5	1465.2
山　东	5228.3	6096.6	7025.2	7689.6	8155.6	8336.7	8751.9
河　南	4764.4	5342.9	5780.6	6078.7	6548.2	6953.2	7521.1
湖　北	1325.9	1363.7	1414.0	1469.2	1557.4	1661.8	1763.6
湖　南	1825.6	2007.0	2209.7	2358.0	2498.1	2664.5	2923.9
广　东	1698.2	1734.9	1763.9	1760.2	1779.4	1788.8	1798.7
广　西	1263.1	1375.2	1467.9	1552.4	1639.5	1696.3	1814.3
海　南	194.3	191.7	200.9	212.2	210.2	221.6	243.9
重　庆	506.6	558.5	586.5	628.1	665.6	695.7	728.3
四　川	1468.3	1606.9	1679.7	1735.1	1803.7	1891.1	2006.8
贵　州	494.0	555.4	618.6	647.9	699.4	762.0	797.2
云　南	1177.1	1255.1	1301.3	1397.8	1460.4	1542.9	1608.5
西　藏	91.5	99.6	114.5	123.2	145.8	181.2	191.6
陕　西	940.3	1010.8	1042.9	1099.8	1166.5	1228.1	1307.0
甘　肃	883.1	969.9	1056.9	1122.0	1185.3	1255.4	1321.3
青　海	219.4	241.9	256.2	264.7	281.4	292.4	325.8
宁　夏	316.2	377.9	380.6	407.6	447.5	486.3	528.5
新　疆	770.4	814.2	851.2	880.9	919.6	972.7	1046.5

3—8 各地区大中型拖拉机拥有量

单位:台

地　　区	1978年	1980年	1985年	1990年	1995年	1996年	1997年
全国总计	**557358**	**744865**	**852357**	**813521**	**671846**	**670848**	**689051**
北　　京	5568	7705	11319	12844	12228	12272	12088
天　　津	9622	12819	12525	9504	8156	8330	8464
河　　北	28119	42133	37341	30063	29040	32961	38414
山　　西	24280	32667	34861	31551	23970	22793	21828
内 蒙 古	12002	33202	37942	42873	33259	31165	29701
辽　　宁	39965	42033	55892	48283	31436	29717	29518
吉　　林	22487	25961	36858	40853	29128	28239	31223
黑 龙 江	49660	68487	91538	88942	79356	73000	71440
上　　海	6170	7319	10480	11600	9143	9838	9072
江　　苏	11836	16238	18902	19468	23198	30483	35928
浙　　江	8493	9837	8962	6901	6251	6251	6880
安　　徽	15631	17562	15938	13729	9622	8959	9439
福　　建	5958	7527	7445	5930	3732	3325	2981
江　　西	17185	19806	23130	19324	7606	7767	7783
山　　东	77273	114504	134081	113885	100914	102571	106293
河　　南	41298	59666	60211	49288	49278	52050	56501
湖　　北	28155	36412	57229	86427	71157	70297	71096
湖　　南	16413	19529	16947	9123	5323	4805	4622
广　　东	17928	19988	17600	9754	7078	3931	6567
广　　西	20419	22335	19161	16433	11770	11259	10829
海　　南				3461	2586	2683	2305
重　　庆							661
四　　川	17141	22538	21539	14987	6474	5769	6644
贵　　州	7014	8519	10016	11825	9115	8074	8259
云　　南	14361	17234	17741	16247	9568	9101	9169
西　　藏	1218	1983	2667	2314	1722	2837	0
陕　　西	15319	20352	19532	21241	19373	19519	19252
甘　　肃	13835	17126	20630	20285	14344	13520	12620
青　　海	4999	6364	5018	4232	3149	3312	2772
宁　　夏	4874	5811	5848	5966	3822	3667	3588
新　　疆	20135	29208	41004	46188	50048	52353	53114

3—8 续

单位:台

地　区	1998 年	1999 年	2000 年	2001 年	2002 年	2003 年	2004 年
全国总计	**725215**	**784216**	**974547**	**829900**	**911670**	**980560**	**1118636**
北　京	12032	11852	11781	11200	10784	10998	9630
天　津	8901	9243	9500	9300	8900	9290	9400
河　北	45767	52953	63624	61500	68500	73400	89745
山　西	20751	22441	23160	22400	22563	22792	29862
内蒙古	29451	30988	32900	34500	37148	42270	51117
辽　宁	29733	31499	35101	32900	35191	34630	35566
吉　林	31390	32556	32548	33300	35763	48749	66424
黑龙江	69905	74801	75553	78200	85266	99462	127795
上　海	9037	8730	7844	7200	6408	5395	4324
江　苏	39844	43489	53000	43700	55600	40500	40100
浙　江	6299	6350	6758	6300	6117	4600	4376
安　徽	9579	12102	29600	16500	17500	20700	26000
福　建	3075	2866	1897	1700	1474	1602	1500
江　西	7803	7312	22700	8100	9400	10800	9000
山　东	113525	129724	140529	157900	172863	188553	211805
河　南	58567	60691	66200	69500	78440	87200	97000
湖　北	71345	70280	68163	65800	66439	65925	68263
湖　南	4975	7092	15100	4200	6100	6000	7200
广　东	6718	6878	6746	4000	4100	4600	4500
广　西	10703	10650	64100	14400	16300	23200	17960
海　南	2649	2470	2573	3100	3100	4547	4835
重　庆	1878	529	10100	1400	2500	2868	2651
四　川	10144	14833	29600	6000	10300	4700	9100
贵　州	9613	12499	16800	8800	10400	10800	12100
云　南	10902	15557	38300	16700	20600	25300	23800
西　藏	2142	1799	2025	1900	1900	3200	5818
陕　西	22479	23299	26700	24400	28181	29353	26600
甘　肃	12735	12800	12260	12300	11733	12997	14347
青　海	2750	2548	2409	2400	1700	2700	2861
宁　夏	3620	3897	4774	4900	5734	7100	12084
新　疆	56903	61488	62202	65400	70666	76329	92873

3—9 各地区大中型拖拉机动力

单位:万千瓦

地区	1978年	1980年	1985年	1990年	1995年	1996年	1997年
全国总计	**1755.0**	**2369.3**	**2743.6**	**2745.5**	**2404.1**	**2415.1**	**2486.6**
北京	22.8	31.7	49.5	58.6	57.9	57.4	57.0
天津	25.7	37.3	45.1	41.4	37.8	38.5	38.4
河北	98.0	148.6	138.9	121.6	120.3	134.4	154.9
山西	74.0	99.1	110.3	106.9	88.0	84.5	81.1
内蒙古	45.6	127.8	140.1	165.7	138.3	131.9	127.8
辽宁	135.2	139.0	191.2	175.9	129.2	124.9	125.5
吉林	83.2	95.2	121.5	135.9	101.4	97.9	105.6
黑龙江	202.0	272.1	359.3	359.6	332.6	308.1	303.9
上海	18.6	22.6	35.3	42.7	33.8	36.6	45.3
江苏	38.8	55.3	66.0	72.5	88.1	115.4	134.3
浙江	17.5	20.4	19.9	17.8	18.2	18.2	19.4
安徽	55.5	63.2	56.9	50.1	36.3	34.0	36.0
福建	14.8	21.1	22.9	20.2	13.2	11.7	10.5
江西	36.4	41.7	51.9	49.5	24.9	25.8	25.8
山东	178.9	273.2	355.7	339.8	321.3	330.3	342.6
河南	148.7	217.0	205.9	174.2	170.1	176.9	189.5
湖北	61.6	81.3	120.7	179.7	147.8	146.8	149.4
湖南	43.7	51.3	44.6	26.6	20.2	20.5	20.2
广东	55.9	62.8	55.4	33.1	23.9	15.7	22.9
广西	59.2	65.2	56.3	49.1	40.2	39.8	39.6
海南				12.2	8.8	8.5	8.2
重庆							1.4
四川	44.6	61.0	59.4	43.1	20.1	18.0	18.2
贵州	17.1	20.2	24.2	29.4	24.6	22.0	22.1
云南	53.4	64.9	68.0	63.9	39.5	38.5	39.0
西藏	5.3	9.0	11.4	9.7	9.1	11.9	
陕西	60.3	76.9	70.3	75.9	66.3	66.2	65.7
甘肃	50.9	62.3	73.2	72.1	54.4	51.7	49.1
青海	18.0	23.1	17.9	15.4	11.9	13.9	10.9
宁夏	18.6	21.7	20.4	21.5	15.0	14.5	14.1
新疆	70.9	104.2	151.8	181.4	210.9	220.6	228.2

3—9 续 单位:万千瓦

地区	1998 年	1999 年	2000 年	2001 年	2002 年	2003 年	2004 年
全国总计	**2587.9**	**2772.8**	**3161.1**	**2901.7**	**3073.4**	**3229.8**	**3713.1**
北京	56.7	55.2	54.4	51.6	47.1	44.2	41.4
天津	40.8	41.9	40.8	39.4	37.9	37.5	40.3
河北	182.5	208.6	233.3	237.2	260.6	280.8	321.3
山西	78.2	83.9	87.1	83.7	84.4	85.9	103.8
内蒙古	128.5	134.0	141.0	145.3	150.7	160.3	178.4
辽宁	128.3	130.2	138.3	131.6	136.1	135.6	142.0
吉林	107.0	111.1	110.6	111.8	112.1	132.3	160.3
黑龙江	304.7	326.8	322.8	324.9	330.3	351.8	415.5
上海	33.7	32.5	29.3	26.6	23.9	20.2	16.2
江苏	147.5	160.7	178.7	163.9	172.5	131.1	146.7
浙江	17.8	17.9	18.1	16.3	15.7	12.9	12.7
安徽	36.6	44.9	73.6	57.0	60.8	68.3	89.0
福建	10.0	8.8	6.5	16.4	5.5	6.4	5.2
江西	26.4	22.1	54.0	18.3	18.9	24.5	13.1
山东	365.4	419.2	451.2	498.7	546.4	586.7	663.6
河南	196.6	203.4	216.8	226.9	254.1	285.4	435.0
湖北	149.5	147.5	143.8	138.6	141.3	144.6	154.0
湖南	22.0	26.8	38.1	17.1	21.4	17.0	25.2
广东	21.4	21.3	24.4	14.9	16.3	18.9	17.8
广西	39.4	39.7	123.1	46.8	50.4	62.7	56.4
海南	8.1	9.5	9.7	12.0	12.8	12.2	13.5
重庆	3.1	1.1	20.6	3.8	5.8	7.4	6.6
四川	23.5	37.6	74.6	17.8	24.8	16.7	27.0
贵州	24.8	31.2	45.7	27.1	29.9	33.4	31.7
云南	42.0	49.9	101.6	53.7	64.0	75.5	76.2
西藏	8.7	7.7	12.7	0.0	10.7	15.9	18.4
陕西	69.9	72.5	79.3	77.8	89.7	89.9	85.0
甘肃	50.3	50.9	48.0	47.2	45.5	47.2	48.8
青海	11.1	11.0	10.5	9.8	11.1	12.5	10.9
宁夏	14.1	15.0	16.9	18.5	18.7	21.1	30.1
新疆	239.4	250.2	255.7	267.2	274.3	291.2	327.3

3—10 各地区小型拖拉机拥有量

单位:台

地 区	1978年	1980年	1985年	1990年	1995年	1996年	1997年
全国总计	**1373000**	**1874000**	**3824000**	**6981000**	**8646356**	**9189200**	**10484813**
北 京	23000	25000	35000	47000	42000	38200	30000
天 津	7000	9000	11000	27000	33600	34500	37100
河 北	91000	111000	290000	594000	915316	1010100	1086445
山 西	27000	31000	113000	191000	201762	191400	211426
内蒙古	10000	15000	80000	238000	320449	345400	360869
辽 宁	47000	46000	89000	142000	130240	131900	134500
吉 林	26000	26000	88000	186000	237823	265400	288529
黑龙江	18000	31000	150000	368000	441881	443600	450200
上 海	29000	32000	32000	26000	15667	14200	13098
江 苏	192000	256000	492000	717000	750405	765300	833196
浙 江	61000	96000	185000	276000	286842	286800	274425
安 徽	85000	117000	234000	567000	881200	1005400	1175599
福 建	44000	65000	100000	147000	161574	157600	154679
江 西	33000	55000	69000	92000	70124	68700	74333
山 东	78000	112000	248000	526000	668423	716700	850214
河 南	89000	128000	387000	822000	1156400	1305100	2021500
湖 北	77000	109000	146000	177000	154747	164700	184961
湖 南	45000	64000	112000	180000	198013	194400	196586
广 东	107000	127000	237000	344000	343982	336000	336789
广 西	67000	104000	133000	230000	270424	282800	280493
海 南				29000	28235	26700	27426
重 庆							15170
四 川	63000	99000	134000	176000	152200	153200	138435
贵 州	9000	9000	14000	27000	40500	45400	50800
云 南	25000	33000	74000	141000	216192	242500	271705
西 藏	4000	5000	6000	8000	12986	16000	
陕 西	48000	69000	149000	236000	229434	223800	213918
甘 肃	38000	55000	104000	212000	278892	284000	288500
青 海	10000	14000	29000	63000	112907	121800	127796
宁 夏	12000	16000	42000	84000	115196	120800	129023
新 疆	8000	15000	41000	108000	178942	196800	227098

3—10 续

单位:台

地区	1998 年	1999 年	2000 年	2001 年	2002 年	2003 年	2004 年
全国总计	**11220551**	**12002509**	**12643696**	**13050840**	**13393884**	**13777056**	**14549279**
北京	30793	27295	25004	23606	20040	20073	25326
天津	38100	38500	37800	37100	36500	35820	36400
河北	1163353	1231170	1298453	1321390	1349350	1337894	1396019
山西	182658	196661	198058	202332	196479	192658	252189
内蒙古	382845	409030	435933	452551	470454	498816	521931
辽宁	136800	150692	158238	159707	165244	168738	175577
吉林	310063	348946	389256	412934	449601	465259	496945
黑龙江	633164	651357	651685	653351	680452	695446	715714
上海	10890	10132	9253	9003	8425	7989	8619
江苏	838740	867842	888900	894197	897498	874587	867136
浙江	266101	264722	251967	241020	228414	218178	199306
安徽	1401770	1546076	1657766	1756388	1871139	1924968	2016664
福建	152263	150149	153250	151752	115500	110800	112486
江西	79200	80934	78634	83760	89000	91300	116300
山东	987265	1246100	1442665	1553801	1577311	1641632	1760142
河南	2021500	2062500	2246700	2365300	2492180	2598500	2828600
湖北	206044	226652	236342	248788	266834	282271	320850
湖南	199544	211647	209271	205585	192762	175603	163833
广东	326586	327399	335452	331323	328006	320129	323850
广西	289051	305192	261001	235666	227785	324590	347100
海南	26228	29471	29931	28534	27716	32128	28472
重庆	15600	14700	14900	12100	10000	9300	8403
四川	139800	142600	132898	130558	130906	122469	125900
贵州	54000	58400	55000	53600	52590	51810	47670
云南	292641	304434	300694	304826	299060	305106	304830
西藏	23468	25088	30999	38318	30400	50600	64899
陕西	214918	201859	199300	192292	197235	183756	180758
甘肃	293540	316400	328559	334418	331697	358402	363089
青海	138187	158867	167830	178638	190581	200714	230496
宁夏	132335	149470	157061	163059	169856	167005	169150
新疆	233104	248224	260896	274943	290869	310515	340625

3—11 各地区小型拖拉机动力

单位:万千瓦

地　区	1978年	1980年	1985年	1990年	1995年	1996年	1997年
全国总计	**1171.2**	**1615.5**	**3367.0**	**6231.4**	**7848.1**	**8385.2**	**9337.2**
北　京	17.3	18.5	28.8	42.2	40.7	38.1	34.0
天　津	5.3	6.8	8.5	23.0	30.8	32.1	35.4
河　北	78.1	94.9	255.6	526.3	841.8	935.7	1022.6
山　西	23.2	27.2	102.6	181.0	195.8	187.5	211.3
内蒙古	8.5	13.2	72.8	237.0	326.7	353.2	370.9
辽　宁	41.3	40.2	78.8	124.5	117.5	120.1	124.3
吉　林	22.3	22.7	77.7	161.6	213.1	242.6	267.6
黑龙江	15.6	28.7	134.4	324.4	395.7	408.1	422.5
上　海	22.0	25.5	26.0	22.4	13.7	12.6	14.1
江　苏	169.3	225.8	433.9	635.8	661.5	677.2	736.5
浙　江	51.7	82.9	158.3	235.2	243.9	243.9	233.6
安　徽	74.5	102.6	200.1	468.2	703.9	798.1	919.9
福　建	38.1	55.9	88.1	129.7	142.9	140.3	139.6
江　西	28.2	48.5	59.3	76.5	62.1	61.2	70.4
山　东	68.7	98.3	217.5	443.2	560.7	602.8	703.8
河　南	76.7	111.1	345.2	758.4	1115.3	1263.7	1703.4
湖　北	67.0	95.3	128.7	152.3	125.3	131.2	140.2
湖　南	33.6	47.6	90.5	155.6	174.9	174.0	176.9
广　东	82.4	101.6	198.3	276.1	270.9	260.7	254.2
广　西	59.2	92.0	116.2	203.4	248.1	268.2	275.5
海　南				25.6	24.4	24.2	24.6
重　庆							16.7
四　川	55.8	87.5	127.4	182.1	164.5	166.1	151.6
贵　州	7.1	7.1	12.0	25.4	39.4	43.5	49.5
云　南	21.4	28.9	65.5	126.2	196.9	224.0	260.9
西　藏	2.9	4.6	4.9	7.6	11.8	14.6	0.0
陕　西	42.3	60.5	140.8	238.7	245.3	239.7	220.3
甘　肃	33.1	48.0	93.0	202.7	277.2	284.2	284.2
青　海	8.6	12.5	25.2	56.9	100.7	108.5	111.5
宁　夏	10.7	14.4	37.8	77.6	109.0	114.0	123.1
新　疆	6.3	12.7	39.2	111.8	193.6	215.1	238.3

3—11 续　　　　单位:万千瓦

地　区	1998 年	1999 年	2000 年	2001 年	2002 年	2003 年	2004 年
全国总计	**10031.5**	**11008.9**	**11663.9**	**12257.9**	**12695.0**	**13060.2**	**13855.4**
北　京	31.5	28.1	26.6	24.9	22.7	23.4	28.8
天　津	35.5	36.8	36.2	35.8	36.1	35.2	35.4
河　北	1105.2	1182.5	1266.0	1301.7	1342.9	1344.1	1426.1
山　西	178.3	191.6	193.7	197.0	194.1	189.2	230.5
内蒙古	397.7	433.8	468.5	494.9	525.6	554.8	599.9
辽　宁	128.1	145.9	154.2	158.1	164.4	168.7	181.6
吉　林	288.8	327.3	372.1	397.8	437.0	459.8	495.7
黑龙江	583.8	610.5	624.6	627.8	669.0	691.4	734.7
上　海	9.8	9.1	8.3	8.1	7.6	7.3	7.8
江　苏	744.7	769.5	667.3	796.3	792.0	778.4	777.5
浙　江	226.4	226.3	215.8	206.1	194.5	173.5	171.0
安　徽	1087.4	1205.6	1297.7	1383.7	1492.6	1538.6	1614.7
福　建	141.2	143.7	158.7	161.5	108.6	105.6	112.0
江　西	81.2	82.1	65.3	76.2	81.0	83.0	105.6
山　东	808.3	1010.9	1164.1	1299.0	1347.4	1409.4	1485.8
河　南	1703.4	1980.8	2317.7	2451.7	2592.4	2717.9	2943.6
湖　北	156.8	167.0	174.2	181.6	191.9	204.3	240.2
湖　南	180.0	193.8	191.6	189.9	178.5	167.3	157.0
广　东	253.0	257.4	261.7	255.6	250.8	254.3	253.6
广　西	294.7	324.1	266.0	234.7	224.4	265.9	270.7
海　南	24.1	25.1	25.1	24.9	25.9	24.7	27.0
重　庆	17.4	16.4	16.6	13.6	11.7	11.1	10.7
四　川	155.4	159.1	149.2	148.7	151.0	141.1	151.3
贵　州	52.0	54.1	55.3	54.2	54.7	49.3	51.0
云　南	284.3	298.3	299.4	299.9	303.9	307.1	310.4
西　藏	24.7	22.9	33.2	41.0	51.3	66.2	81.6
陕　西	231.5	223.6	220.5	209.6	218.8	208.8	198.9
甘　肃	295.6	322.1	331.8	339.8	341.4	372.3	382.0
青　海	122.0	136.0	150.7	160.7	174.8	177.2	196.7
宁　夏	127.6	146.7	155.4	166.7	171.2	167.1	173.9
新　疆	260.9	278.0	296.5	316.6	336.9	363.3	399.9

3—12 各地区联合收割机拥有量

单位：台

地　区	1978年	1980年	1985年	1990年	1995年	1996年	1997年
全国总计	**18987**	**27045**	**34573**	**38719**	**75351**	**96378**	**141312**
北　京	174	535	1517	3268	3897	3992	4277
天　津	53	108	103	92	517	1096	1917
河　北	269	397	558	1624	12265	16257	25006
山　西	30	80	156	952	3144	3448	3841
内蒙古	258	2184	1952	2101	2788	3138	3653
辽　宁	36	69	11	62	74	85	169
吉　林	252	145	227	173	103	136	125
黑龙江	10965	14081	20735	15910	13366	12430	13459
上　海	69	182	752	3033	4625	5292	5711
江　苏	295	485	687	2411	12063	20074	27656
浙　江	118	200	238	551	2531	2531	7741
安　徽	284	424	585	639	978	1440	3222
福　建	45	67	104	101	249	288	333
江　西	89	159	42	17	10	129	357
山　东	202	344	195	710	4235	7919	17654
河　南	393	799	1060	837	4952	6552	11042
湖　北	425	602	479	488	312	616	1521
湖　南	68	270	96	49	18	16	156
广　东	305	343	98	296	335	434	592
广　西	1022	906	127	59	20	23	41
海　南				6	25	162	445
重　庆							12
四　川	21	51	32	128	429	750	1750
贵　州				3	6	6	6
云　南	215	184	53	120	134	107	181
西　藏	51	92	78	11	47	55	0
陕　西	141	167	179	388	3233	4030	4972
甘　肃	184	221	468	353	463	610	824
青　海	251	363	439	479	533	794	549
宁　夏	155	252	215	169	307	374	473
新　疆	2617	3335	3387	3689	3692	3594	3627

3—12 续

单位:台

地 区	1998年	1999年	2000年	2001年	2002年	2003年	2004年
全国总计	**182629**	**226036**	**262578**	**282871**	**310147**	**365041**	**410520**
北 京	4445	4528	4485	5125	4544	3766	3160
天 津	2673	2745	2800	2700	2600	2490	2700
河 北	32041	37756	41945	43946	45808	50578	53619
山 西	4420	5594	6026	5626	5578	5847	5751
内蒙古	3828	4096	4238	4482	4410	4257	4435
辽 宁	162	240	883	931	911	919	1037
吉 林	107	119	146	186	259	331	555
黑龙江	15005	12889	15790	12615	12128	17756	20171
上 海	5841	5793	4991	4730	4086	3230	2654
江 苏	33343	42266	48800	52025	56151	58645	61115
浙 江	11858	13995	14303	13911	13325	12554	12643
安 徽	4472	6902	9499	13205	18223	25683	34153
福 建	385	497	577	686	683	810	950
江 西	522	813	1200	1800	2500	3200	7200
山 东	28178	42425	51594	55668	61979	68691	72955
河 南	16898	21900	26900	31300	36600	59300	65960
湖 北	2338	2559	2704	3363	5722	6708	10585
湖 南	239	1335	2649	4925	7021	9616	14908
广 东	710	1215	2591	3100	2869	2881	4344
广 西	87	215	329	386	445	485	671
海 南	198	153	155	187	189	244	482
重 庆	30	33	51	50	60	60	89
四 川	2150	2681	3258	3587	4100	4719	5400
贵 州	23	30	53	100	64	80	80
云 南	272	360	450	484	483	652	817
西 藏	35	55	129	169	625	2176	3013
陕 西	6362	8005	8600	10136	11095	11550	13248
甘 肃	984	1051	1387	1339	1344	1551	1587
青 海	626	650	670	676	651	658	632
宁 夏	634	1346	1689	1856	1996	1994	1955
新 疆	3763	3790	3686	3577	3698	3610	3651

3—13 各地区联合收割机动力

单位:万千瓦

地区	1980年	1985年	1990年	1995年	1996年	1997年
全国总计	**105.8**	**163.3**	**190.9**	**242.7**	**302.0**	**370.9**
北京	1.5	4.4	15.5	21.8	23.6	25.0
天津	0.3	0.5	0.5	1.4	2.3	4.5
河北	1.6	2.4	7.8	42.0	55.0	84.2
山西	0.3	0.7	2.7	8.3	9.2	11.7
内蒙古	9.4	9.7	9.4	18.1	19.8	21.8
辽宁	0.2	0.1	0.2	0.6	0.6	0.5
吉林	0.7	0.8	0.9	0.7	0.9	0.8
黑龙江	61.9	105.7	104.0	77.4	102.0	97.5
上海	0.1	0.4	0.9	1.3	1.5	1.9
江苏	1.9	3.2	5.3	9.0	9.6	13.5
浙江	0.3	0.4	0.8	3.9	3.9	11.7
安徽	1.5	2.4	3.4	3.7	4.1	7.1
福建	0.1	0.1	0.1	0.2	0.3	0.4
江西	0.2	0.1	0.1	0.0	0.2	0.7
山东	0.8	0.9	4.0	7.9	12.4	13.6
河南	2.8	4.0	3.8	8.5	12.4	24.4
湖北	2.2	2.2	2.3	1.5	1.9	3.1
湖南	0.7	0.4	0.2	0.1	0.1	0.2
广东	0.4	0.1	0.4	0.5	0.4	1.4
广西	0.1	0.1	0.1	0.0	0.1	0.1
海南				0.1		0.4
重庆						0.0
四川	0.2	0.1	0.1	0.2	0.4	0.6
贵州	0.0	0.0		0.0	0.0	0.0
云南	0.2	0.1	0.3	0.1	0.1	0.4
西藏	0.4	0.0		0.3	0.1	0.0
陕西	0.6	0.7	0.6	2.9	4.7	9.2
甘肃	0.9	2.3	2.2	2.8	3.1	4.3
青海	1.5	2.4	3.1	4.0	6.5	4.1
宁夏	0.5	0.7	1.2	1.0	1.8	2.3
新疆	14.7	18.4	21.0	24.4	25.0	25.5

3—13续

单位:万千瓦

地区	1998年	1999年	2000年	2001年	2002年	2003年	2004年
全国总计	**467.5**	**570.5**	**660.9**	**744.5**	**855.7**	**1085.8**	**1265.6**
北京	25.1	26.0	25.3	31.0	26.2	22.3	20.0
天津	6.7	8.2	8.7	9.1	8.6	9.0	10.3
河北	108.5	129.6	145.6	153.7	164.0	187.0	200.0
山西	14.8	16.8	18.2	19.1	21.1	23.6	23.9
内蒙古	22.9	24.1	24.7	27.5	28.0	25.7	25.8
辽宁	0.4	0.9	1.3	2.4	1.6	1.6	2.0
吉林	0.7	0.7	0.9	1.0	1.2	1.5	2.2
黑龙江	104.3	102.5	107.9	76.7	85.6	128.0	144.6
上海	2.1	2.3	2.7	3.4	3.0	2.8	3.1
江苏	20.0	38.0	46.5	82.9	113.2	125.3	133.7
浙江	19.8	24.4	25.3	24.2	24.1	23.1	25.8
安徽	9.9	14.0	19.6	31.8	45.5	71.9	102.8
福建	0.5	0.7	0.8	1.1	1.1	1.4	2.0
江西	1.2	2.1	3.1	4.4	6.1	8.2	19.4
山东	23.9	44.2	63.9	74.8	88.3	111.0	126.2
河南	42.7	58.5	75.5	94.9	116.6	193.2	229.6
湖北	4.2	5.0	6.3	8.0	13.6	20.4	33.5
湖南	0.2	1.5	3.6	8.6	12.7	21.0	38.0
广东	1.4	3.0	5.6	6.5	6.4	7.0	10.2
广西	0.1	0.4	0.6	0.8	0.9	1.0	1.5
海南	1.1	2.4	1.3	2.8	2.9	2.5	3.2
重庆	0.1	0.1	0.1	0.7	0.2	0.2	0.2
四川	0.7	1.4	2.6	3.6	5.6	8.3	10.3
贵州		0.1	0.1	0.1	0.1	0.1	0.2
云南	0.4	0.5	0.8	0.9	1.0	1.4	1.7
西藏	0.1	0.2	0.2	0.3	0.6	3.6	4.9
陕西	16.1	21.6	25.5	30.0	31.5	38.4	44.7
甘肃	5.1	5.1	5.7	5.7	6.2	6.8	7.4
青海	4.8	5.0	5.0	5.7	4.8	4.7	4.5
宁夏	2.8	3.8	5.0	5.5	5.5	6.1	6.2
新疆	27.0	27.8	28.7	27.6	29.7	28.9	27.9

3—14 各地区农村用电量

单位:万千瓦时

地区	1978年	1980年	1985年	1990年	1995年	1996年	1997年
全国总计	**2531000**	**3208000**	**5089000**	**8445000**	**16556619**	**18127243**	**19801040**
北京	59000	77000	127000	180000	201730	202359	251368
天津	53000	67000	103000	165000	325482	358184	330249
河北	243000	322000	409000	588000	1185079	1500189	1613201
山西	123000	136000	151000	259000	460583	487702	544571
内蒙古	20000	46000	64000	114000	167391	167391	177444
辽宁	191000	238000	293000	470000	816415	890000	960000
吉林	87000	97000	119000	168000	215178	220845	225842
黑龙江	136000	145000	144000	176000	235181	243000	260509
上海	89000	122000	219000	325000	522739	625000	657900
江苏	232000	332000	636000	1053000	2381578	2521790	2631225
浙江	129000	175000	402000	694000	1691659	1811961	1901237
安徽	94000	107000	135000	236000	373936	363962	431370
福建	49000	64000	112000	204000	456814	500352	578096
江西	36000	52000	88000	160000	265717	291274	308216
山东	141000	201000	425000	757000	1473472	1524268	1694599
河南	132000	172000	283000	469000	850651	1036647	1182697
湖北	66000	96000	168000	272000	473642	506433	554245
湖南	87000	97000	151000	234000	376415	389147	416758
广东	104000	131000	275000	569000	1862658	2036043	2422170
广西	43000	48000	76000	126000	236105	252470	271226
海南				9000	11554	13920	18070
重庆							227302
四川	98000	128000	249000	440000	162313	826092	684428
贵州	24000	29000	35000	61000	786585	79208	110547
云南	58000	61000	75000	122000	79208	250666	283443
西藏		1000	1000	1000	206896	1850	1665
陕西	111000	121000	148000	292000	1862	458735	504750
甘肃	77000	82000	112000	142000	445854	303742	255558
青海	7000	8000	7000	15000	213914	20952	21446
宁夏	10000	15000	19000	39000	20377	65476	72664
新疆	32000	38000	63000	105000	55631	177585	208244

3—14 续　　　　单位:万千瓦时

地　区	1998 年	1999 年	2000 年	2001 年	2002 年	2003 年	2004 年
全国总计	**20421510**	**21734486**	**24212951**	**26107785**	**29934009**	**34329165**	**39330271**
北　京	277060	292166	310243	311696	357699	362907	383954
天　津	337565	343667	354946	377823	402785	423157	484221
河　北	1673688	1729128	1804468	1840733	2017316	2167711	3107739
山　西	503589	500046	531441	577524	576055	581206	632232
内蒙古	183009	194351	212972	228289	236048	246324	267318
辽　宁	874000	952000	1035000	1054100	1191683	1360000	1580000
吉　林	225424	233355	237542	241188	238756	231105	237196
黑龙江	257465	262868	274956	287034	291372	307402	335362
上　海	695000	710000	731929	796600	817903	896977	1143475
江　苏	2639514	2805045	3145970	3450455	4236134	5294992	6798310
浙　江	2009066	2197562	2552724	2852455	3410978	4090423	4411995
安　徽	397633	439215	458060	474308	518263	575243	593951
福　建	609966	650923	724290	868090	1065019	1184550	1375738
江　西	333030	335589	352888	345165	362666	397310	423032
山　东	1682299	1738346	2002665	2140460	2382781	2722367	3041359
河　南	1212093	1225370	1257978	1346135	1413639	1445929	1576889
湖　北	564521	566339	608574	601717	607417	631136	647935
湖　南	420064	429687	445291	467348	498337	538375	575298
广　东	2749356	3229381	4054461	4634282	5863599	7142535	7482272
广　西	276911	285954	295844	306599	311991	311732	323601
海　南	13084	14117	14930	17588	22692	29850	33111
重　庆	242934	260029	278728	301140	338717	366535	384627
四　川	734522	787759	828312	894529	930095	999369	1078468
贵　州	117700	132262	141821	139200	143356	160233	302913
云　南	314666	302470	317402	325606	347849	371330	403402
西　藏	2205	3155	3392	9714	3586	4305	5901
陕　西	479732	495000	594900	586000	670000	754974	840257
甘　肃	275930	285256	294308	274412	289929	317119	413951
青　海	21144	21420	23005	24427	22468	28789	29486
宁　夏	73474	77597	79392	78615	82273	85800	89980
新　疆	224867	234431	244521	254554	282604	299480	326299

3—15 各地区农用化肥施用折纯量

单位:万吨

地区	1980年	1985年	1990年	1995年	1996年	1997年
全国总计	**1269.4**	**1775.8**	**2590.3**	**3593.7**	**3827.9**	**3980.7**
北京	11.0	8.2	14.4	18.7	18.9	19.7
天津	5.4	4.3	6.9	12.2	13.7	14.6
河北	74.7	110.4	145.2	220.7	259.3	262.4
山西	30.3	39.8	56.6	77.1	81.5	82.6
内蒙古	3.6	19.9	34.5	53.7	61.9	72.4
辽宁	61.8	70.9	81.4	103.1	110.7	113.0
吉林	30.3	52.1	84.7	101.2	107.1	107.6
黑龙江	34.6	42.1	76.5	108.9	115.1	121.8
上海	20.7	12.6	24.8	22.8	21.8	13.1
江苏	118.2	157.9	221.8	292.8	306.7	322.7
浙江	61.8	71.1	94.7	97.5	98.3	99.0
安徽	54.9	113.6	144.5	203.3	248.5	240.6
福建	37.0	49.1	76.4	104.3	111.0	116.4
江西	37.1	53.9	83.6	112.1	112.8	120.4
山东	135.4	185.7	245.5	362.3	373.3	386.7
河南	72.4	143.6	213.2	322.2	345.3	355.3
湖北	55.8	91.7	148.6	228.4	240.0	262.2
湖南	79.7	89.7	126.1	167.9	167.1	175.4
广东	82.8	110.4	162.4	195.7	187.9	194.7
广西	39.7	52.1	86.2	122.9	135.0	146.1
海南			12.2	17.3	18.6	22.2
重庆						69.6
四川	109.5	134.7	192.5	244.9	258.4	201.3
贵州	20.8	28.0	38.7	60.8	61.0	64.8
云南	27.3	40.3	55.5	88.0	97.2	105.8
西藏	0.3	0.8	1.6	1.5	2.9	3.1
陕西	29.6	42.9	67.9	112.0	115.5	116.9
甘肃	14.1	21.0	37.5	50.9	57.0	60.8
青海	3.8	3.0	5.3	6.5	6.6	7.0
宁夏	4.6	5.7	11.6	16.4	18.0	18.8
新疆	12.2	20.3	39.5	67.8	77.0	83.8

3—15 续

单位:万吨

地 区	1998 年	1999 年	2000 年	2001 年	2002 年	2003 年	2004 年
全国总计	**4083.7**	**4124.3**	**4146.4**	**4253.8**	**4339.4**	**4411.6**	**4636.6**
北 京	19.3	19.0	17.9	15.7	14.9	14.3	14.5
天 津	15.3	15.8	16.6	17.3	17.6	17.8	22.9
河 北	270.2	272.4	270.6	273.4	278.8	283.3	289.9
山 西	86.1	86.0	87.0	84.9	89.0	89.9	93.4
内蒙古	72.8	76.0	74.8	79.3	82.8	93.2	104.4
辽 宁	114.1	116.3	109.8	109.8	111.4	112.6	117.9
吉 林	112.5	116.2	112.1	114.1	117.0	122.3	159.1
黑龙江	125.9	126.3	121.6	123.2	129.7	125.7	143.8
上 海	14.8	20.4	19.3	20.3	17.7	15.9	15.0
江 苏	333.3	335.4	335.5	338.0	337.5	334.7	336.8
浙 江	90.8	92.7	89.7	90.3	91.9	90.4	93.3
安 徽	253.8	255.7	253.2	280.7	270.3	281.3	277.6
福 建	118.1	124.3	123.3	117.4	119.9	120.3	121.7
江 西	113.1	116.7	106.9	109.7	112.5	111.0	123.5
山 东	406.5	419.3	423.2	428.6	433.9	432.7	451.0
河 南	382.8	399.9	419.5	441.7	468.8	467.9	493.2
湖 北	270.6	251.5	247.1	245.3	257.0	270.3	281.9
湖 南	179.9	180.9	182.2	184.3	184.3	188.3	203.2
广 东	169.5	172.8	176.2	195.1	196.4	199.6	201.3
广 西	155.5	153.8	157.8	168.1	176.5	183.7	195.2
海 南	22.4	19.4	26.3	27.0	29.0	33.9	41.1
重 庆	71.2	71.0	72.0	72.6	73.4	71.6	77.0
四 川	205.3	210.3	212.6	212.0	209.6	208.4	214.7
贵 州	63.5	67.7	71.3	70.0	73.6	74.9	74.3
云 南	105.2	90.5	112.1	120.0	125.0	129.2	137.2
西 藏	2.6	2.7	2.5	3.0	3.0	3.2	4.0
陕 西	124.0	132.0	131.2	131.1	131.9	142.7	143.1
甘 肃	63.2	64.5	64.5	66.1	69.4	69.6	72.4
青 海	6.9	7.3	7.2	7.2	7.2	6.9	6.6
宁 夏	28.9	29.3	23.6	24.6	25.0	25.4	27.6
新 疆	85.6	78.3	79.2	83.3	84.3	90.7	99.2

3—16 各地区农用塑料薄膜使用量

单位:吨

地区	1995 年	1996 年	1997 年	1998 年	1999 年
全国总计	**915487**	**1056151**	**1161532**	**1206867**	**1258674**
北京	10946	11596	9744	9670	9113
天津	5981	6189	7222	7670	7138
河北	53360	49187	51828	55714	58281
山西	19623	21113	26075	29139	28394
内蒙古	12855	12855	28054	31532	35473
辽宁	60853	67854	79739	80742	75083
吉林	27113	28444	32476	35734	34857
黑龙江	39905	62798	69907	53201	54459
上海	8754	11431	7741	23404	22188
江苏	53475	52435	56647	54442	56829
浙江	24678	24503	27467	27811	28957
安徽	40686	50575	50947	53376	58979
福建	18423	25467	21455	19246	19589
江西	21785	21105	24792	27509	30256
山东	144785	158342	185836	187187	207180
河南	53190	61724	69454	74871	79383
湖北	54140	49674	51112	47779	48263
湖南	30493	37153	35215	37791	39161
广东	27923	27923	28667	22748	24356
广西	8824	9188	11582	14163	16044
海南	131	24	187	113	268
重庆			15909	17712	18620
四川	50646	58151	51637	57701	68244
贵州	12805	31926	19113	17023	19521
云南	35989	42200	48546	43470	36154
西藏	65	89	101	104	105
陕西	13636	14209	14731	22254	28295
甘肃	26248	48455	51465	57844	59729
青海	406	436	672	759	599
宁夏	2365	3424	4670	4490	5049
新疆	55404	67681	78541	91668	88107

3—16 续 单位:吨

地区	2000年	2001年	2002年	2003年	2004年
全国总计	**1335446**	**1449286**	**1530756**	**1591670**	**1679985**
北京	9825	10229	12456	14419	9886
天津	8718	14167	11614	12922	13000
河北	62518	69641	75172	89096	104588
山西	27601	29102	29283	29169	33065
内蒙古	34586	30420	30031	32066	40124
辽宁	80678	84904	91369	80316	83114
吉林	36390	51460	45253	42793	41848
黑龙江	52878	51561	48944	49884	51657
上海	21306	22273	22460	22472	23743
江苏	65058	66102	68823	69678	70433
浙江	31636	35361	39240	42429	43615
安徽	58101	65655	65487	67565	72813
福建	21152	22697	25553	26491	29538
江西	28599	30778	35407	33930	42828
山东	225120	257711	292175	305676	327160
河南	91901	94092	98610	98809	101631
湖北	51420	53526	52443	67621	55099
湖南	40446	43011	47568	50609	58717
广东	25302	28560	31452	32063	36331
广西	17737	18889	19944	20540	20927
海南	599	730	3530	5095	4169
重庆	19575	19444	25337	24245	26834
四川	72551	74311	75648	81751	85900
贵州	19892	19805	22838	24629	26657
云南	48591	50929	56638	61542	63127
西藏	128	294	521	579	680
陕西	25343	23071	20612	21778	22913
甘肃	64233	69969	79410	77200	77013
青海	636	645	821	994	960
宁夏	4801	5232	5289	5919	5979
新疆	88125	104717	96828	99390	105636

3—17 各地区农药使用量

单位:吨

地区	1995 年	1996 年	1997 年	1998 年	1999 年
全国总计	**1087044**	**1140812**	**1195466**	**1231700**	**1321620**
北京	13206	11457	6310	5098	5181
天津	3070	3158	3270	3002	5520
河北	72694	71132	72939	72120	71849
山西	12940	13674	14489	15698	16442
内蒙古	6206	6659	7746	8325	9363
辽宁	26219	28172	31574	38898	35956
吉林	11851	14542	18383	16692	17758
黑龙江	18848	22418	26923	28131	28366
上海	8419	9878	8277	14628	13813
江苏	88733	93708	96573	98816	95261
浙江	58898	63397	65191	65861	66978
安徽	63257	68835	75797	80146	71841
福建	48000	55161	52281	50298	56387
江西	41932	44482	45259	48704	54502
山东	113483	123993	137601	134764	198764
河南	75576	83287	84925	90961	96134
湖北	112371	92496	103235	100359	103368
湖南	73605	77153	80851	83005	84744
广东	80447	81972	79581	85115	88623
广西	36063	39806	42871	42375	42970
海南	9023	8554	8545	10368	9076
重庆			16831	18221	18418
四川	60071	65016	50961	53848	62602
贵州	8024	7259	7321	7119	9200
云南	13291	20296	23243	21474	20030
西藏	520	1235	572	433	660
陕西	10740	10536	9741	10470	10966
甘肃	7995	8700	8601	11320	10615
青海	1289	1299	1378	1682	1856
宁夏	1148	1257	1345	1357	1552
新疆	9125	11280	12852	12412	12825

3—17 续　　单位:吨

地　区	2000 年	2001 年	2002 年	2003 年	2004 年
全国总计	**1279533**	**1274820**	**1312284**	**1325226**	**1386028**
北　京	5440	4510	4700	5221	5358
天　津	3605	2807	2532	2547	3057
河　北	72839	73803	74652	75216	75655
山　西	17516	18438	18631	19521	20736
内蒙古	8905	9819	10650	10568	11520
辽　宁	35635	36083	41118	44506	45586
吉　林	19679	24099	23751	23571	25689
黑龙江	29477	30977	35417	36586	47153
上　海	11043	9839	9644	8544	6562
江　苏	91489	91591	86350	87927	92305
浙　江	65259	66324	63870	61666	63373
安　徽	75624	73011	74276	78843	84608
福　建	51777	52841	55313	55266	53503
江　西	61479	51384	57323	53470	66273
山　东	140301	145000	163739	170856	153900
河　南	95513	98463	101981	98679	101150
湖　北	115414	109708	106260	99856	112596
湖　南	85611	85591	86972	95360	109493
广　东	84716	85871	84692	86041	85035
广　西	43941	46614	48629	49757	50801
海　南	12562	10963	13573	13414	15571
重　庆	18514	19065	19336	19540	19466
四　川	60661	54841	54351	53852	55373
贵　州	8400	8329	8819	9024	9533
云　南	24646	25000	25738	26873	29096
西　藏	651	583	1612	596	728
陕　西	10323	10449	10200	9761	9735
甘　肃	11415	12750	13268	12730	16344
青　海	1920	1776	1647	1691	1756
宁　夏	1572	1689	1723	1632	1761
新　疆	13606	12602	11518	12112	12312

3—18 各地区农用柴油使用量

单位:万吨

地　区	1995 年	1996 年	1997 年	1998 年	1999 年
全国总计	**1087.8**	**1076.1**	**1229.5**	**1314.7**	**1354.3**
北　京	5.7	6.3	6.9	7.4	7.4
天　津	16.1	0.0	0.0	19.1	19.7
河　北	114.6	145.4	172.6	189.4	188.8
山　西	19.2	20.6	21.4	22.3	22.8
内蒙古	30.9	0.0	23.0	26.4	29.5
辽　宁	51.6	52.8	48.2	48.2	35.4
吉　林	18.1	19.9	22.4	24.7	26.4
黑龙江	66.5	68.2	73.3	76.1	76.8
上　海	13.3	13.3	5.3	14.9	13.0
江　苏	59.2	65.3	72.9	73.2	74.4
浙　江	103.2	116.2	131.1	140.7	147.2
安　徽	32.9	35.4	37.3	41.2	39.1
福　建	31.3	30.8	36.0	38.7	45.3
江　西	13.9	14.1	15.1	16.0	16.3
山　东	115.6	122.6	136.3	139.5	157.4
河　南	51.3	57.4	67.8	72.7	79.5
湖　北	36.2	39.8	43.1	42.1	41.7
湖　南	21.2	18.9	19.4	21.8	21.7
广　东	60.5		52.4	55.2	65.7
广　西	70.8	67.6	36.4	38.7	37.9
海　南	4.6	5.8	7.5	15.0	9.9
重　庆			8.4	7.6	7.8
四　川	29.1	29.4	22.1	25.9	28.6
贵　州	3.2	5.0	3.5	2.8	3.3
云　南	29.6	33.4	38.7	40.3	40.7
西　藏	0.5	0.5	5.1	0.5	0.5
陕　西	32.0	45.6	55.0	44.9	45.8
甘　肃	16.1	17.9	18.6	18.4	19.2
青　海	3.5	3.4	3.9	3.9	4.1
宁　夏	5.0	6.2	6.4	7.1	10.0
新　疆	32.5	34.3	39.4	40.2	38.6

3—18 续

单位:万吨

地区	2000年	2001年	2002年	2003年	2004年
全国总计	**1405.0**	**1485.3**	**1507.5**	**1574.6**	**1819.5**
北京	7.9	9.5	6.6	7.1	6.9
天津	16.6	15.4	16.1	11.3	15.9
河北	184.9	213.6	216.0	255.9	433.8
山西	22.7	22.7	23.6	24.1	26.0
内蒙古	29.9	31.4	28.7	34.9	39.0
辽宁	45.2	47.8	46.2	48.9	50.5
吉林	28.1	33.8	32.4	34.9	40.4
黑龙江	79.9	81.6	82.3	85.4	92.6
上海	12.9	11.3	11.4	10.3	11.9
江苏	76.0	75.1	75.8	76.3	77.5
浙江	156.3	175.8	175.8	175.8	186.2
安徽	41.6	45.8	46.1	47.4	52.9
福建	48.0	56.1	76.6	80.6	80.0
江西	16.8	16.5	16.7	17.3	20.0
山东	157.1	161.5	169.1	172.2	167.6
河南	79.6	83.5	85.1	84.6	86.9
湖北	42.3	42.2	41.1	39.3	41.1
湖南	22.4	24.7	25.5	27.7	30.2
广东	67.2	68.8	63.2	60.4	66.0
广西	39.2	40.6	45.4	46.4	48.4
海南	11.3	11.6	14.2	14.6	15.3
重庆	10.9	11.3	11.3	12.6	13.3
四川	29.7	31.2	32.5	33.8	35.4
贵州	3.6	3.6	3.8	4.5	4.8
云南	45.8	46.1	43.2	44.6	43.4
西藏	0.7	0.5	0.9	0.8	1.0
陕西	55.8	43.7	41.7	42.6	48.1
甘肃	15.6	16.7	18.3	19.2	20.8
青海	5.9	4.9	5.3	5.1	5.2
宁夏	11.5	11.9	12.7	12.0	12.9
新疆	39.7	46.1	40.0	44.4	45.7

3—19 各地区有效灌溉面积

单位:千公顷

地 区	1978年	1980年	1985年	1990年	1995年	1996年	1997年
全国总计	**44965.0**	**44888.1**	**44035.9**	**47403.1**	**49281.6**	**50381.6**	**51238.5**
北 京	341.7	340.3	338.4	335.1	323.0	323.2	320.7
天 津	370.9	379.3	349.5	345.9	354.7	351.6	352.3
河 北	3660.2	3622.3	3572.7	3758.5	4040.0	4248.2	4322.6
山 西	1092.5	1115.1	1079.1	1134.5	1202.0	1205.5	1058.1
内蒙古	662.6	1104.1	964.9	1251.5	1776.4	1851.2	1972.0
辽 宁	1125.5	759.7	724.0	1059.3	1203.8	1228.0	1277.1
吉 林	878.5	730.7	696.3	881.9	904.4	936.0	1078.0
黑龙江	644.8	670.5	679.5	1078.7	1094.7	1335.3	1607.0
上 海	354.3	349.2	335.1	319.7	287.7	285.4	281.6
江 苏	3241.9	3412.8	3587.9	3970.9	3832.8	3837.8	3836.5
浙 江	1505.3	1524.7	1528.0	1477.1	1419.0	1412.7	1405.0
安 徽	2397.5	2438.0	2106.0	2633.3	2933.7	2971.4	3049.0
福 建	862.5	881.1	787.5	933.6	936.8	935.2	933.6
江 西	1641.1	1669.6	1812.4	1836.7	1879.7	1889.1	1900.1
山 东	4414.8	4407.5	4565.5	4463.7	4662.5	4692.7	4736.7
河 南	3722.6	3536.3	3189.9	3550.1	4044.2	4191.1	4333.1
湖 北	2354.9	2345.0	2293.3	2324.3	2174.4	2384.6	2150.4
湖 南	2566.7	2415.9	2766.7	2676.2	2680.0	2667.1	2676.8
广 东	2139.6	2107.9	1938.3	1795.1	1488.3	1489.2	1516.0
广 西	1470.7	1432.7	1348.1	1490.5	1472.1	1470.7	1489.1
海 南				142.6	180.6	175.1	226.9
重 庆							508.9
四 川	2902.3	3022.9	2781.7	2805.9	2898.6	2925.3	2356.2
贵 州	497.5	456.8	479.3	550.3	612.1	618.7	631.2
云 南	901.5	913.1	964.9	1054.2	1250.0	1283.5	1321.0
西 藏	157.3	148.5	133.3	126.4	162.1	147.7	156.5
陕 西	1212.5	1248.1	1179.1	1263.1	1340.0	1287.4	1293.3
甘 肃	852.7	853.5	831.4	854.5	892.5	939.0	954.4
青 海	153.5	159.6	160.0	171.5	177.3	176.1	204.4
宁 夏	232.5	232.5	238.5	260.3	278.2	281.4	379.8
新 疆	2606.7	2610.5	2604.6	2857.7	2780.0	2841.4	2910.2

3—19 续

单位：千公顷

地　区	1998 年	1999 年	2000 年	2001 年	2002 年	2003 年	2004 年
全国总计	**52295.6**	**53158.4**	**53820.3**	**54249.4**	**54354.9**	**54014.2**	**54478.4**
北　京	323.7	323.3	328.2	322.7	316.7	178.9	186.7
天　津	351.9	343.9	353.2	354.3	354.4	354.1	353.4
河　北	4388.1	4444.5	4482.3	4485.4	4415.2	4404.0	4459.8
山　西	1068.6	1092.0	1105.0	1104.3	1103.7	1095.3	1088.2
内蒙古	2067.9	2248.7	2371.7	2472.3	2537.6	2568.5	2635.9
辽　宁	1335.1	1388.7	1440.7	1482.8	1494.8	1512.8	1520.1
吉　林	1251.0	1293.2	1315.1	1382.6	1499.2	1545.5	1595.2
黑龙江	1815.0	1965.6	2032.0	2090.4	2185.3	2111.5	2282.1
上　海	277.5	274.9	285.9	280.6	270.4	257.3	245.7
江　苏	3855.4	3885.8	3900.9	3900.0	3886.0	3841.0	3839.0
浙　江	1385.8	1400.8	1403.2	1400.3	1406.0	1403.8	1406.9
安　徽	3100.1	3152.3	3197.2	3228.7	3263.8	3285.4	3304.6
福　建	932.9	932.2	940.2	942.4	938.8	940.0	941.5
江　西	1897.0	1901.1	1903.4	1897.5	1894.2	1873.2	1841.6
山　东	4780.2	4805.5	4824.9	4836.1	4797.4	4760.8	4766.8
河　南	4513.9	4648.8	4725.3	4766.0	4802.4	4792.2	4829.1
湖　北	2161.9	2130.3	2072.5	2027.9	2006.5	2043.7	2071.0
湖　南	2675.1	2665.4	2677.5	2676.3	2675.6	2675.3	2683.3
广　东	1502.0	1513.8	1478.5	1447.1	1425.0	1315.9	1312.6
广　西	1468.1	1478.0	1501.6	1519.6	1518.5	1516.7	1516.0
海　南	176.7	171.7	179.8	180.8	188.0	177.3	169.8
重　庆	614.1	620.6	624.6	631.9	641.2	649.7	616.8
四　川	2390.5	2427.9	2469.0	2533.0	2500.6	2503.2	2503.3
贵　州	638.4	643.9	653.4	659.8	671.5	682.7	692.9
云　南	1349.9	1374.0	1403.4	1424.3	1442.1	1457.0	1469.4
西　藏	150.3	151.1	157.0	154.4	159.7	156.3	153.7
陕　西	1302.6	1309.2	1308.0	1314.1	1314.7	1271.9	1296.8
甘　肃	963.9	972.6	981.5	982.3	988.3	994.4	1003.3
青　海	187.4	189.7	211.4	208.3	193.5	181.7	180.3
宁　夏	387.1	343.6	398.8	405.4	410.0	413.2	406.3
新　疆	2983.6	3065.4	3094.3	3138.1	3053.9	3051.0	3106.6

三、各地区灾害情况

3—20 各地区农作物受灾面积

单位:千公顷

地区	1978年	1980年	1985年	1990年	1995年	1996年	1997年
全国总计	**50807.0**	**50025.3**	**44365.3**	**38474.0**	**45821.0**	**46989.0**	**53427.0**
北京	73.3	124.0	142.0	178.0	121.0	138.0	143.0
天津	266.7	156.7	155.3	86.0	127.0	334.0	194.0
河北	1489.7	2721.3	2210.0	1688.7	2187.0	3373.0	3369.0
山西	2806.7	2682.0	2133.3	1045.3	2807.0	1667.0	2291.0
内蒙古	2350.0	3526.0	2396.7	1206.7	2907.0	1969.0	3157.0
辽宁	2065.3	1764.0	1996.0	694.0	1751.0	1010.0	2457.0
吉林	1952.7	2131.3	3213.3	471.3	2328.0	990.0	3035.0
黑龙江	1583.3	2950.7	4211.3	1816.7	3127.0	3216.0	3207.0
上海		622.7	53.3	64.0	13.0	43.0	76.0
江苏	5582.7	2408.0	798.0	2502.7	1282.0	1614.0	2808.0
浙江	682.7	1081.3	427.3	1529.3	1079.0	808.0	1351.0
安徽	2716.7	2491.3	1962.7	2185.3	1780.0	3024.0	2443.0
福建	283.7	770.7	372.0	1223.3	562.0	719.0	587.0
江西	1513.3	1276.0	950.0	1302.7	1724.0	1024.0	1034.0
山东	4109.3	3680.7	4085.3	2849.3	2331.0	4168.0	4746.0
河南	3733.3	3346.7	3700.0	1648.0	2347.0	3897.0	3751.0
湖北	2831.3	2855.3	1502.7	2648.0	2626.0	3150.0	2638.0
湖南	2546.7	2674.7	2317.3	3540.7	3237.0	2862.0	1483.0
广东	2477.3	1446.7	1904.7	1168.7	1517.0	1492.0	1242.0
广西	1054.7	2662.7	1143.3	1466.7	1186.0	1943.0	803.0
海南				140.0	347.0	579.0	97.0
重庆							1303.0
四川	4402.3	2996.0	3438.0	4001.3	2133.0	2557.0	2447.0
贵州	600.0	757.3	1288.0	1182.0	1128.0	1201.0	1059.0
云南	722.7	742.7	1006.0	708.0	913.0	1508.0	1820.0
西藏	96.0	22.0	25.3	17.3	55.0	18.0	103.0
陕西	1853.3	2333.3	1790.0	1532.0	2563.0	1862.0	2494.0
甘肃	1055.3	1062.0	616.0	1018.7	2123.0	1103.0	1871.0
青海	214.0	114.7	117.3	161.3	463.0	155.0	293.0
宁夏	142.0	224.7	132.0	220.7	336.0	131.0	323.0
新疆	1602.0	400.0	278.0	177.3	724.0	436.0	802.0

3—20 续

单位:千公顷

地区	1998年	1999年	2000年	2001年	2002年	2003年	2004年
全国总计	**50145.0**	**49981.0**	**54688.0**	**52214.6**	**46946.1**	**54505.8**	**37106.3**
北京	78.0	123.0	204.0	96.1	194.9	59.0	27.7
天津	141.0	226.0	310.0	182.0	235.0	142.5	74.5
河北	2466.0	3620.0	2710.0	2964.0	2995.0	2998.0	1756.8
山西	1675.0	3000.0	2455.0	2553.0	1602.9	828.8	947.4
内蒙古	2295.0	3840.0	3397.0	3595.0	2387.5	3227.0	3216.0
辽宁	384.0	1280.0	2831.0	2665.0	1592.0	1169.0	1249.9
吉林	1735.0	1124.0	3245.0	2917.0	1426.0	1905.0	2549.5
黑龙江	3162.0	1440.0	3483.0	4238.0	4149.0	6659.0	3790.1
上海		259.0	18.0	60.0	63.0	1.1	5.8
江苏	3614.0	3190.0	3177.0	1178.0	771.4	2863.7	956.1
浙江	1228.0	757.0	787.0	370.0	763.0	612.8	795.9
安徽	5904.0	2860.0	3502.0	2790.0	1159.0	3747.4	714.9
福建	1030.0	876.0	502.0	253.0	894.0	1097.0	671.3
江西	3318.0	747.0	1416.0	630.0	1040.0	1823.0	1121.8
山东	1541.0	3000.0	3697.0	3596.0	4941.9	2632.0	2119.1
河南	3124.0	3670.0	4608.0	2848.0	2807.0	4965.0	2234.4
湖北	3243.0	2830.0	3190.0	2885.0	2674.0	3099.0	1550.3
湖南	3607.0	1530.0	1551.0	1749.0	2806.0	2741.0	1129.4
广东	701.0	1580.0	688.0	1094.0	1978.0	1194.3	1070.9
广西	1294.0	2200.0	1523.0	1155.0	1170.0	1831.0	1995.2
海南	151.0	363.0	541.0	182.0	289.3	277.0	158.1
重庆	1394.0	1850.0	708.0	1800.0	1466.0	959.0	909.8
四川	2665.0	976.0	2315.0	3717.0	2564.2	2743.0	1475.8
贵州	779.0	1230.0	1020.0	1070.0	1159.0	1060.1	698.4
云南	1138.0	1410.0	941.0	1137.0	1446.0	1493.0	1132.5
西藏	150.0	36.5	32.0	35.0	70.0	4.0	43.2
陕西	1553.0	2520.0	1908.0	2475.0	1877.0	2136.0	1121.4
甘肃	929.0	1810.0	2319.0	2214.0	1216.0	1051.0	2146.7
青海	122.0	420.0	444.0	307.0	337.0	174.0	156.6
宁夏	149.0	347.0	526.0	360.0	352.0	245.4	544.9
新疆	575.0	865.0	640.0	1099.5	520.0	767.7	741.8

3—21 各地区农作物成灾面积

单位：千公顷

地区	1978年	1980年	1985年	1990年	1995年	1996年	1997年
全国总计	**24457.0**	**29777.0**	**22705.3**	**17819.3**	**22267.0**	**21234.0**	**30307.0**
北京	38.0	64.7	78.0	86.7	37.0	60.0	97.0
天津	208.0	76.0	60.0	42.0	22.0	140.0	97.0
河北	970.0	1976.7	994.7	1074.0	857.0	1881.0	2231.0
山西	177.3	1865.3	865.3	422.7	1287.0	951.0	1603.0
内蒙古	1316.0	2941.3	1433.3	466.7	1385.0	795.0	2138.0
辽宁	1283.3	998.7	1418.7	336.7	1109.0	586.0	1615.0
吉林	705.3	1120.0	2075.3	306.7	1197.0	614.0	1716.0
黑龙江	1092.7	2011.3	2018.7	453.3	1030.0	997.0	1698.0
上海				20.7	13.0	5.0	22.0
江苏	1018.0	1388.7	430.7	928.7	461.0	396.0	1210.0
浙江	216.7	347.3	162.0	614.7	514.0	413.0	708.0
安徽	2011.3	1728.0	1294.7	1088.0	893.0	755.0	1165.0
福建	22.0	326.7	241.3	567.3	306.0	351.0	272.0
江西	1144.0	808.0	604.0	550.0	1035.0	656.0	627.0
山东	2246.7	1868.7	1682.7	1430.0	741.0	1464.0	2717.0
河南	2572.7	1999.3	1610.0	782.7	1035.0	1599.0	2542.0
湖北	1590.7	1900.7	416.0	1110.0	1348.0	1872.0	1386.0
湖南	1346.7	1395.3	1321.3	1938.0	1897.0	1784.0	783.0
广东	1276.7	534.7	709.3	525.3	695.0	452.0	630.0
广西	442.0	896.7	574.7	919.3	528.0	911.0	436.0
海南				58.0	111.0	270.0	51.0
重庆							577.0
四川	1333.3	1590.0	2158.7	1824.7	1043.0	986.0	1207.0
贵州	370.0	431.3	680.0	618.0	623.0	741.0	535.0
云南	386.7	359.3	376.0	234.7	475.0	681.0	903.0
西藏	35.3	14.0	22.7	10.7	31.0	16.0	65.0
陕西	1296.0	1750.7	1053.3	701.3	1431.0	863.0	1617.0
甘肃	851.3	884.7	253.3	490.7	1325.0	550.0	1131.0
青海	106.0	80.7	62.0	56.7	233.0	68.0	93.0
宁夏	95.3	182.7	86.7	82.0	248.0	76.0	100.0
新疆	305.3	235.3	22.0	79.3	358.0	301.0	335.0

3—21 续 单位:千公顷

地　　区	1998年	1999年	2000年	2001年	2002年	2003年	2004年
全国总计	**25181.0**	**26731.0**	**34374.0**	**31793.1**	**27159.9**	**32516.3**	**16297.3**
北　　京	39.0	73.0	89.0	63.1	103.0	25.0	10.0
天　　津	66.0	125.0	185.0	107.0	136.0	94.6	29.9
河　　北	1120.0	2170.0	1855.0	1923.0	1847.0	1947.0	797.0
山　　西	634.0	2090.0	1616.0	1827.0	935.0	345.0	440.8
内 蒙 古	1750.0	1980.0	2345.0	2440.0	1468.3	2312.0	1710.9
辽　　宁	106.0	1020.0	1885.0	1534.0	1153.0	1026.0	757.2
吉　　林	939.0	698.0	2584.0	2212.0	768.0	768.0	967.0
黑 龙 江	2056.0	650.0	2299.0	2388.0	1967.0	4160.0	1086.5
上　　海	0.0	110.0	13.0	50.0	12.5	0.0	3.2
江　　苏	1583.0	1290.0	2062.0	649.0	392.0	1677.3	172.6
浙　　江	398.0	459.0	416.0	195.0	384.4	344.2	385.0
安　　徽	2281.0	1560.0	2499.0	1680.0	677.0	2619.2	303.5
福　　建	372.0	580.0	328.0	148.0	462.2	509.0	220.1
江　　西	2363.0	456.0	1008.0	413.0	602.0	1328.0	595.6
山　　东	510.0	1230.0	2271.0	2281.0	3179.4	1250.0	771.0
河　　南	975.0	1890.0	2646.0	1825.0	1400.0	2739.0	863.8
湖　　北	2018.0	1330.0	1996.0	2030.0	1702.0	1883.0	894.2
湖　　南	1852.0	936.0	687.0	1099.0	1859.0	1737.0	581.0
广　　东	330.0	687.0	313.0	610.0	987.0	498.0	522.6
广　　西	791.0	918.0	836.0	757.0	722.6	1134.0	914.0
海　　南	58.0	166.0	264.0	114.0	162.8	149.0	50.2
重　　庆	1009.0	820.0	434.0	900.0	847.0	603.0	387.5
四　　川	1540.0	512.0	1127.0	1894.0	1124.7	1264.0	656.4
贵　　州	359.0	575.0	504.0	549.0	694.0	578.8	291.3
云　　南	365.0	836.0	470.0	611.0	823.0	810.0	446.0
西　　藏	30.0	21.7	15.0	20.0	11.0	0.0	10.6
陕　　西	718.0	1490.0	1242.0	1383.0	1227.0	1160.0	457.0
甘　　肃	549.0	1060.0	1311.0	1173.0	848.0	757.0	1152.6
青　　海	52.0	217.0	345.0	125.0	244.0	103.4	86.7
宁　　夏	77.0	261.0	370.0	212.0	237.0	178.8	297.0
新　　疆	241.0	523.0	359.0	581.0	184.0	516.0	436.1

四、各地区农作物种植业生产情况

3—22—1 各地区粮食作物播种面积

单位：千公顷

地 区	1978年	1980年	1985年	1990年	1995年	1996年	1997年
全国总计	**120587.2**	**117234.3**	**108845.1**	**113465.9**	**110060.4**	**112547.9**	**112912.1**
北 京	561.3	548.7	511.4	484.4	434.1	427.0	424.5
天 津	601.3	563.5	445.9	457.9	443.3	451.5	440.5
河 北	7949.3	7487.2	6492.7	6827.8	6829.5	7137.3	7099.4
山 西	3692.7	3508.7	3055.1	3290.3	3151.5	3243.0	3128.1
内蒙古	2024.0	3882.3	3421.8	3874.5	4143.2	4424.3	4906.4
辽 宁	4071.3	3221.1	2889.5	3121.6	3030.9	3073.1	3037.1
吉 林	4410.0	3524.3	3283.5	3525.9	3576.9	3624.5	3592.1
黑龙江	7647.3	7317.9	7216.4	7420.0	7500.2	7778.8	7993.7
上 海	512.0	493.9	438.3	417.1	343.9	357.4	365.7
江 苏	6311.3	6539.3	6432.5	6363.0	5755.2	5877.4	5994.4
浙 江	3350.0	3417.7	3271.2	3266.0	2814.4	2877.2	2872.9
安 徽	6186.7	6025.9	5898.6	6246.1	5852.5	6029.0	6030.6
福 建	2212.7	2175.5	1888.5	2080.6	2017.3	2031.9	2041.3
江 西	3820.7	3775.3	3650.9	3699.3	3509.3	3570.6	3586.5
山 东	8808.0	8474.7	7984.3	8151.9	8131.6	8237.3	8083.1
河 南	9123.3	8858.9	9029.3	9316.1	8810.0	8965.3	8879.9
湖 北	5544.7	5352.1	5108.3	5200.0	4776.7	4880.3	4940.5
湖 南	5828.0	5451.3	5161.4	5365.7	5115.6	5133.9	5155.3
广 东	5825.3	5320.1	4465.5	3996.3	3472.3	3524.6	3528.8
广 西	4284.7	3957.1	3447.3	3639.9	3662.7	3708.0	3738.5
海 南				567.5	574.9	571.6	577.2
重 庆							2887.6
四 川	10220.0	10545.4	9389.0	9827.7	9933.7	10027.6	7211.4
贵 州	2698.0	2418.5	2212.1	2543.2	2864.5	2890.1	2927.5
云 南	3678.0	3593.3	3318.5	3622.3	3643.0	3698.2	3719.1
西 藏	201.3	199.1	194.1	191.7	188.2	191.9	197.4
陕 西	4488.0	4310.3	3965.6	4134.7	3807.7	4052.9	3811.5
甘 肃	2998.0	2939.9	2774.9	2875.1	2928.7	2925.7	2880.9
青 海	434.7	411.9	386.6	400.3	384.3	394.8	394.7
宁 夏	769.3	742.3	650.5	723.5	761.8	781.9	781.8
新 疆	2335.3	2177.9	1861.7	1835.5	1602.5	1660.8	1683.8

3—22—1 续

单位：千公顷

地区	1998年	1999年	2000年	2001年	2002年	2003年	2004年
全国总计	**113787.4**	**113161.0**	**108462.5**	**106080.0**	**103890.8**	**99410.4**	**101606.0**
北京	422.7	409.7	308.3	213.8	169.0	141.3	154.5
天津	446.6	431.0	345.9	328.5	311.3	258.1	263.5
河北	7305.7	7236.1	6918.7	6628.9	6484.4	5944.0	6003.4
山西	3296.7	3239.2	3186.5	2877.1	3011.0	2833.6	2925.4
内蒙古	5030.7	4951.0	4435.9	4383.2	4343.5	4051.5	4181.1
辽宁	3039.2	3055.3	2858.6	3162.9	2845.4	2743.3	2906.7
吉林	3567.2	3513.4	3833.7	4201.6	4037.6	4013.8	4312.1
黑龙江	8088.9	8098.5	7852.5	8534.0	8291.2	8114.7	8458.0
上海	352.5	335.0	258.8	211.2	187.7	148.3	154.7
江苏	5946.3	5828.5	5304.3	4886.7	4882.6	4659.5	4774.6
浙江	2799.5	2751.9	2300.3	1939.1	1659.1	1427.8	1454.5
安徽	5991.0	5934.9	6183.8	5841.7	6091.9	6157.2	6312.2
福建	2028.6	2009.5	1828.5	1725.7	1630.2	1471.1	1482.4
江西	3414.5	3548.2	3322.0	3265.2	3187.9	3051.1	3350.1
山东	8132.5	8099.3	7363.2	7153.5	6912.6	6415.4	6176.3
河南	9102.0	9032.3	9029.6	8822.8	8975.1	8923.3	8970.1
湖北	4728.1	4673.1	4156.2	4015.7	3882.8	3557.8	3712.4
湖南	5074.8	5135.2	5029.9	4802.8	4652.6	4529.8	4754.1
广东	3529.0	3371.0	3311.1	3125.6	2876.5	2771.9	2789.7
广西	3757.7	3725.5	3655.9	3641.9	3556.9	3470.0	3511.2
海南	571.2	567.7	542.0	519.9	508.1	541.8	471.8
重庆	2900.6	2882.1	2773.4	2714.6	2609.4	2469.0	2516.4
四川	7337.7	7296.7	6854.5	6706.7	6645.9	6387.3	6476.5
贵州	3128.6	3135.9	3151.3	3121.1	3076.1	3021.3	3037.2
云南	3886.3	4042.1	4238.7	4339.0	4160.6	4068.4	4158.5
西藏	200.4	200.8	201.4	199.1	195.2	185.9	179.8
陕西	4030.1	4027.0	3821.5	3517.6	3397.2	3122.8	3134.1
甘肃	2890.5	2910.7	2798.2	2690.6	2628.8	2499.5	2534.6
青海	384.9	344.8	322.7	312.2	284.7	248.0	244.7
宁夏	817.4	835.8	807.1	781.4	881.1	805.3	791.7
新疆	1585.6	1539.0	1468.2	1415.7	1514.6	1377.2	1413.9

3—22—2 各地区粮食总产量

单位:万吨

地区	1978年	1980年	1985年	1990年	1995年	1996年	1997年
全国总计	**30476.5**	**32055.5**	**37910.8**	**44624.3**	**46661.8**	**50453.5**	**49417.1**
北京	186.0	186.0	219.7	264.6	259.8	237.4	237.5
天津	117.0	138.0	140.5	188.9	207.5	207.0	206.2
河北	1615.0	1522.5	1966.6	2276.9	2739.0	2789.5	2746.7
山西	674.0	685.5	822.7	969.0	917.1	1077.1	901.4
内蒙古	180.0	396.5	604.1	973.0	1055.4	1535.3	1421.0
辽宁	1175.0	1221.5	976.0	1494.7	1423.5	1660.1	1313.5
吉林	1056.0	859.5	1225.3	2046.5	1992.4	2326.6	1808.3
黑龙江	1500.0	1462.5	1430.0	2312.5	2552.1	3046.6	3104.5
上海	261.0	187.0	213.8	239.5	210.4	226.3	230.2
江苏	2290.0	2418.5	3126.5	3230.8	3286.3	3476.4	3563.8
浙江	1395.0	1435.5	1621.3	1586.1	1430.9	1516.8	1493.5
安徽	1482.0	1454.0	2168.0	2457.2	2580.7	2674.1	2802.7
福建	728.5	802.0	794.4	879.6	919.9	952.2	961.8
江西	1050.0	1240.0	1533.5	1658.2	1607.4	1766.3	1767.7
山东	2250.0	2384.0	3137.7	3354.9	4246.4	4332.7	3852.2
河南	1900.0	2148.5	2710.5	3303.7	3466.5	3839.9	3894.7
湖北	1725.5	1536.5	2216.1	2475.0	2463.8	2484.4	2634.4
湖南	1900.0	2124.5	2514.3	2651.4	2691.6	2701.5	2801.9
广东	1632.0	1808.5	1737.9	1896.9	1734.8	1839.2	1897.7
广西	927.0	1190.5	1117.1	1363.1	1508.2	1509.3	1544.8
海南				169.6	201.8	197.7	213.9
重庆							1157.7
四川	3000.0	3436.5	3830.7	4266.8	4365.0	4495.7	3461.3
贵州	643.5	648.0	595.0	721.0	948.9	1012.6	1025.9
云南	864.0	865.5	935.0	1057.2	1188.9	1246.2	1271.9
西藏	50.5	50.5	53.1	55.5	70.0	77.7	79.2
陕西	800.0	757.0	951.9	1070.7	913.4	1217.3	1044.4
甘肃	491.0	492.5	530.5	690.7	644.2	820.6	766.2
青海	90.5	95.5	100.3	114.0	114.2	123.8	127.6
宁夏	118.0	120.0	139.5	190.1	203.2	257.9	256.6
新疆	375.0	388.5	498.8	666.2	718.5	805.3	830.0

3—22—2 续

单位:万吨

地区	1998年	1999年	2000年	2001年	2002年	2003年	2004年
全国总计	**51229.5**	**50838.6**	**46217.5**	**45263.7**	**45705.8**	**43069.5**	**46946.9**
北京	239.2	201.0	144.2	104.9	82.3	58.0	70.2
天津	210.1	174.9	124.1	143.3	137.8	119.3	122.8
河北	2917.5	2746.3	2551.1	2491.8	2435.8	2387.8	2480.1
山西	1081.5	821.7	853.4	692.1	925.5	958.9	1062.0
内蒙古	1575.4	1428.5	1241.9	1239.1	1406.1	1360.7	1505.3
辽宁	1828.9	1648.8	1140.0	1394.4	1510.4	1498.3	1720.0
吉林	2506.0	2305.6	1638.0	1953.4	2214.8	2259.6	2510.0
黑龙江	3008.5	3074.6	2545.5	2651.7	2941.2	2512.3	3001.0
上海	212.6	208.1	174.0	151.4	130.5	98.8	106.3
江苏	3415.1	3559.0	3106.6	2942.1	2907.1	2471.9	2829.1
浙江	1435.2	1393.0	1217.7	1072.7	942.3	793.4	834.9
安徽	2591.0	2771.2	2472.1	2500.3	2765.0	2214.8	2743.0
福建	958.1	942.2	854.7	817.3	763.2	713.2	736.5
江西	1555.5	1732.7	1614.6	1600.0	1549.5	1450.3	1663.0
山东	4264.8	4269.0	3837.7	3720.6	3292.7	3435.5	3516.7
河南	4009.6	4253.3	4101.5	4119.9	4210.0	3569.5	4260.0
湖北	2475.8	2451.9	2218.5	2138.5	2047.0	1921.0	2100.1
湖南	2647.9	2725.4	2767.9	2700.3	2501.3	2442.7	2640.0
广东	1947.6	1967.1	1760.1	1600.1	1478.9	1430.4	1390.0
广西	1557.1	1575.0	1528.5	1511.4	1486.8	1465.1	1398.5
海南	210.8	217.0	199.6	195.8	188.6	204.6	190.1
重庆	1122.5	1111.6	1106.9	1023.5	1082.4	1087.1	1144.5
四川	3519.7	3551.4	3372.0	2926.5	3132.4	3054.1	3146.7
贵州	1100.0	1125.2	1161.3	1100.3	1034.2	1104.3	1149.6
云南	1319.5	1399.3	1467.8	1486.3	1424.7	1471.0	1509.5
西藏	85.0	92.2	96.2	98.3	98.3	96.6	96.0
陕西	1303.1	1081.6	1089.1	976.6	1005.6	968.4	1040.0
甘肃	872.0	814.9	713.5	753.2	782.7	789.3	805.8
青海	128.2	103.6	82.7	103.2	91.3	86.8	88.5
宁夏	294.9	293.3	252.7	274.8	301.9	270.2	290.5
新疆	836.6	799.3	783.7	780.0	835.6	775.5	796.5

3—22—3 各地区粮食单位面积产量

单位:公斤/公顷

地区	1978年	1980年	1985年	1990年	1995年	1996年	1997年
全国总计	**2527.3**	**2734.3**	**3483.0**	**3932.8**	**4239.7**	**4482.8**	**4376.6**
北京	3313.5	3390.0	4296.1	5462.4	5983.5	5559.7	5594.8
天津	1945.7	2448.8	3150.7	4125.7	4680.2	4584.0	4680.1
河北	2031.6	2033.5	3028.9	3334.7	4010.6	3908.4	3868.9
山西	1825.2	1953.7	2692.9	2945.1	2910.1	3321.0	2881.5
内蒙古	889.3	1021.3	1765.4	2511.3	2547.3	3470.0	2896.2
辽宁	2886.0	3792.1	3377.7	4788.2	4696.6	5402.0	4324.9
吉林	2394.6	2438.8	3731.7	5804.2	5570.2	6419.1	5034.1
黑龙江	1961.5	1998.5	1981.6	3116.6	3402.7	3916.5	3883.7
上海	5097.7	3786.4	4878.3	5741.6	6118.1	6331.0	6294.8
江苏	3628.4	3698.4	4860.5	5077.5	5710.2	5915.0	5945.2
浙江	4164.2	4200.2	4956.3	4856.4	5084.2	5272.0	5198.6
安徽	2395.5	2412.9	3675.4	3934.0	4409.6	4435.4	4647.5
福建	3292.4	3686.5	4206.6	4227.6	4560.1	4686.3	4711.7
江西	2748.2	3284.5	4200.3	4482.5	4580.4	4946.8	4928.8
山东	2554.5	2813.1	3929.9	4115.5	5222.1	5259.9	4765.8
河南	2082.6	2425.2	3001.9	3546.2	3934.7	4283.0	4385.9
湖北	3112.0	2870.9	4338.3	4759.6	5158.0	5090.7	5332.3
湖南	3260.1	3897.2	4871.4	4941.4	5261.6	5262.1	5435.1
广东	2801.6	3399.4	3891.9	4746.6	4996.1	5218.2	5377.7
广西	2163.5	3008.5	3240.5	3744.8	4117.7	4070.4	4132.1
海南				2988.7	3510.3	3458.0	3705.1
重庆							4009.2
四川	2935.4	3258.8	4080.0	4341.6	4394.1	4483.3	4799.8
贵州	2385.1	2679.4	2689.8	2835.0	3312.6	3504.0	3504.4
云南	2349.1	2408.6	2817.5	2918.6	3263.5	3369.9	3419.9
西藏	2508.3	2536.8	2736.2	2894.6	3719.4	4049.0	4011.5
陕西	1782.5	1756.2	2400.4	2589.6	2398.8	3003.5	2740.1
甘肃	1637.8	1675.2	1911.8	2402.3	2199.6	2804.8	2659.4
青海	2082.1	2318.3	2594.4	2847.6	2971.6	3136.6	3231.4
宁夏	1533.8	1616.5	2144.6	2627.4	2667.4	3298.4	3282.2
新疆	1605.8	1783.8	2679.3	3629.5	4483.7	4849.0	4929.4

3—22—3 续　　　　单位:公斤/公顷

地　区	1998 年	1999 年	2000 年	2001 年	2002 年	2003 年	2004 年
全国总计	**4502.2**	**4492.6**	**4261.2**	**4266.9**	**4399.4**	**4332.5**	**4620.5**
北　京	5658.9	4906.0	4676.6	4906.5	4869.8	4105.7	4542.7
天　津	4705.4	4058.0	3586.3	4363.0	4427.8	4621.9	4658.7
河　北	3993.4	3795.3	3687.2	3759.0	3756.3	4017.2	4131.1
山　西	3280.5	2536.7	2678.1	2405.6	3073.9	3383.9	3630.3
内蒙古	3131.6	2885.3	2799.7	2826.9	3237.2	3358.6	3600.2
辽　宁	6017.7	5396.4	3988.0	4408.6	5308.2	5461.7	5917.4
吉　林	7025.1	6562.4	4272.6	4649.1	5485.4	5629.6	5820.9
黑龙江	3719.3	3796.5	3241.6	3107.2	3547.4	3096.0	3548.1
上　海	6031.0	6212.5	6723.3	7170.2	6949.3	6657.5	6871.2
江　苏	5743.2	6106.2	5856.8	6020.6	5953.9	5305.0	5925.2
浙　江	5126.6	5061.9	5293.7	5531.8	5679.4	5556.8	5740.0
安　徽	4324.8	4669.4	3997.7	4280.1	4538.8	3597.1	4345.5
福　建	4723.0	4688.7	4674.3	4736.0	4681.6	4847.9	4968.1
江　西	4555.6	4883.3	4860.3	4900.2	4860.5	4753.3	4964.1
山　东	5244.2	5270.9	5212.1	5201.1	4763.3	5355.1	5693.8
河　南	4405.2	4708.9	4542.3	4669.6	4690.7	4000.2	4749.1
湖　北	5236.3	5246.8	5337.8	5325.3	5272.0	5399.5	5657.1
湖　南	5217.7	5307.3	5502.9	5622.3	5376.2	5392.6	5553.1
广　东	5518.8	5835.3	5315.8	5119.3	5141.3	5160.4	4982.6
广　西	4143.8	4227.6	4180.9	4150.0	4180.0	4222.2	3983.0
海　南	3689.3	3822.4	3683.0	3765.1	3711.9	3776.6	4029.6
重　庆	3869.9	3856.9	3991.1	3770.4	4148.1	4403.0	4548.1
四　川	4796.7	4867.1	4919.4	4363.6	4713.3	4781.5	4858.6
贵　州	3515.9	3588.2	3685.1	3525.4	3362.1	3655.0	3785.0
云　南	3395.3	3461.7	3462.9	3425.4	3424.4	3615.7	3629.9
西　藏	4240.3	4593.0	4776.6	4934.2	5034.8	5195.8	5339.6
陕　西	3233.4	2685.9	2849.9	2776.3	2960.1	3101.1	3318.3
甘　肃	3016.6	2799.8	2549.8	2799.4	2977.4	3158.0	3179.2
青　海	3331.2	3004.7	2562.8	3305.6	3206.9	3500.0	3615.4
宁　夏	3607.8	3509.4	3131.0	3516.8	3426.4	3354.8	3669.4
新　疆	5276.2	5193.7	5338.0	5509.4	5516.9	5630.8	5633.4

3—23—1 各地区夏收粮食作物播种面积

单位:千公顷

地 区	1978 年	1980 年	1985 年	1990 年	1995 年	1996 年	1997 年
全国总计	**31884.5**	**31000.4**	**30395.7**	**32042.9**	**30820.2**	**31418.0**	**32025.3**
北 京	241.0	229.6	200.5	185.7	172.3	171.2	171.3
天 津	221.2	218.1	162.7	138.2	141.2	147.6	151.1
河 北	2892.3	2915.3	2385.4	2461.0	2515.3	2610.4	2745.3
山 西	1197.3	1147.1	1088.1	1103.5	976.2	1007.9	1015.0
内蒙古							
辽 宁	150.7	73.7	32.9	85.2	220.5	234.9	223.1
吉 林							
黑龙江							
上 海	167.5	152.7	159.7	141.3	117.8	125.0	143.9
江 苏	2275.6	2380.7	2992.2	2939.7	2643.9	2686.7	2763.8
浙 江	470.8	566.5	740.5	597.5	423.6	481.0	521.0
安 徽	1803.9	2104.8	2198.9	2199.4	2110.8	2186.2	2250.2
福 建	196.9	204.1	130.5	196.1	172.2	175.6	180.2
江 西	143.5	163.1	120.3	110.9	122.9	136.3	138.1
山 东	3765.5	3754.9	3809.8	3997.6	4013.4	4034.9	4041.2
河 南	4050.8	4154.8	4591.7	4848.7	4888.5	4943.4	4997.5
湖 北	1621.9	1811.0	1821.9	1747.9	1525.8	1572.8	1626.5
湖 南	443.6	437.8	353.1	342.0	323.8	331.7	343.1
广 东	704.5	678.4	286.4	258.5	229.9	249.9	257.2
广 西	204.1	165.4	39.3	57.5	81.0	89.5	104.8
海 南				51.6	61.8		
重 庆							911.8
四 川	3108.7	3504.7	3079.3	2919.0	3102.8	3134.6	2270.0
贵 州	725.5	730.6	517.5	728.9	986.5	1022.2	1059.3
云 南	960.9	1038.1	854.3	978.5	1127.0	1176.0	1217.0
西 藏							
陕 西	1986.5	1949.5	1927.5	1927.9	1805.3	1813.6	1810.7
甘 肃	1766.9	1794.7	1879.3	1786.0	1712.2	1671.5	1630.1
青 海							
宁 夏	363.3	361.6	360.0	361.3	351.2	375.2	376.2
新 疆	1416.0	1388.5	1365.8	1221.7	994.2	1040.1	1077.1

3—23—1 续 单位:千公顷

地区	1998 年	1999 年	2000 年	2001 年	2002 年	2003 年	2004 年
全国总计	**31838.7**	**31099.1**	**29588.2**	**27927.8**	**27414.0**	**25734.5**	**25175.6**
北京	171.3	168.2	121.8	72.7	47.5	35.9	39.2
天津	153.4	143.2	121.7	106.7	95.9	78.3	79.0
河北	2793.8	2765.8	2716.6	2629.6	2493.2	2232.9	2200.5
山西	1020.2	957.9	926.8	858.9	829.3	749.1	674.3
内蒙古							
辽宁	210.6	226.1	207.5	171.8	138.2	107.1	79.5
吉林							
黑龙江							
上海	134.5	119.7	71.5	45.5	44.4	31.5	32.5
江苏	2696.3	2581.3	2245.9	2032.1	2048.9	1954.2	1922.0
浙江	505.7	510.8	383.6	229.1	190.8	152.5	126.2
安徽	2207.0	2169.4	2250.3	2137.7	2233.3	2189.5	2220.9
福建	180.2	179.6	163.2	149.7	139.1	117.4	110.9
江西	135.4	146.3	128.4	105.6	90.6	85.6	70.7
山东	3983.3	4007.5	3749.0	3547.1	3398.7	3106.1	2969.2
河南	5035.7	4957.5	4998.0	4882.4	4947.8	4896.7	4938.7
湖北	1566.6	1424.0	1203.4	1114.7	1084.3	965.0	942.2
湖南	315.5	300.5	289.6	279.9	279.2	265.5	258.9
广东	261.7	257.2	260.7	246.3	229.3	227.2	220.2
广西	104.5	100.5	100.0	88.0	86.3	74.1	81.0
海南		63.3	57.3			47.7	44.9
重庆	907.4	889.3	827.3	783.1	748.6	657.9	614.1
四川	2315.5	2264.4	2060.3	1965.2	1937.6	1772.9	1798.7
贵州	1105.4	1113.0	1112.6	1084.9	1079.7	1069.1	1044.3
云南	1238.5	1300.9	1235.7	1330.0	1218.2	1194.5	1176.7
西藏							
陕西	1820.7	1787.8	1716.6	1590.3	1512.2	1417.3	1324.9
甘肃	1603.2	1441.5	1435.9	1362.9	1305.4	1194.1	1156.3
青海							
宁夏	374.1	309.1	332.3	335.2	449.2	412.8	343.5
新疆	998.4	914.5	872.4	778.4	786.2	699.8	706.4

3—23—2 各地区夏收粮食总产量

单位:万吨

地 区	1978年	1980年	1985年	1990年	1995年	1996年	1997年
全国总计	**5937.5**	**5928.0**	**8873.5**	**10012.9**	**10692.7**	**11427.3**	**12768.2**
北 京	74.5	45.5	73.5	101.5	100.4	93.9	96.4
天 津	50.0	28.0	43.6	62.0	65.4	67.4	77.4
河 北	655.0	388.0	748.2	929.8	1065.4	1146.8	1341.5
山 西	133.5	125.5	301.6	328.7	276.5	307.6	360.6
内蒙古							
辽 宁	24.0	8.0	8.3	52.7	81.6	80.7	78.7
吉 林							
黑龙江							
上 海	52.5	56.5	53.8	53.5	44.2	52.0	57.8
江 苏	641.5	873.5	1064.5	1135.3	1073.5	1201.0	1226.9
浙 江	116.0	150.0	171.8	181.2	115.2	139.2	156.1
安 徽	296.0	361.0	635.5	640.0	736.1	789.0	984.7
福 建	31.0	27.5	23.3	46.6	47.3	50.7	54.3
江 西	11.0	9.5	12.2	11.4	13.2	15.9	17.6
山 东	809.0	770.0	1497.8	1614.1	2062.0	2054.4	2243.0
河 南	911.0	921.5	1556.6	1666.5	1776.8	2051.5	2399.5
湖 北	315.0	341.5	429.6	475.0	447.2	465.2	542.6
湖 南	54.5	36.5	45.2	52.5	58.9	68.1	68.0
广 东	95.0	64.5	47.6	78.4	81.4	84.8	98.2
广 西	16.0	6.5	2.8	5.0	13.1	14.4	17.2
海 南				11.4	16.6		
重 庆							218.1
四 川	621.5	696.0	782.3	865.3	927.2	910.8	724.1
贵 州	78.5	62.0	63.5	135.4	197.5	196.4	205.6
云 南	135.0	126.5	109.2	162.8	228.2	234.3	254.7
西 藏							
陕 西	293.5	264.0	459.3	501.7	457.8	433.9	584.9
甘 肃	284.5	294.5	362.8	422.1	327.2	433.1	414.8
青 海							
宁 夏	54.0	55.0	64.1	78.0	74.7	97.2	90.0
新 疆	185.0	216.5	316.4	402.0	405.3	439.1	455.5

3—23—2 续

单位:万吨

地区	1998年	1999年	2000年	2001年	2002年	2003年	2004年
全国总计	**11322.4**	**11850.3**	**10679.3**	**10173.4**	**9861.3**	**9637.6**	**10114.1**
北京	96.7	95.5	66.9	36.6	24.3	18.4	20.3
天津	76.1	71.6	59.5	45.1	44.1	35.9	37.8
河北	1265.3	1294.4	1219.8	1140.6	1114.2	1035.4	1069.0
山西	328.0	270.9	218.6	228.6	245.3	259.3	240.3
内蒙古							
辽宁	87.5	89.6	74.1	41.1	44.6	44.3	35.1
吉林							
黑龙江							
上海	39.3	47.2	30.3	17.8	14.8	10.3	11.7
江苏	864.2	1196.0	899.8	821.5	758.2	729.3	807.2
浙江	120.6	143.8	114.6	65.0	48.3	40.0	36.3
安徽	629.0	896.0	737.9	804.2	757.5	707.6	848.0
福建	54.7	56.4	51.2	47.3	44.6	39.3	37.6
江西	16.2	17.8	15.8	13.2	10.7	11.1	9.1
山东	2025.0	2117.9	1860.3	1655.4	1547.3	1565.3	1585.0
河南	2095.1	2318.0	2268.1	2338.4	2289.3	2336.4	2521.0
湖北	501.7	392.7	322.4	319.1	232.3	255.7	271.2
湖南	64.3	60.7	67.9	66.1	63.1	62.4	62.4
广东	106.6	112.5	102.8	101.0	93.2	93.6	92.4
广西	17.4	16.8	17.3	16.7	16.6	14.6	16.4
海南		19.3	18.1			15.3	14.6
重庆	212.5	186.5	181.7	174.2	174.5	169.0	167.2
四川	709.6	646.0	638.9	551.8	573.7	533.5	548.2
贵州	212.7	216.6	220.5	206.4	212.4	200.4	212.8
云南	240.2	253.6	241.0	233.9	240.9	244.6	236.3
西藏							
陕西	525.9	432.7	445.5	432.7	440.1	440.6	449.0
甘肃	460.6	375.4	317.5	347.0	369.2	333.3	336.9
青海							
宁夏	101.6	84.1	77.7	87.2	106.3	83.7	87.7
新疆	471.7	438.3	411.3	382.6	396.0	358.4	360.5

3—23—3 各地区夏收粮食单位面积产量

单位:公斤/公顷

地　　区	1978年	1980年	1985年	1990年	1995年	1996年	1997年
全国总计	**1862.2**	**1912.2**	**2919.3**	**3124.8**	**3469.4**	**3637.2**	**3986.9**
北　　京	3178.3	2111.0	3824.1	5385.6	5828.0	5484.8	5627.6
天　　津	2244.2	1408.0	2886.1	4420.2	4630.4	4564.0	5123.1
河　　北	2198.6	1435.0	3160.3	3697.0	4235.7	4393.2	4886.4
山　　西	1116.5	1152.2	2720.7	2988.4	2832.4	3052.0	3552.3
内 蒙 古							
辽　　宁	1347.8	1459.9	2227.2	3690.5	3700.4	3434.0	3529.2
吉　　林							
黑 龙 江							
上　　海	3341.1	3617.2	3370.9	3649.4	3752.1	4159.0	4016.7
江　　苏	2787.4	3325.7	3680.3	3846.4	4060.1	4470.0	4439.2
浙　　江	2232.5	2457.7	2629.6	2842.8	2719.9	2894.0	2996.2
安　　徽	1592.0	1772.4	3045.7	2871.3	3487.2	3609.0	4376.1
福　　建	1375.3	1560.7	1971.2	2168.1	2746.8	2887.2	3013.3
江　　西	771.4	689.4	1049.3	1032.0	1074.0	1166.5	1274.4
山　　东	2152.7	2082.7	3783.5	3887.9	5137.8	5091.6	5550.3
河　　南	2208.1	2225.7	3314.5	3408.9	3634.7	4150.0	4801.4
湖　　北	1856.4	1901.7	2442.8	2713.0	2930.9	2958.0	
湖　　南	1191.2	1099.8	1492.4	1532.4	1819.0	2053.5	1983.0
广　　东	1204.2	1305.5	1880.4	2731.7	3540.7	3392.9	3818.0
广　　西	701.1	726.5	882.4	986.8	1617.3	1608.9	1641.2
海　　南				1938.8	2686.1		
重　　庆							2392.0
四　　川	1849.4	1987.4	2793.0	2896.8	2988.3	2905.6	3189.9
贵　　州	958.6	1083.5	1290.3	1667.4	2002.0	1921.0	1940.9
云　　南	1282.1	1345.0	1291.6	1582.6	2024.7	1992.4	2092.9
西　　藏							
陕　　西	1471.3	1384.7	2382.0	2605.7	2535.8	2392.5	3230.2
甘　　肃	1564.6	1650.9	1992.8	2358.8	1911.0	1957.5	2544.6
青　　海							
宁　　夏	1462.4	1555.4	1930.7	2104.7	2127.0	2590.6	2392.3
新　　疆	1322.5	1561.0	2448.8	3287.0	4076.8	4222.0	4229.3

3—23—3 续

单位:公斤/公顷

地　区	1998 年	1999 年	2000 年	2001 年	2002 年	2003 年	2004 年
全国总计	**3556.2**	**3810.5**	**3609.3**	**3642.8**	**3597.2**	**3745.0**	**4017.4**
北　京	5645.1	5677.8	5492.0	5034.4	5115.8	5136.6	5173.6
天　津	4957.6	5000.0	4888.2	4225.9	4599.6	4586.2	4788.6
河　北	4529.1	4679.8	4490.2	4337.7	4468.8	4636.8	4858.1
山　西	3214.8	2828.0	2358.2	2661.7	2958.2	3461.5	3563.5
内蒙古							
辽　宁	4156.9	3963.2	3571.1	2391.9	3227.2	4137.6	4415.1
吉　林							
黑龙江							
上　海	2921.8	3944.8	4237.8	3900.2	3332.6	3273.0	3600.9
江　苏	3205.1	4633.4	4006.2	4042.3	3700.4	3731.9	4200.0
浙　江	2384.8	2815.2	2987.0	2836.6	2529.2	2623.0	2876.8
安　徽	2850.0	4130.2	3279.2	3761.9	3391.8	3231.8	3818.2
福　建	3035.5	3140.3	3137.3	3159.7	3206.3	3346.1	3391.9
江　西	1196.5	1216.4	1230.5	1250.0	1180.9	1296.7	1287.7
山　东	5083.7	5284.8	4962.0	4667.0	4552.6	5039.4	5338.2
河　南	4160.6	4675.7	4537.9	4789.3	4626.9	4771.4	5104.6
湖　北	3202.5	2757.9	2678.9	2863.0	2142.1	2649.2	2878.7
湖　南	2038.5	2020.2	2344.6	2361.7	2261.8	2351.8	2410.2
广　东	4073.4	4374.5	3943.2	4101.2	4065.1	4119.7	4196.2
广　西	1665.1	1672.3	1730.0	1897.7	1923.5	1970.3	2024.7
海　南		3049.0	3158.8				
重　庆	2341.9	2097.1	2196.3	2224.5	2331.0	2568.8	2722.7
四　川	3064.6	2852.8	3101.0	2807.9	2960.9	3009.1	3047.8
贵　州	1924.2	1946.1	1981.8	1902.5	1967.2	1874.5	2037.7
云　南	1939.1	1949.3	1950.3	1758.3	1977.1	2047.4	2008.3
西　藏							
陕　西	2888.4	2420.3	2595.2	2721.1	2910.3	3108.7	3388.9
甘　肃	2872.7	2604.5	2211.3	2545.7	2828.0	2791.2	2913.9
青　海							
宁　夏	2715.9	2720.8	2338.2	2601.4	2366.4	2027.9	2552.9
新　疆	4724.8	4792.7	4714.8	4915.7	5036.4	5121.9	5103.3

3—24—1 各地区早稻播种面积

单位:千公顷

地区	1978年	1980年	1985年	1990年	1995年	1996年	1997年
全国总计	**12189.2**	**11110.1**	**9575.1**	**9417.7**	**8199.4**	**8283.9**	**8160.9**
北京							
天津							
河北							
山西							
内蒙古							
辽宁							
吉林							
黑龙江							
上海	141.3	118.7	61.8	7.7			
江苏	690.9	515.7	72.9	13.0	0.5		
浙江	1215.8	1166.1	1049.8	1044.2	870.9	873.4	828.4
安徽	936.7	783.2	700.1	556.9	430.0	444.6	418.0
福建	788.1	742.9	587.6	606.6	536.7	535.9	529.9
江西	1683.9	1640.0	1570.9	1564.2	1336.1	1363.4	1350.2
山东							
河南							
湖北	990.4	807.3	728.9	772.2	660.8	692.1	680.0
湖南	2007.1	1927.1	1825.1	1844.1	1675.6	1669.3	1651.2
广东	1330.3	1975.2	1718.1	1536.1	1291.1	1303.4	1301.3
广西	2053.7	1243.9	1153.2	1190.3	1148.4	1152.4	1155.3
海南				186.3	175.5	176.3	175.8
重庆							4.3
四川	253.2	132.6	59.9	43.4	22.1	19.5	12.5
贵州	15.7	3.1	0.7	1.0	0.6	0.6	0.6
云南	82.1	54.3	46.0	51.8	51.0	53.1	53.4
西藏							
陕西	1986.5	1949.5	1927.5	1927.9	1805.3	1813.6	1810.7
甘肃	1766.9	1794.7	1879.3	1786.0	1712.2	1671.5	1630.1
青海							
宁夏	363.3	361.6	360.0	361.3	351.2	375.2	376.2
新疆	1416.0	1388.5	1365.8	1221.7	994.2	1040.1	1077.1

3—24—1 续

单位：千公顷

地区	1998 年	1999 年	2000 年	2001 年	2002 年	2003 年	2004 年
全国总计	**7808.1**	**7575.3**	**6819.7**	**6388.4**	**5872.7**	**5590.2**	**5946.5**
北京							
天津							
河北							
山西							
内蒙古							
辽宁							
吉林							
黑龙江							
上海							
江苏							
浙江	750.4	693.8	458.2	300.5	215.1	129.4	154.1
安徽	397.0	372.4	362.9	310.9	276.1	260.1	289.3
福建	526.8	513.7	414.3	371.2	327.1	285.6	293.1
江西	1327.7	1308.3	1173.0	1127.3	1110.5	1083.8	1229.0
山东							
河南							
湖北	524.8	540.4	393.5	369.3	312.1	298.0	351.1
湖南	1610.1	1571.1	1515.8	1361.1	1224.5	1173.3	1288.3
广东	1284.5	1228.4	1190.2	1174.3	1050.5	1019.8	1026.2
广西	1147.9	1116.4	1078.1	1141.5	1130.3	1118.5	1098.9
海南	173.7	170.5	165.6	165.2	161.5	159.1	155.9
重庆	3.3	2.5	1.5	0.8	0.6	0.5	0.4
四川	9.8	7.1	5.1	4.3	3.8	3.3	3.2
贵州	0.6	0.7	0.6	0.8	0.8	0.2	0.3
云南	51.5	50.1	60.9	61.2	60.0	58.7	56.6
西藏							
陕西	1820.7	1787.8	1716.6	1590.3	1512.2	1417.3	1324.9
甘肃	1603.2	1441.5	1435.9	1362.9	1305.4	1194.1	1156.3
青海							
宁夏	374.1	309.1	332.3	335.2	449.2	412.8	343.5
新疆	998.4	914.5	872.4	778.4	786.2	699.8	706.4

3—24—2 各地区早稻总产量

单位:万吨

地 区	1978年	1980年	1985年	1990年	1995年	1996年	1997年
全国总计	**5081.0**	**4914.0**	**4880.7**	**5057.5**	**4222.0**	**4398.2**	**4577.6**
北 京							
天 津							
河 北							
山 西							
内蒙古							
辽 宁							
吉 林							
黑龙江							
上 海	78.5	60.5	36.7	4.7			
江 苏	323.0	231.0	41.7	7.5	0.3		
浙 江	635.0	629.5	625.8	606.8	439.0	473.3	466.7
安 徽	434.0	344.5	352.9	291.4	206.6	161.7	210.3
福 建	297.0	315.0	276.2	299.5	274.2	274.7	275.9
江 西	616.5	648.5	721.9	746.9	545.1	669.4	663.3
山 东							
河 南							
湖 北	464.0	361.0	412.8	487.3	376.4	370.1	410.5
湖 南	919.5	935.0	991.7	1033.5	854.7	871.6	945.2
广 东	729.5	813.0	825.3	820.1	729.7	784.4	788.0
广 西	438.5	494.0	542.2	629.4	671.4	667.9	691.3
海 南				70.5	72.2	75.8	78.7
重 庆							2.5
四 川	107.0	59.5	28.0	26.8	16.9	11.9	8.0
贵 州	5.5	1.5	0.3	0.6	0.3	0.1	0.3
云 南	33.0	21.0	25.2	32.5	35.2	37.3	37.0
西 藏							
陕 西	293.5	264.0	459.3	501.7	457.8	433.9	584.9
甘 肃	284.5	294.5	362.8	422.1	327.2	433.1	414.8
青 海							
宁 夏	54.0	55.0	64.1	78.0	74.7	97.2	90.0
新 疆	185.0	216.5	316.4	402.0	405.3	439.1	455.5

3—24—2 续　　单位:万吨

地　区	1998 年	1999 年	2000 年	2001 年	2002 年	2003 年	2004 年
全国总计	**4052.3**	**4096.7**	**3751.9**	**3400.3**	**3029.0**	**2948.3**	**3221.7**
北　京							
天　津							
河　北							
山　西							
内蒙古							
辽　宁							
吉　林							
黑龙江							
上　海							
江　苏							
浙　江	389.3	343.5	250.9	165.5	114.0	69.9	86.9
安　徽	193.0	145.0	153.1	147.3	130.0	120.0	144.3
福　建	266.3	263.1	206.6	187.5	159.5	157.6	163.5
江　西	527.4	634.3	590.7	568.3	535.0	533.7	638.2
山　东							
河　南							
湖　北	297.6	309.3	217.5	212.2	159.7	162.4	198.5
湖　南	830.6	817.5	877.6	783.2	627.8	621.3	716.4
广　东	791.4	798.2	707.0	632.9	585.0	570.4	586.5
广　西	637.3	666.1	632.4	587.7	608.5	598.8	573.3
海　南	75.6	78.2	75.4	76.0	71.5	72.2	74.0
重　庆	1.8	1.5	0.8	0.5	0.3	0.3	0.2
四　川	6.2	4.5	3.3	2.8	2.5	2.4	2.2
贵　州	0.3	0.2	0.2	0.5	0.4	0.1	0.2
云　南	35.5	35.3	36.5	36.0	34.8	39.3	37.4
西　藏							
陕　西	525.9	432.7	445.5	432.7	440.1	440.6	449.0
甘　肃	460.6	375.4	317.5	347.0	369.2	333.3	336.9
青　海							
宁　夏	101.6	84.1	77.7	87.2	106.3	83.7	87.7
新　疆	471.7	438.3	411.3	382.6	396.0	358.4	360.5

3—24—3 各地区早稻单位面积产量

单位:公斤/公顷

地 区	1978年	1980年	1985年	1990年	1995年	1996年	1997年
全国总计	**4168.4**	**4423.0**	**5097.3**	**5370.2**	**5149.2**	**5309.3**	**5609.2**
北 京							
天 津							
河 北							
山 西							
内蒙古							
辽 宁							
吉 林							
黑龙江							
上 海	5554.2	5098.3	5938.5	6130.4			
江 苏	4675.3	4479.6	5717.6	5769.2	5800.0		
浙 江	5222.9	5398.2	5961.1	5811.1	5040.6	5419.0	5633.8
安 徽	4633.1	4398.6	5040.5	5232.2	4804.4	3637.0	5031.1
福 建	3768.7	4239.9	4700.5	4937.4	5109.0	5126.0	5206.6
江 西	3661.1	3954.3	4595.6	4775.0	4079.8	4909.8	4912.6
山 东							
河 南							
湖 北	4685.0	4471.9	5663.1	6310.5	5696.1	5347.7	6037.1
湖 南	4581.2	4851.8	5433.6	5604.5	5100.9	5119.8	5724.0
广 东	5483.6	4116.0	4803.7	5339.0	5651.8	6018.1	6055.5
广 西	2135.2	3971.5	4701.7	5287.9	5846.4	5795.7	5983.7
海 南				3784.9	4115.3	4299.0	4474.7
重 庆							5814.0
四 川	4225.9	4487.2	4677.1	6175.1	7657.5	6102.6	6400.0
贵 州	3510.6	4787.2	4090.9	6000.0	5000.0	1667.0	5000.0
云 南	4021.1	3865.0	5478.3	6274.1	6902.0	7031.1	6931.4
西 藏							
陕 西	1471.3	1384.7	2382.0	2605.7	2535.8	2392.5	3230.2
甘 肃	1564.6	1650.9	1992.8	2358.8	1911.0	1957.5	2544.6
青 海							
宁 夏	1462.4	1555.4	1930.7	2104.7	2127.0	2590.6	2392.3
新 疆	1322.5	1561.0	2448.8	3287.0	4076.8	4222.0	4229.3

3—24—3 续 单位:公斤/公顷

地区	1998 年	1999 年	2000 年	2001 年	2002 年	2003 年	2004 年
全国总计	**5189.9**	**5408.0**	**5501.5**	**5322.6**	**5157.7**	**5274.0**	**5417.7**
北京							
天津							
河北							
山西							
内蒙古							
辽宁							
吉林							
黑龙江							
上海							
江苏							
浙江	5187.9	4951.1	5475.5	5507.5	5301.1	5403.9	5639.2
安徽	4861.5	3893.5	4219.2	4737.4	4709.0	4613.6	4987.9
福建	5055.0	5121.7	4986.7	5051.2	4876.2	5517.0	5577.9
江西	3972.3	4848.2	5035.8	5041.2	4817.8	4924.3	5192.8
山东							
河南							
湖北	5670.7	5723.3	5525.5	5744.6	5116.3	5448.0	5653.6
湖南	5158.7	5203.3	5789.7	5754.1	5126.9	5294.8	5560.8
广东	6161.2	6498.0	5940.2	5389.7	5568.4	5593.3	5715.3
广西	5551.9	5966.6	5865.9	5148.5	5383.5	5353.6	5217.0
海南	4352.3	4586.8	4550.7	4597.5	4429.3	4538.9	4745.7
重庆	5454.5	6097.6	5333.3	6250.0	5454.5	6000.0	5000.0
四川	6326.5	6355.9	6445.3	6557.4	6578.9	7339.4	6875.0
贵州	5000.0	3076.9	3333.3	6250.0	5000.0	5000.0	6250.0
云南	6893.2	7045.0	5993.4	5873.9	5801.2	6694.5	6610.1
西藏							
陕西	2888.4	2420.3	2595.2	2721.1	2910.3	3108.7	3388.9
甘肃	2872.7	2604.5	2211.3	2545.7	2828.0	2791.2	2913.9
青海							
宁夏	2715.9	2720.8	2338.2	2601.4	2366.4	2027.9	2552.9
新疆	4724.8	4792.7	4714.8	4915.7	5036.4	5121.9	5103.3

3—25—1 各地区秋收粮食作物播种面积

单位:千公顷

地区	1978年	1980年	1985年	1990年	1995年	1996年	1997年
全国总计	**76513.5**	**75123.7**	**68874.3**	**72005.3**	**71040.8**	**72846.0**	**72725.9**
北京	320.3	319.1	310.9	298.7	261.8	255.8	253.2
天津	380.1	345.4	283.2	319.7	302.1	304.0	289.4
河北	5057.0	4571.9	4107.3	4366.8	4314.2	4526.9	4354.1
山西	2495.4	2361.6	1967.0	2186.8	2175.3	2235.2	2113.1
内蒙古	2024.0	3882.3	3421.8	3874.5	4143.2	4424.3	4906.4
辽宁	3920.6	3147.4	2856.6	3036.4	2810.4	2838.3	2814.0
吉林	4410.0	3524.3	3283.5	3525.9	3576.9	3624.5	3592.1
黑龙江	7647.3	7317.9	7216.4	7420.0	7500.2	7778.8	7993.7
上海	203.2	222.5	216.8	268.1	226.1	232.4	221.8
江苏	3344.8	3642.9	3367.4	3410.3	3110.8	3190.8	3230.6
浙江	1663.4	1685.1	1480.9	1624.3	1519.9	1522.8	1523.5
安徽	3446.1	3137.9	2999.6	3489.8	3311.7	3398.2	3362.4
福建	1227.7	1228.5	1170.4	1277.9	1308.4	1320.4	1331.2
江西	1993.3	1972.2	1959.7	2024.2	2050.3	2070.9	2098.2
山东	5042.5	4719.8	4174.5	4154.3	4118.2	4202.4	4041.9
河南	5072.5	4704.1	4437.6	4467.4	3921.5	4022.0	3882.4
湖北	2932.4	2733.8	2557.5	2679.9	2590.1	2615.4	2634.0
湖南	3377.3	3086.4	2983.2	3179.6	3116.2	3132.9	3161.0
广东	3790.5	2666.5	2461.0	2201.7	1951.3	1971.3	1970.3
广西	2026.9	2547.8	2254.8	2392.1	2433.3	2466.1	2478.4
海南				329.6	337.6	395.3	401.4
重庆							1971.5
四川	6858.1	6908.1	6249.8	6865.3	6808.8	6873.5	4928.9
贵州	1956.8	1684.8	1693.9	1813.3	1877.4	1867.3	1867.6
云南	2635.0	2500.9	2418.2	2592.0	2465.0	2469.2	2448.8
西藏	201.3	199.1	194.1	191.7	188.2	191.9	197.4
陕西	2501.5	2360.8	2038.1	2206.8	2002.4	2239.3	2000.8
甘肃	1231.1	1145.2	895.6	1089.1	1216.5	1254.2	1250.8
青海	434.7	411.9	386.6	400.3	384.3	394.8	394.7
宁夏	406.0	380.7	290.5	362.2	410.6	406.7	405.6
新疆	919.3	789.4	495.9	613.8	608.3	620.7	606.7

3—25—1 续

单位：千公顷

地区	1998 年	1999 年	2000 年	2001 年	2002 年	2003 年	2004 年
全国总计	**74140.6**	**74486.6**	**72054.6**	**71763.9**	**70604.0**	**68085.6**	**70483.9**
北京	251.4	241.5	186.5	141.1	121.5	105.5	115.3
天津	293.1	287.8	224.2	221.8	215.4	179.8	184.6
河北	4511.9	4470.3	4202.0	3999.3	3991.2	3711.1	3803.0
山西	2276.5	2281.3	2259.7	2018.2	2181.7	2084.6	2251.0
内蒙古	5030.7	4951.0	4435.9	4383.2	4343.5	4051.5	4181.1
辽宁	2828.6	2829.2	2651.1	2991.1	2707.2	2636.2	2827.2
吉林	3567.2	3513.4	3833.7	4201.6	4037.6	4013.8	4312.1
黑龙江	8088.9	8098.5	7852.5	8534.0	8291.2	8114.7	8458.0
上海	218.0	215.3	187.3	165.7	143.3	116.9	122.2
江苏	3250.0	3247.3	3058.4	2854.5	2833.7	2705.3	2852.6
浙江	1543.4	1547.3	1458.4	1409.5	1253.2	1146.0	1174.3
安徽	3387.0	3393.1	3570.7	3393.1	3582.5	3707.6	3802.0
福建	1321.6	1316.2	1251.0	1204.8	1164.0	1068.1	1078.3
江西	1951.4	2093.5	2020.6	2032.3	1986.9	1881.7	2050.4
山东	4149.2	4091.8	3614.2	3606.5	3514.0	3309.3	3207.2
河南	4066.3	4074.8	4031.6	3940.4	4027.3	4026.7	4031.4
湖北	2636.8	2708.7	2559.2	2531.7	2486.4	2294.7	2419.0
湖南	3149.2	3263.6	3224.5	3161.8	3148.9	3091.0	3206.9
广东	1982.8	1885.5	1860.2	1705.1	1596.7	1524.9	1543.3
广西	2505.3	2508.6	2477.8	2412.4	2340.3	2277.4	2331.3
海南	397.5	333.9	319.2	354.7	346.6	335.0	271.0
重庆	1989.9	1990.4	1944.6	1930.7	1860.2	1810.6	1901.9
四川	5012.4	5025.2	4789.1	4737.2	4704.5	4611.1	4674.6
贵州	2022.6	2022.2	2038.1	2035.4	1995.6	1952.0	1992.6
云南	2596.3	2691.2	2942.1	2947.8	2882.4	2815.3	2925.1
西藏	200.4	200.8	201.4	199.1	195.0	185.9	179.8
陕西	2209.4	2239.2	2104.9	1927.3	1885.0	1705.5	1809.2
甘肃	1287.3	1469.2	1362.4	1327.7	1323.3	1305.3	1378.3
青海	384.9	344.8	322.7	312.2	284.7	248.0	244.7
宁夏	443.3	526.7	474.8	446.2	431.9	392.6	448.1
新疆	587.3	624.5	595.8	637.4	728.4	677.4	707.5

3－25－2 各地区秋收粮食作物总产量

单位:万吨

地　区	1978年	1980年	1985年	1990年	1995年	1996年	1997年
全国总计	**19458.0**	**21213.5**	**24156.6**	**29553.9**	**31747.1**	**34628.0**	**32071.3**
北　京	111.5	140.5	146.2	163.1	159.3	143.5	141.1
天　津	67.0	110.0	96.9	126.9	142.1	139.7	128.8
河　北	960.0	1134.5	1218.4	1347.1	1673.6	1642.7	1405.3
山　西	540.5	560.0	521.1	640.3	640.6	769.5	540.8
内蒙古	180.0	396.5	604.1	973.0	1055.4	1535.3	1421.0
辽　宁	1151.0	1213.5	967.7	1442.0	1341.9	1579.4	1234.8
吉　林	1056.0	859.5	1225.3	2046.5	1992.4	2326.6	1808.3
黑龙江	1500.0	1462.5	1430.0	2312.5	2552.1	3046.6	3104.5
上　海	130.0	70.0	123.3	181.3	166.2	174.3	172.4
江　苏	1325.5	1314.0	2020.3	2088.0	2212.5	2275.4	2336.9
浙　江	644.0	656.0	823.7	798.1	876.7	904.3	870.7
安　徽	752.0	748.5	1179.6	1525.8	1638.0	1723.4	1607.7
福　建	400.5	459.5	494.9	533.5	598.4	626.8	631.6
江　西	422.5	582.0	799.4	899.9	1049.1	1081.0	1086.8
山　东	1441.0	1614.0	1639.9	1740.8	2184.4	2278.3	1609.2
河　南	989.0	1227.0	1153.9	1637.2	1689.7	1788.4	1495.2
湖　北	946.5	834.0	1373.7	1512.7	1640.2	1649.1	1681.3
湖　南	926.0	1153.0	1477.4	1565.4	1778.0	1761.8	1788.7
广　东	807.5	931.0	865.0	998.4	923.7	970.0	1011.5
广　西	472.5	690.0	572.1	728.7	823.7	827.0	836.3
海　南				87.7	113.0	121.9	135.2
重　庆							937.1
四　川	2271.5	2681.0	3020.4	3374.7	3420.9	3573.0	2729.2
贵　州	559.5	584.5	531.2	585.0	751.1	816.1	820.0
云　南	696.0	718.0	800.6	861.9	925.5	974.6	980.2
西　藏	50.5	50.5	53.1	55.5	70.0	77.7	79.2
陕　西	506.5	493.0	492.6	569.0	455.6	783.4	459.5
甘　肃	206.5	198.0	167.7	268.6	317.0	387.5	351.4
青　海	90.5	95.5	100.3	114.0	114.2	123.8	127.6
宁　夏	64.0	65.0	75.4	112.1	128.5	160.7	166.6
新　疆	190.0	172.0	182.4	264.2	313.2	366.2	374.5

3—25—2 续

单位:万吨

地　区	1998年	1999年	2000年	2001年	2002年	2003年	2004年
全国总计	**35854.8**	**34891.7**	**31786.4**	**31690.0**	**32815.5**	**30483.7**	**33611.2**
北　京	142.5	105.5	77.3	68.3	58.0	39.6	49.9
天　津	134.1	103.3	64.6	98.2	93.7	83.4	85.0
河　北	1652.2	1451.9	1331.3	1351.2	1321.6	1352.4	1411.1
山　西	753.5	550.8	634.8	463.5	680.2	699.6	821.7
内蒙古	1575.4	1428.5	1241.9	1239.1	1406.1	1360.7	1505.3
辽　宁	1741.4	1559.1	1065.9	1353.3	1465.8	1454.0	1684.9
吉　林	2506.0	2305.6	1638.0	1953.4	2214.8	2259.6	2510.0
黑龙江	3008.5	3074.6	2545.5	2651.7	2941.2	2512.3	3001.0
上　海	173.3	160.9	143.7	133.7	115.7	88.5	94.6
江　苏	2550.9	2363.0	2206.9	2120.6	2148.9	1742.6	2021.8
浙　江	925.3	905.7	852.2	842.2	780.0	683.5	711.7
安　徽	1769.0	1730.2	1581.1	1548.8	1877.5	1387.2	1750.7
福　建	637.1	622.7	596.9	582.5	559.1	516.3	535.3
江　西	1011.9	1080.6	1008.1	1018.5	1003.8	905.5	1015.7
山　东	2239.8	2151.1	1977.5	2065.2	1745.4	1870.2	1931.7
河　南	1914.5	1935.3	1833.5	1781.5	1920.7	1233.1	1739.0
湖　北	1676.5	1749.9	1678.7	1607.2	1655.1	1503.0	1630.4
湖　南	1753.0	1847.2	1822.4	1851.0	1810.4	1759.1	1861.2
广　东	1049.6	1056.4	950.3	866.2	800.7	766.4	711.1
广　西	902.4	892.1	878.8	907.0	861.7	851.7	808.8
海　南	135.2	119.5	106.2	119.8	117.1	117.1	101.5
重　庆	908.2	923.6	924.4	848.8	907.6	917.8	977.1
四　川	2803.9	2900.9	2729.8	2371.9	2556.2	2518.2	2596.3
贵　州	887.0	908.4	940.6	893.4	821.4	903.8	936.6
云　南	1043.9	1110.4	1190.3	1216.5	1149.1	1187.2	1235.8
西　藏	85.0	92.2	96.2	98.3	98.3	96.6	96.0
陕　西	777.2	648.9	643.6	543.9	565.5	527.8	591.0
甘　肃	411.4	439.5	396.0	406.3	413.5	456.0	468.9
青　海	128.2	103.6	82.7	103.2	91.3	86.8	88.5
宁　夏	193.3	209.2	175.0	187.6	195.6	186.5	202.8
新　疆	364.9	361.0	372.4	397.4	439.6	417.1	436.0

3—25—3 各地区秋收粮食作物单位面积产量

单位:公斤/公顷

地区	1978年	1980年	1985年	1990年	1995年	1996年	1997年
全国总计	**2543.1**	**2823.8**	**3507.3**	**4104.4**	**4468.9**	**4753.6**	**4409.9**
北京	3481.1	4403.0	4702.5	5460.3	6084.8	5609.9	5572.7
天津	1762.7	3184.7	3421.6	3969.3	4703.7	4594.2	4448.9
河北	1898.4	2481.5	2966.4	3084.9	3879.3	3628.8	3227.4
山西	2166.0	2371.3	2649.2	2928.0	2944.9	3442.7	2559.3
内蒙古	889.3	1021.3	1765.4	2511.3	2547.3	3470.2	2896.2
辽宁	2935.8	3855.6	3387.6	4749.0	4774.8	5564.8	4388.0
吉林	2394.6	2438.8	3731.7	5804.2	5570.2	6419.1	5034.1
黑龙江	1961.5	1998.5	1981.6	3116.6	3402.7	3916.5	3883.7
上海	6397.6	3146.1	5687.3	6762.4	7350.7	7500.0	7772.8
江苏	3962.9	3607.0	5999.6	6122.6	7112.3	7131.2	7233.6
浙江	3871.6	3892.9	5562.2	4913.5	5768.1	5938.4	5715.1
安徽	2182.2	2385.4	3932.5	4372.2	4946.1	5071.5	4781.4
福建	3262.2	3740.3	4228.5	4174.8	4573.5	4747.0	4744.6
江西	2119.6	2951.0	4079.2	4445.7	5116.8	5220.0	5179.7
山东	2857.7	3419.6	3928.4	4190.4	5304.3	5421.4	3981.4
河南	1949.7	2608.4	2600.3	3664.8	4308.8	4446.6	3851.1
湖北	3227.7	3050.7	5371.3	5644.6	6332.6	6305.3	6383.0
湖南	2741.8	3735.7	4952.4	4923.3	5705.7	5623.5	5658.8
广东	2130.3	3491.5	3514.8	4534.7	4733.8	4920.6	5133.7
广西	2331.1	2708.2	2537.3	3046.3	3385.1	3353.5	3374.4
海南				2660.8	3347.2	3083.7	3368.0
重庆							4753.2
四川	3312.1	3881.0	4832.8	4915.6	5024.2	5198.2	5537.1
贵州	2859.3	3469.3	3136.0	3226.2	4000.7	4370.5	4390.7
云南	2641.4	2871.0	3310.7	3325.2	3754.6	3947.2	4002.9
西藏	2508.7	2536.4	2735.7	2895.1	3719.4	4049.0	4011.5
陕西	2024.8	2088.3	2417.0	2578.4	2275.3	3498.4	2296.6
甘肃	1677.4	1729.0	1872.5	2466.3	2605.8	3089.6	2809.0
青海	2081.9	2318.5	2594.4	2847.9	2971.6	3136.6	3231.4
宁夏	1576.4	1707.4	2595.5	3095.0	3129.6	3951.3	4107.5
新疆	2066.8	2178.9	3678.2	4304.3	5148.8	5899.9	6172.2

3—25—3 续

单位:公斤/公顷

地　区	1998年	1999年	2000年	2001年	2002年	2003年	2004年
全国总计	**4836.1**	**4684.3**	**4411.4**	**4415.9**	**4647.8**	**4477.3**	**4768.6**
北　京	5668.3	4368.5	4144.2	4840.5	4773.7	3755.0	4328.4
天　津	4573.4	3589.3	2879.6	4429.0	4351.3	4637.4	4603.2
河　北	3661.8	3248.0	3168.1	3378.5	3311.3	3644.4	3710.4
山　西	3309.9	2414.4	2809.2	2296.6	3117.8	3356.0	3650.3
内蒙古	3131.6	2885.3	2799.7	2826.9	3237.2	3358.6	3600.2
辽　宁	6156.2	5510.9	4020.6	4524.4	5414.5	5515.5	5959.6
吉　林	7025.1	6562.4	4272.6	4649.1	5485.4	5629.6	5820.9
黑龙江	3719.3	3796.5	3241.6	3107.2	3547.4	3096.0	3548.1
上　海	7948.7	7472.6	7672.2	8068.4	8071.0	7568.9	7741.7
江　苏	7848.9	7276.9	7215.8	7428.9	7583.3	6441.3	7087.7
浙　江	5995.2	5853.3	5843.4	5975.1	6223.9	5964.3	6060.9
安　徽	5222.9	5099.2	4428.0	4564.6	5240.8	3741.5	4604.6
福　建	4820.7	4731.0	4771.4	4834.8	4803.3	4834.0	4964.5
江　西	5185.5	5161.6	4989.1	5011.6	5052.2	4812.1	4953.7
山　东	5398.2	5257.2	5471.4	5726.4	4967.1	5651.5	6023.1
河　南	4708.1	4749.4	4547.7	4521.2	4769.2	3062.3	4313.7
湖　北	6358.2	6460.1	6559.2	6348.2	6656.4	6549.8	6739.8
湖　南	5566.4	5660.0	5651.7	5854.2	5749.2	5690.9	5803.7
广　东	5293.5	5602.8	5108.6	5080.2	5014.8	5025.9	4607.7
广　西	3602.0	3556.1	3546.7	3759.7	3682.0	3739.8	3469.3
海　南	3399.7	3578.8	3327.0	3377.5	3377.7	3496.3	3745.7
重　庆	4564.0	4640.4	4753.7	4396.3	4879.0	5069.0	5137.4
四　川	5593.9	5772.7	5700.1	5007.0	5433.5	5461.2	5554.1
贵　州	4385.4	4492.1	4615.1	4389.3	4116.1	4630.1	4700.3
云　南	4020.6	4126.1	4045.7	4126.7	3986.6	4217.0	4224.6
西　藏	4240.3	4593.0	4776.6	4934.2	5039.5	5195.8	5339.6
陕　西	3517.7	2897.9	3057.6	2821.9	3000.0	3094.7	3266.6
甘　肃	3195.8	2991.4	2906.5	3059.9	3124.7	3493.6	3401.7
青　海	3331.2	3004.7	2562.8	3305.6	3206.9	3500.0	3615.4
宁　夏	4360.5	3972.3	3685.8	4204.4	4528.8	4750.0	4525.2
新　疆	6213.6	5780.9	6250.4	6234.4	6035.5	6156.6	6162.5

3—26—1 各地区谷物播种面积

单位：千公顷

地　区	1995年	1996年	1997年	1998年	1999年
全国总计	**89309.6**	**92207.5**	**91963.5**	**92117.0**	**91616.7**
北　京	411.4	408.8	406.7	404.3	390.9
天　津	381.7	402.7	394.5	395.4	390.9
河　北	5767.1	6068.6	6068.3	6243.8	6230.7
山　西	2425.1	2490.8	2409.8	2484.7	2458.4
内蒙古	3009.3	3212.9	3390.3	3404.6	3309.4
辽　宁	2627.9	2698.0	2657.2	2656.2	2667.8
吉　林	3051.3	3198.4	3133.0	3104.5	3074.6
黑龙江	4675.9	5330.9	5297.6	5275.1	5491.0
上　海	331.8	343.7	356.2	343.8	325.3
江　苏	5237.5	5378.6	5472.1	5434.7	5322.1
浙　江	2510.4	2548.6	2529.6	2436.9	2368.4
安　徽	4806.5	5039.0	4953.2	4920.7	4874.2
福　建	1539.3	1535.1	1528.6	1510.8	1487.8
江　西	3131.2	3179.9	3183.8	3016.2	3150.5
山　东	6999.4	7169.7	6976.2	7057.6	7087.3
河　南	7433.3	7694.7	7537.3	7783.5	7745.6
湖　北	4051.1	4152.7	4211.4	3959.1	3886.4
湖　南	4457.5	4458.3	4470.3	4395.2	4444.3
广　东	2829.7	2881.1	2888.1	2888.6	2778.1
广　西	3028.8	3050.7	3062.6	3063.2	3029.7
海　南	415.8	409.7	414.8	407.6	409.6
重　庆			1906.5	1921.8	1892.9
四　川	7369.5	7454.0	5579.5	5663.6	5612.6
贵　州	2042.1	2050.1	2053.7	2165.7	2150.6
云　南	2838.0	2881.6	2889.3	3035.0	3118.0
西　藏	168.3	176.6	183.5	187.8	188.8
陕　西	3064.8	3196.0	3006.4	3158.2	3172.4
甘　肃	2274.7	2279.0	2470.9	2377.9	2230.5
青　海	283.1	297.9	298.7	289.3	248.1
宁　夏	618.5	615.4	615.2	618.9	626.4
新　疆	1528.6	1604.0	1618.3	1512.4	1453.5

3—26—1 续　　　　单位:千公顷

地　区	2000 年	2001 年	2002 年	2003 年	2004 年
全国总计	**85264.2**	**82595.6**	**81466.3**	**76810.1**	**79350.4**
北　京	277.6	185.4	144.4	116.7	135.6
天　津	303.0	278.1	272.5	224.0	232.3
河　北	5879.2	5736.1	5625.8	5183.5	5322.9
山　西	2326.7	2145.9	2220.5	2114.0	2216.3
内蒙古	2648.2	2637.6	2717.5	2433.6	2583.4
辽　宁	2365.3	2623.8	2372.3	2250.9	2434.7
吉　林	3043.8	3464.4	3385.5	3318.5	3594.1
黑龙江	4279.5	4408.7	4466.0	3867.1	4198.0
上　海	249.5	202.2	179.6	139.3	145.0
江　苏	4754.6	4355.5	4354.0	4135.5	4310.8
浙　江	1907.6	1565.4	1364.1	1136.2	1170.9
安　徽	4942.0	4654.5	4891.5	4708.0	4977.5
福　建	1320.5	1241.1	1158.7	1016.9	1036.3
江　西	2920.8	2876.4	2839.2	2729.0	3067.8
山　东	6436.5	6307.5	6155.9	5691.8	5600.5
河　南	7743.7	7589.8	7796.2	7840.8	7906.6
湖　北	3329.8	3186.9	3097.4	2820.5	3004.1
湖　南	4340.4	4117.0	3965.1	3835.9	4114.2
广　东	2696.5	2561.9	2369.2	2286.7	2294.1
广　西	2955.6	3016.1	2963.6	2914.8	2967.3
海　南	391.1	376.6	364.6	366.4	348.7
重　庆	1793.5	1722.2	1668.5	1578.0	1566.5
四　川	5202.2	5044.1	4997.7	4763.9	4728.4
贵　州	2126.6	2073.1	2008.6	1952.0	1923.3
云　南	3473.6	3177.5	3041.9	2999.8	3040.7
西　藏	190.7	188.2	183.4	175.6	168.9
陕　西	3015.7	2797.9	2688.2	2438.4	2462.9
甘　肃	2119.4	1956.3	1909.9	1772.2	1751.0
青　海	226.0	208.3	175.8	142.6	136.8
宁　夏	650.7	615.8	701.7	607.3	603.5
新　疆	1353.9	1281.4	1386.8	1250.3	1307.4

3—26—2 各地区谷物总产量

单位:万吨

地 区	1995年	1996年	1997年	1998年	1999年
全国总计	**41611.6**	**45127.1**	**44349.3**	**45624.7**	**45304.1**
北 京	252.8	231.8	232.3	233.9	196.1
天 津	195.6	199.1	200.5	203.5	171.3
河 北	2507.0	2557.0	2554.1	2680.3	2552.1
山 西	816.2	934.2	797.2	930.9	723.7
内蒙古	914.1	1301.7	1188.0	1319.9	1210.6
辽 宁	1343.0	1575.8	1237.0	1730.4	1556.6
吉 林	1867.9	2211.9	1707.2	2368.6	2184.2
黑龙江	2033.8	2519.4	2434.9	2483.5	2524.8
上 海	206.3	222.4	227.4	210.4	205.6
江 苏	3107.9	3301.1	3371.5	3218.0	3367.4
浙 江	1330.2	1406.0	1379.3	1317.6	1262.4
安 徽	2273.3	2372.3	2490.1	2274.7	2425.0
福 建	758.7	777.8	774.6	762.7	745.3
江 西	1508.2	1664.1	1658.7	1446.6	1638.8
山 东	3761.4	3836.0	3501.9	3777.4	3838.3
河 南	3059.3	3433.3	3561.6	3587.7	3828.6
湖 北	2264.0	2288.7	2447.9	2246.6	2211.0
湖 南	2517.2	2540.2	2613.8	2463.6	2518.6
广 东	1508.1	1607.3	1646.2	1686.2	1699.4
广 西	1421.4	1416.7	1443.8	1453.1	1464.3
海 南	165.5	159.4	173.7	167.9	175.4
重 庆			893.6	851.2	842.5
四 川	3578.0	3714.4	2995.5	3005.9	2998.7
贵 州	783.6	838.1	845.5	902.6	912.8
云 南	1032.8	1083.3	1107.3	1156.1	1226.2
西 藏	65.1	72.8	77.7	81.5	88.8
陕 西	813.9	1049.2	954.4	1142.4	960.1
甘 肃	550.2	690.8	686.2	742.0	663.8
青 海	86.2	97.02	100.3	99.8	77.9
宁 夏	188.8	235.6	236.0	265.4	259.1
新 疆	701.1	789.7	813.0	814.5	774.7

3—26—2 续

单位:万吨

地　区	2000 年	2001 年	2002 年	2003 年	2004 年
全国总计	**40522.4**	**39648.2**	**39798.7**	**37428.7**	**41157.2**
北　京	136.1	96.3	74.6	52.0	64.8
天　津	119.1	134.0	131.2	112.0	117.5
河　北	2355.6	2309.0	2256.3	2205.9	2319.4
山　西	703.0	602.1	776.3	807.1	935.7
内蒙古	947.9	1016.5	1097.7	1092.3	1180.4
辽　宁	1029.1	1283.3	1392.5	1360.1	1619.9
吉　林	1448.3	1775.6	1988.1	2015.6	2285.4
黑龙江	1974.1	1989.1	2195.5	1792.0	2202.5
上　海	170.5	148.0	126.5	96.0	102.8
江　苏	2907.1	2745.1	2702.7	2302.2	2666.0
浙　江	1093.9	952.1	842.3	700.6	739.3
安　徽	2174.5	2247.5	2432.3	1946.2	2467.3
福　建	661.2	631.6	580.2	540.5	562.6
江　西	1510.6	1505.3	1462.9	1371.1	1588.3
山　东	3467.3	3323.1	2994.4	3075.4	3194.6
河　南	3669.7	3724.7	3827.7	3355.3	3938.0
湖　北	1962.6	1875.5	1823.2	1692.2	1873.1
湖　南	2552.3	2476.2	2268.5	2225.6	2436.9
广　东	1510.2	1373.1	1268.2	1231.4	1185.7
广　西	1415.9	1404.3	1384.3	1366.0	1302.9
海　南	156.9	157.0	145.4	150.4	151.9
重　庆	843.4	766.1	790.5	799.3	828.2
四　川	2831.5	2400.3	2557.4	2483.0	2563.0
贵　州	935.4	878.2	788.9	864.2	898.7
云　南	1282.1	1246.7	1177.2	1212.9	1256.8
西　藏	93.2	95.0	94.6	93.0	89.5
陕　西	962.0	865.9	887.4	863.3	918.0
甘　肃	570.8	568.4	602.5	600.3	597.0
青　海	61.2	70.0	56.0	49.7	48.7
宁　夏	230.3	249.0	275.7	239.0	255.8
新　疆	746.6	739.5	797.8	734.1	766.6

3－26－3 各地区谷物单位面积产量

单位:公斤/公顷

地　区	1995年	1996年	1997年	1998年	1999年
全国总计	**4659.3**	**4894.1**	**4822.5**	**4952.9**	**4945.0**
北　京	6144.9	5670.3	5711.8	5785.3	5016.6
天　津	5124.4	4945.1	5081.4	5146.7	4382.2
河　北	4347.1	4213.5	4208.9	4292.7	4096.0
山　西	3365.6	3750.6	3308.2	3746.7	2943.8
内蒙古	3037.6	4051.5	3504.1	3876.8	3658.1
辽　宁	5110.5	5840.5	4655.2	6514.5	5834.7
吉　林	6121.7	6915.6	5449.1	7629.6	7104.1
黑龙江	4349.5	4726.0	4596.2	4708.0	4598.1
上　海	6217.6	6470.8	6384.1	6119.6	6321.3
江　苏	5933.9	6137.5	6161.3	5921.2	6327.2
浙　江	5298.8	5516.8	5452.6	5406.9	5330.1
安　徽	4729.6	4707.9	5027.3	4622.7	4975.0
福　建	4928.9	5066.8	5067.4	5048.3	5009.4
江　西	4816.7	5233.2	5209.8	4796.1	5201.7
山　东	5373.9	5350.3	5019.8	5352.2	5415.8
河　南	4115.7	4461.9	4725.3	4609.4	4942.9
湖　北	5588.6	5511.4	5812.5	5674.3	5689.1
湖　南	5647.1	5697.7	5847.1	5605.2	5667.1
广　东	5329.5	5578.8	5699.9	5837.4	6117.1
广　西	4692.9	4643.9	4714.3	4743.7	4833.1
海　南	3980.3	3890.7	4186.4	4119.1	4282.2
重　庆			4687.1	4429.2	4450.8
四　川	4855.1	4983.1	5368.8	5307.4	5342.8
贵　州	3837.2	4088.1	4117.0	4167.7	4244.4
云　南	3639.2	3759.5	3832.6	3809.1	3932.8
西　藏	3868.1	4122.3	4233.6	4340.8	4704.0
陕　西	2655.6	3282.9	3174.6	3617.3	3026.5
甘　肃	2418.8	3031.2	2777.1	3120.6	2975.9
青　海	3044.9	3257.0	3359.3	3448.6	3139.3
宁　夏	3052.5	3828.4	3836.2	4288.3	4136.1
新　疆	4586.5	4923.0	5023.9	5385.4	5329.8

3—26—3 续

单位:公斤/公顷

地　区	2000 年	2001 年	2002 年	2003 年	2004 年
全国总计	**4752.6**	**4800.3**	**4885.3**	**4872.9**	**5186.8**
北　京	4902.6	5194.2	5166.2	4455.2	4777.0
天　津	3929.7	4820.4	4816.5	5000.9	5058.7
河　北	4006.7	4025.4	4010.6	4255.5	4357.4
山　西	3021.3	2805.9	3495.9	3817.9	4222.0
内蒙古	3579.4	3853.9	4039.5	4488.6	4569.2
辽　宁	4350.8	4891.2	5869.8	6042.4	6653.4
吉　林	4758.2	5125.1	5872.5	6073.9	6358.7
黑龙江	4612.9	4511.8	4916.0	4634.0	5246.5
上　海	6833.7	7319.7	7044.0	6895.5	7089.6
江　苏	6114.3	6302.5	6207.3	5567.0	6184.5
浙　江	5734.6	6082.0	6174.8	6166.0	6313.4
安　徽	4400.1	4828.6	4972.5	4133.9	4956.9
福　建	5007.2	5089.0	5007.3	5315.2	5428.6
江　西	5171.9	5233.3	5152.5	5023.9	5177.4
山　东	5386.9	5268.4	4864.3	5403.2	5704.1
河　南	4739.0	4907.5	4909.6	4279.2	4980.6
湖　北	5894.1	5885.1	5886.4	5999.6	6235.3
湖　南	5880.3	6014.6	5721.0	5802.1	5923.2
广　东	5600.6	5359.6	5352.9	5385.2	5168.6
广　西	4790.6	4656.0	4671.0	4686.6	4390.9
海　南	4010.3	4168.6	3987.0	4104.5	4356.3
重　庆	4702.5	4448.4	4737.7	5065.1	5286.9
四　川	5442.9	4758.5	5117.2	5212.1	5420.4
贵　州	4398.6	4236.2	3927.5	4427.3	4672.9
云　南	3691.0	3923.5	3870.0	4043.5	4133.3
西　藏	4886.7	5044.1	5157.9	5297.9	5300.1
陕　西	3190.0	3094.7	3301.1	3540.4	3727.3
甘　肃	2693.2	2905.5	3154.8	3387.3	3409.4
青　海	2708.0	3360.5	3185.4	3485.3	3559.2
宁　夏	3539.3	4043.5	3929.0	3935.3	4237.8
新　疆	5514.6	5771.2	5752.5	5871.5	5863.5

3—27—1 各地区小麦播种面积

单位:千公顷

地区	1978年	1980年	1985年	1990年	1995年	1996年	1997年
全国总计	**29182.6**	**28844.4**	**29218.1**	**30753.2**	**28860.2**	**29610.5**	**30056.7**
北京	191.8	187.9	191.1	188.4	172.2	171.2	171.3
天津	210.5	194.7	150.3	140.3	141.2	147.6	151.1
河北	3041.2	2760.2	2351.9	2508.3	2500.7	2591.2	2720.7
山西	1102.6	995.1	1013.1	1016.1	917.0	940.4	951.2
内蒙古	768.7	957.3	926.7	1153.6	1016.7	1094.5	1164.6
辽宁	128.4	40.9	11.8	114.5	171.3	177.9	167.9
吉林	217.3	137.5	71.1	60.3	80.4	76.6	63.5
黑龙江	1956.9	2105.2	2037.9	1781.1	1116.3	1231.4	1074.4
上海	42.5	50.5	57.4	77.1	61.1	65.3	83.3
江苏	1412.8	1549.5	2170.4	2399.2	2150.4	2216.3	2341.4
浙江	252.5	325.6	337.7	317.7	208.2	222.3	245.2
安徽	1736.7	1916.1	1955.0	2074.3	1992.7	2065.8	2137.6
福建	185.7	147.5	87.8	123.8	69.1	64.1	60.3
江西	121.2	121.3	94.2	74.8	60.0	72.0	73.5
山东	3714.1	3668.5	3952.1	4147.2	4010.9	4031.6	4037.6
河南	3849.7	3926.9	4567.8	4782.7	4814.0	4868.2	4927.3
湖北	1122.3	1292.3	1331.4	1352.1	1179.9	1230.1	1276.5
湖南	307.6	221.6	185.8	201.3	168.7	170.4	163.1
广东	508.2	236.1	55.8	91.3	26.5	22.5	19.4
广西	149.3	41.7	11.5	24.5	21.6	25.2	31.9
海南							
重庆							556.3
四川	2040.3	2164.9	2000.0	2221.2	2332.0	2364.9	1824.5
贵州	497.9	334.6	233.8	441.0	562.0	584.2	596.6
云南	665.8	588.7	443.4	569.6	625.0	664.3	697.5
西藏	65.7	58.9	38.7	41.6	51.9	52.5	53.9
陕西	1604.8	1590.3	1693.5	1690.9	1600.2	1597.8	1602.8
甘肃	1428.4	1383.6	1486.5	1458.3	1357.3	1352.4	1320.1
青海	207.1	201.1	200.7	213.5	206.0	210.6	213.5
宁夏	304	291.1	282.3	308.5	294.3	313.9	312.2
新疆	1348.8	1354.8	1278.5	1180.1	952.6	985.4	1017.4

3—27—1 续

单位:千公顷

地区	1998年	1999年	2000年	2001年	2002年	2003年	2004年
全国总计	**29774.1**	**28855.1**	**26653.3**	**24663.8**	**23908.3**	**21996.9**	**21626.0**
北京	171.2	168.0	121.7	72.6	47.4	35.8	39.2
天津	153.4	143.2	121.7	106.7	95.9	78.3	79.0
河北	2764.0	2729.9	2678.8	2579.8	2449.6	2192.9	2161.5
山西	963.4	919.2	893.2	820.6	798.1	720.6	648.9
内蒙古	1092.5	937.9	617.1	516.2	464.6	317.6	418.7
辽宁	150.2	153.0	117.6	98.8	49.8	20.1	20.6
吉林	74.5	67.5	77.3	53.8	23.0	22.1	11.4
黑龙江	961.4	953.4	590.2	423.3	260.8	229.6	255.0
上海	103.9	97.2	57.1	32.0	31.4	21.7	21.9
江苏	2315.0	2251.7	1954.6	1712.8	1715.9	1620.5	1601.2
浙江	255.1	257.9	177.6	121.4	94.2	71.5	59.5
安徽	2095.0	2057.1	2126.4	1961.2	2056.9	2012.0	2059.9
福建	55.0	50.2	38.7	30.4	23.5	8.8	6.2
江西	65.8	61.5	51.4	38.3	28.5	20.6	19.1
山东	3982.0	4006.8	3748.2	3545.8	3397.5	3105.1	2968.2
河南	4964.0	4884.6	4922.3	4801.6	4855.7	4804.6	4856.0
湖北	1211.2	1074.4	845.1	735.9	700.1	603.2	602.9
湖南	144.6	129.7	118.6	110.0	99.8	86.3	76.2
广东	17.8	15.2	13.7	11.2	10.7	5.8	6.0
广西	25.5	19.8	19.5	14.7	12.8	12.3	11.7
海南							
重庆	548.2	531.6	466.2	422.1	388.2	322.7	280.5
四川	1864.6	1818.3	1605.0	1498.6	1456.9	1318.7	1255.7
贵州	604.5	596.3	567.4	520.5	498.4	474.3	429.2
云南	706.8	724.9	645.6	640.7	604.2	567.4	543.3
西藏	55.0	54.7	51.9	47.0	44.8	42.2	40.6
陕西	1610.5	1589.5	1537.2	1424.2	1356.7	1233.3	1152.7
甘肃	1323.5	1222.7	1192.2	1124.0	1080.0	961.3	933.5
青海	211.9	182.9	165.6	156.2	142.5	107.0	102.2
宁夏	316.8	267.5	292.6	299.3	370.8	319.3	279.0
新疆	966.8	888.5	838.8	744.3	749.7	661.5	686.4

3—27—2 各地区小麦总产量

单位:万吨

地区	1978年	1980年	1985年	1990年	1995年	1996年	1997年
全国总计	**5384.0**	**5520.5**	**8580.5**	**9822.9**	**10220.7**	**11056.9**	**12328.9**
北京	65.0	40.5	73.1	101.5	100.4	93.9	96.4
天津	48.0	27.5	43.5	62.0	65.4	67.4	77.4
河北	641.5	384.0	744.3	927.7	1060.3	1139.1	1330.7
山西	129.0	118.5	295.1	319.3	270.1	300.7	348.6
内蒙古	51.5	82.5	148.5	261.7	262.2	318.9	307.9
辽宁	15.0	5.5	2.8	45.0	63.3	59.4	56.5
吉林	24.5	16.5	10.3	12.8	19.1	20.6	13.0
黑龙江	280.0	394.5	376.8	474.8	271.0	329.5	328.4
上海	16.0	20.5	21.8	29.1	23.8	27.0	34.3
江苏	388.5	564.0	829.4	923.7	892.6	1014.3	1064.7
浙江	57.0	79.5	90.4	87.2	54.1	62.5	72.1
安徽	279.0	340.5	605.9	598.0	699.1	748.3	941.2
福建	25.5	22.5	17.4	27.7	18.6	17.9	17.2
江西	10.0	9.0	10.4	8.1	7.5	9.7	10.7
山东	803.5	766.0	1496.1	1612.1	2060.7	2052.7	2241.3
河南	868.0	890.5	1528.2	1639.9	1754.2	2026.8	2372.4
湖北	228.0	266.5	345.4	391.1	363.6	378.8	446.8
湖南	38.0	24.5	29.2	28.9	27.1	30.4	29.1
广东	50.5	24.0	7.9	21.9	6.9	5.9	5.6
广西	10.5	2.5	1.0	2.2	2.8	3.3	4.8
海南							
重庆							128.4
四川	436.5	520.5	625.6	685.3	730.9	720.3	611.1
贵州	44.0	35.0	29.5	71.8	107.8	104.1	107.9
云南	86.0	78.5	61.9	102.6	137.5	146.7	165.0
西藏	19.0	18.0	11.8	16.4	24.9	26.1	28.3
陕西	251.0	230.0	423.3	463.7	410.4	405.7	562.7
甘肃	236.5	240.0	314.8	365.3	254.2	351.0	328.3
青海	53.5	56.5	63.0	73.6	69.5	76.7	78.3
宁夏	48.5	49.5	58.6	78.0	68.9	86.3	82.2
新疆	180.0	213.0	314.5	391.6	393.9	433.1	437.6

3—27—2 续

单位:万吨

地　　区	1998 年	1999 年	2000 年	2001 年	2002 年	2003 年	2004 年
全国总计	**10972.6**	**11388.0**	**9963.6**	**9387.3**	**9029.0**	**8648.8**	**9195.2**
北　　京	96.7	95.5	66.9	36.6	24.3	18.4	20.3
天　　津	76.1	71.6	59.5	45.1	44.1	35.9	37.8
河　　北	1253.6	1280.5	1208.0	1122.7	1099.5	1018.8	1053.2
山　　西	320.9	266.5	215.2	227.4	243.2	256.0	237.1
内 蒙 古	282.7	273.1	181.8	127.1	121.5	79.0	110.5
辽　　宁	61.4	59.2	35.8	15.5	11.5	6.2	8.9
吉　　林	10.6	16.1	16.3	11.6	7.9	6.0	3.4
黑 龙 江	285.2	284.2	95.8	93.8	89.4	39.7	83.0
上　　海	31.1	38.4	24.7	12.5	10.4	7.4	8.0
江　　苏	759.7	1070.8	796.4	703.9	644.5	608.7	687.7
浙　　江	61.2	72.3	55.1	37.1	25.4	20.8	19.0
安　　徽	599.1	852.5	707.1	741.9	683.7	642.8	790.1
福　　建	15.4	14.4	11.0	8.7	6.7	2.8	1.9
江　　西	9.2	9.6	7.9	5.9	4.3	2.9	2.9
山　　东	2024.5	2117.7	1860.0	1655.2	1547.1	1565.0	1584.5
河　　南	2073.5	2291.5	2236.0	2299.7	2248.4	2292.5	2480.9
湖　　北	409.3	304.7	233.7	213.0	151.2	165.4	176.3
湖　　南	25.7	22.1	23.3	21.4	18.3	16.5	14.6
广　　东	5.1	4.4	3.9	3.1	3.2	1.6	1.7
广　　西	3.5	2.6	2.7	2.2	1.8	1.7	1.9
海　　南							
重　　庆	130.6	105.8	101.3	92.0	93.2	83.8	78.4
四　　川	601.1	543.0	532.1	448.7	459.1	426.2	415.7
贵　　州	108.9	107.6	103.5	87.7	87.0	74.6	76.8
云　　南	151.3	158.4	152.4	137.9	134.1	124.4	121.7
西　　藏	29.1	31.2	30.7	28.5	27.8	27.2	26.1
陕　　西	504.2	405.5	418.6	406.6	405.3	395.5	410.3
甘　　肃	412.6	320.3	266.1	296.1	312.1	272.5	272.3
青　　海	79.9	59.4	43.9	51.3	45.2	36.8	37.1
宁　　夏	93.8	78.2	74.5	83.6	96.1	75.6	80.4
新　　疆	456.6	430.9	399.5	370.8	382.7	344.1	352.7

3—27—3 各地区小麦单位面积产量

单位:公斤/公顷

地区	1978年	1980年	1985年	1990年	1995年	1996年	1997年
全国总计	**1844.9**	**1913.9**	**2936.7**	**3194.1**	**3541.5**	**3734.1**	**4101.9**
北京	3388.9	2155.8	3825.9	5387.5	5831.3	5484.8	5627.6
天津	2279.9	1412.7	2894.9	4420.2	4630.4	4564.0	5123.1
河北	2109.4	1391.2	3164.7	3698.5	4240.1	4396.0	4891.1
山西	1170.0	1190.8	2912.7	3142.5	2945.4	3198.0	3664.5
内蒙古	670.0	861.8	1602.4	2268.6	2579.1	2914.0	2643.8
辽宁	1168.2	1343.6	2372.9	3931.3	3694.6	3335.0	3363.3
吉林	1127.6	1199.7	1449.3	2123.9	2375.6	2689.3	2047.2
黑龙江	1430.9	1873.9	1848.9	2665.8	2427.7	2675.8	3056.6
上海	3761.8	4056.7	3797.9	3772.7	3895.3	4135.0	4117.6
江苏	2749.9	3640.0	3821.4	3850.0	4150.8	4576.0	4547.3
浙江	2257.7	2441.6	2677.2	2745.0	2598.1	2811.0	2940.5
安徽	1606.5	1777.0	3099.2	2882.9	3508.4	3622.3	4403.1
福建	1372.9	1525.8	1981.8	2237.5	2691.8	2792.5	2852.4
江西	825.1	741.8	1104.0	1082.9	1250.0	1347.2	1455.8
山东	2163.4	2088.1	3785.6	3887.2	5137.8	5091.6	5551.0
河南	2254.7	2267.7	3345.6	3428.8	3643.9	4163.0	4814.7
湖北	2031.6	2062.3	2594.3	2892.5	3081.6	3078.9	3500.2
湖南	1235.4	1105.6	1571.6	1435.9	1606.4	1785.7	1785.3
广东	993.7	1016.7	1415.8	2399.6	2603.8	2626.1	2886.6
广西	703.1	600.0	867.1	896.7	1296.3	1309.5	1504.7
海南							
重庆							2308.1
四川	2139.4	2404.2	3128.0	3085.3	3134.2	3045.8	3349.4
贵州	883.8	1046.0	1261.8	1628.1	1918.1	1782.0	1808.6
云南	1291.7	1333.4	1396.0	1801.3	2199.2	2208.2	2366.0
西藏	2893.4	3057.8	3046.5	3942.3	4797.7	4971.4	5249.5
陕西	1564.1	1446.2	2499.6	2742.3	2564.6	2539.1	3510.7
甘肃	1655.7	1734.6	2117.8	2505.0	1872.7	2595.4	2486.7
青海	2583.7	2809.1	3138.5	3447.8	3373.8	3640.4	3667.7
宁夏	1595.4	1700.3	2075.6	2528.6	2341.1	2749.3	2632.9
新疆	1334.5	1572.2	2460.0	3318.3	4135.1	4395.4	4301.0

3—27—3 续

单位:公斤/公顷

地　区	1998 年	1999 年	2000 年	2001 年	2002 年	2003 年	2004 年
全国总计	**3685.3**	**3946.6**	**3738.2**	**3806.1**	**3776.5**	**3931.8**	**4251.9**
北　京	5648.4	5684.5	5494.3	5041.3	5126.6	5143.9	5175.0
天　津	4957.6	5000.0	4888.2	4225.9	4599.6	4586.2	4788.6
河　北	4535.6	4690.7	4509.3	4351.9	4488.7	4646.0	4872.6
山　西	3331.0	2899.1	2408.7	2771.3	3046.5	3552.6	3654.2
内蒙古	2587.6	2911.7	2946.0	2462.2	2614.9	2486.0	2639.1
辽　宁	4087.1	3873.2	3044.2	1564.6	2309.2	3079.5	4320.4
吉　林	1422.8	2384.1	2108.7	2152.4	3452.2	2714.9	2956.1
黑龙江	2966.5	2980.9	1623.2	2215.9	3427.9	1729.1	3254.9
上　海	2995.0	3949.0	4325.7	3918.1	3301.5	3413.4	3631.8
江　苏	3281.6	4755.5	4074.5	4109.6	3755.9	3756.4	4295.0
浙　江	2399.1	2803.2	3104.1	3053.5	2698.4	2915.5	3198.4
安　徽	2859.7	4144.2	3325.3	3782.9	3324.0	3194.8	3835.6
福　建	2799.0	2868.5	2842.4	2861.8	2851.1	3158.5	3106.8
江　西	1398.2	1561.0	1537.0	1540.5	1514.9	1402.2	1537.3
山　东	5084.1	5285.3	4962.5	4668.0	4553.6	5040.1	5338.2
河　南	4177.2	4691.2	4542.5	4789.5	4630.4	4771.5	5109.0
湖　北	3379.5	2835.6	2765.2	2893.9	2159.3	2742.4	2924.2
湖　南	1774.9	1703.5	1964.6	1945.1	1838.0	1910.1	1912.0
广　东	2865.2	2890.6	2846.7	2758.0	2999.1	2805.0	2850.0
广　西	1372.5	1316.5	1384.6	1496.6	1406.3	1415.0	1623.9
海　南							
重　庆	2382.3	1990.2	2172.9	2179.6	2401.1	2596.6	2795.0
四　川	3223.7	2986.4	3315.4	2994.1	3151.2	3232.1	3310.5
贵　州	1801.5	1804.5	1824.1	1684.9	1745.5	1572.8	1789.5
云　南	2140.9	2185.1	2360.6	2152.0	2219.6	2191.6	2239.6
西　藏	5283.4	5700.7	5919.9	6054.5	6217.6	6451.1	6412.4
陕　西	3130.7	2551.2	2723.1	2855.1	2987.4	3206.8	3559.5
甘　肃	3117.3	2619.8	2232.0	2634.4	2890.1	2834.2	2917.2
青　海	3772.4	3246.2	2651.0	3284.3	3171.9	3439.3	3631.1
宁　夏	2960.9	2923.7	2546.1	2793.2	2591.7	2368.1	2882.1
新　疆	4722.8	4849.7	4762.6	4981.7	5104.0	5201.8	5138.8

3—28—1 各地区稻谷播种面积

单位：千公顷

地区	1978年	1980年	1985年	1990年	1995年	1996年	1997年
全国总计	**34420.9**	**33878.5**	**32070.1**	**33064.5**	**30744.1**	**31405.6**	**31764.9**
北京	48.5	52.2	43.4	34.3	23.3	23.1	23.2
天津	37.7	64.2	30.9	45.5	48.1	61.7	66.4
河北	110.2	145.3	127.7	147.7	128.7	141.8	155.3
山西	11.3	12.2	8.5	9.2	6.4	5.8	6.1
内蒙古	6.7	14.9	23.5	79.1	78.6	89.7	122.1
辽宁	380.2	385.7	480.2	543.3	472.6	478.1	491.7
吉林	281.5	252.7	324.2	418.4	429.6	434.1	453.1
黑龙江	224.3	210.4	389.7	673.5	835.1	1107.5	1396.9
上海	342.9	304.6	269.7	253.4	210.0	210.5	208.4
江苏	2661.2	2778.5	2431.1	2454.5	2250.3	2335.9	2377.6
浙江	2504.1	2513.9	2387.9	2383.5	2137.8	2138.2	2085.9
安徽	2246.7	2238.3	2139.7	2312.3	2156.1	2238.5	2212.1
福建	1689.1	1686.5	1477.2	1511.9	1406.3	1405.2	1401.6
江西	3380.3	3383.7	3264.9	3292.6	3014.9	3052.6	3063.5
山东	154.9	172.5	111.9	124.2	121.1	151.6	164.7
河南	428.9	416.9	435.5	439.5	450.5	479.9	489.5
湖北	2894.7	2708.2	2538.6	2636.5	2408.6	2448.6	2466.0
湖南	4524.5	4412.3	4246.5	4370.4	4084.0	4064.1	4075.8
广东	4325.3	4163.7	3605.7	3175.9	2699.8	2713.4	2704.1
广西	2892.2	2764.3	2471	2543.7	2420.7	2430.8	2434.3
海南				414.3	393.6	390.5	391.4
重庆							803.9
四川	3124.9	3083.1	3128.5	3123.8	3003.3	3020.1	2196.1
贵州	794.5	774.5	773.7	741.2	741.0	741.3	742.9
云南	1039.1	1027.9	1074.5	1026.1	941.0	939.2	921.2
西藏	0.7	0.6	0.5	0.8	1.0	1.2	1.1
陕西	159.7	162.5	156.7	159.5	139.3	156.9	153.9
甘肃	3.8	4.0	3.9	5.1	6.8	6.7	6.8
青海							
宁夏	47.2	46.4	49.8	60.0	62.1	64.0	67.2
新疆	105.6	98.4	74.5	84.1	73.4	75.9	82.1

3—28—1 续　　单位：千公顷

地　区	1998 年	1999 年	2000 年	2001 年	2002 年	2003 年	2004 年
全国总计	**31213.8**	**31283.5**	**29961.7**	**28812.4**	**28201.6**	**26507.8**	**28378.8**
北　京	19.4	19.2	14.1	6.8	4.5	1.6	0.8
天　津	54.4	61.1	35.4	11.4	14.9	7.0	13.7
河　北	153.2	154.7	143.9	94.1	111.0	75.6	83.5
山　西	6.1	5.9	4.5	5.1	3.5	3.1	2.6
内蒙古	117.8	116.9	118.4	86.2	89.8	67.0	80.9
辽　宁	496.0	501.5	489.7	515.5	556.4	500.6	544.2
吉　林	459.0	465.2	584.8	686.9	666.1	541.0	600.1
黑龙江	1566.7	1614.9	1605.9	1567.0	1564.4	1290.9	1587.8
上　海	203.3	200.8	176.1	153.9	133.1	106.2	111.8
江　苏	2369.7	2398.5	2203.5	2010.3	1982.1	1840.9	2112.9
浙　江	2007.9	1940.4	1598.0	1340.0	1172.3	979.4	1028.1
安　徽	2158.3	2145.5	2236.7	1950.1	2044.1	1972.4	2129.7
福　建	1387.9	1373.2	1222.3	1156.5	1082.9	962.6	985.1
江　西	2900.8	3050.0	2832.0	2808.3	2786.6	2685.3	3029.7
山　东	157.6	195.8	176.8	173.6	155.3	112.6	124.4
河　南	498.4	508.5	459.6	415.9	469.4	503.0	508.5
湖　北	2239.3	2285.0	1995.3	1987.9	1932.0	1805.1	1989.6
湖　南	3976.4	3984.5	3896.1	3691.6	3541.5	3410.0	3716.8
广　东	2686.0	2557.5	2467.4	2369.3	2195.5	2130.6	2139.0
广　西	2433.5	2388.7	2301.6	2423.6	2412.6	2356.3	2356.0
海　南	388.5	391.1	367.5	354.6	344.5	343.1	334.7
重　庆	794.7	788.6	776.6	764.0	755.2	750.5	749.3
四　川	2167.4	2176.0	2123.8	2093.1	2076.1	2040.3	2063.8
贵　州	746.8	748.0	750.5	750.0	734.6	720.5	716.5
云　南	919.6	903.0	1073.6	1100.3	1083.0	1043.1	1086.2
西　藏	1.1	1.0	1.0	1.1	1.7	1.0	1.1
陕　西	160.0	154.6	144.8	140.8	130.5	139.5	145.8
甘　肃	8.4	7.0	7.2	7.1	6.3	4.8	4.9
青　海							
宁　夏	66.5	71.0	76.7	74.2	76.4	46.7	64.4
新　疆	69.1	75.6	78.1	73.3	75.0	67.2	66.8

3—28—2 各地区稻谷总产量

单位:万吨

地区	1978年	1980年	1985年	1990年	1995年	1996年	1997年
全国总计	**13693.0**	**13990.5**	**16856.9**	**18933.1**	**18522.6**	**19510.3**	**20073.5**
北京	23.0	29.5	24.9	21.6	16.8	16.0	15.8
天津	13.0	31.0	17.4	28.2	38.9	47.4	51.1
河北	54.5	83.0	78.0	91.6	90.3	92.2	102.4
山西	6.0	7.0	5.8	5.4	4.2	3.2	3.8
内蒙古	0.5	4.0	7.8	31.4	39.6	51.0	70.6
辽宁	207.5	235.5	263.0	369.2	261.8	338.9	385.7
吉林	122.0	107.5	184.1	289.4	296.9	347.4	376.2
黑龙江	74.5	79.5	162.9	314.4	469.9	636.0	860.9
上海	190.5	116.5	153.9	177.3	158.6	163.4	165.9
江苏	1282.0	1228.5	1638.5	1708.5	1798.6	1870.2	1931.2
浙江	1191.0	1176.0	1357.8	1321.4	1218.8	1277.3	1238.0
安徽	856.5	773.0	1162.9	1340.1	1269.9	1327.4	1290.2
福建	607.0	671.5	681.1	731.2	724.9	743.3	739.3
江西	1079.5	1188.0	1475.8	1587.7	1486.5	1641.8	1636.0
山东	60.0	74.0	62.5	90.6	91.2	113.6	112.1
河南	195.0	178.0	226.3	270.0	295.8	314.8	342.9
湖北	1208.0	1038.0	1571.7	1789.6	1730.7	1721.8	1818.5
湖南	1875.5	1942.5	2338.8	2468.2	2438.4	2449.9	2495.8
广东	1419.0	1623.0	1561.4	1677.7	1471.6	1549.2	1582.5
广西	911.5	1007.0	986.0	1200.8	1260.0	1258.4	1269.3
海南				144.2	160.9	154.9	168.3
重庆							546.4
四川	1431.5	1549.0	1926.1	2197.4	2097.9	2182.3	1664.6
贵州	334.5	325.0	324.3	360.3	425.2	459.4	462.0
云南	411.5	387.5	483.0	516.5	511.9	536.1	530.2
西藏	0.5		0.3	0.3	0.5	0.5	0.5
陕西	81.5	75.5	88.3	100.4	64.2	104.7	93.4
甘肃	1.5	2.0	1.8	2.4	5.3	5.0	4.75
青海							
宁夏	28.0	33.0	41.9	54.3	46.2	54.0	59.9
新疆	27.5	25.5	30.6	43.1	47.2	50.3	55.3

3—28—2 续

单位:万吨

地　区	1998 年	1999 年	2000 年	2001 年	2002 年	2003 年	2004 年
全国总计	**19871.3**	**19848.7**	**18790.8**	**17758.0**	**17453.9**	**16065.6**	**17908.8**
北　京	13.3	12.9	9.4	4.3	2.9	1.0	0.5
天　津	45.2	40.2	14.5	7.4	11.2	5.7	11.1
河　北	99.2	93.1	65.8	47.2	55.7	41.1	47.3
山　西	4.0	3.3	3.3	2.3	2.0	1.2	1.1
内蒙古	60.3	68.8	72.2	56.7	56.0	45.0	54.5
辽　宁	378.9	414.6	377.1	335.2	406.2	351.4	401.5
吉　林	385.5	405.9	374.8	371.2	370.0	318.2	437.6
黑龙江	925.8	944.3	1042.2	1016.3	921.0	842.8	1130.0
上　海	163.1	154.3	137.2	127.4	109.2	82.2	89.5
江　苏	2089.2	1937.3	1801.3	1693.2	1709.9	1404.6	1673.2
浙　江	1207.8	1132.5	990.2	875.6	779.6	646.9	686.9
安　徽	1390.2	1300.6	1221.6	1174.3	1327.5	963.7	1292.1
福　建	728.8	712.3	632.8	606.8	557.5	523.4	545.6
江　西	1425.6	1619.3	1491.9	1491.4	1451.6	1360.5	1579.4
山　东	138.9	131.3	110.8	110.1	109.4	77.9	90.6
河　南	369.7	333.0	318.8	202.7	336.5	240.2	358.2
湖　北	1633.2	1685.6	1497.2	1451.9	1469.8	1341.3	1501.7
湖　南	2345.0	2360.6	2392.5	2328.9	2119.2	2070.2	2285.5
广　东	1614.1	1615.5	1423.4	1298.3	1202.8	1170.5	1123.1
广　西	1290.9	1284.7	1226.5	1231.2	1219.3	1202.7	1123.4
海　南	162.4	169.0	150.2	150.8	139.3	143.4	147.2
重　庆	515.8	531.8	532.9	472.8	490.2	497.1	509.5
四　川	1643.7	1687.8	1634.3	1428.6	1503.7	1471.9	1519.7
贵　州	476.4	457.7	477.4	459.8	347.8	459.3	477.0
云　南	537.5	551.7	568.2	595.9	543.2	635.9	639.4
西　藏	0.5	0.6	0.6	0.6	0.6	0.6	0.6
陕　西	101.3	86.1	94.7	92.1	80.3	75.5	87.0
甘　肃	5.8	5.5	6.2	6.6	5.6	3.6	3.9
青　海							
宁　夏	62.9	65.7	62.4	61.7	66.7	37.0	52.5
新　疆	56.3	42.9	60.4	56.8	59.3	50.7	39.3

3—28—3 各地区稻谷单位面积产量

单位:公斤/公顷

地 区	1978年	1980年	1985年	1990年	1995年	1996年	1997年
全国总计	**3978.1**	**4129.6**	**5256.3**	**5726.1**	**6024.8**	**6212.4**	**6319.4**
北 京	4739.0	5651.3	5737.3	6303.5	7205.3	6926.4	6810.3
天 津	3451.3	4828.7	5637.1	6193.3	8082.8	7681.0	7695.8
河 北	4945.6	5713.6	6109.7	6200.4	7018.9	6500.9	6590.9
山 西	5294.1	5737.7	6796.9	5869.6	6444.1	5504.0	6205.2
内蒙古	742.6	2690.6	3314.4	3968.0	5037.5	5686.0	5782.1
辽 宁	5457.7	6106.3	5476.9	6795.1	5539.1	7089.0	7842.6
吉 林	4333.4	4254.6	5678.6	6916.8	6911.1	8002.8	8302.8
黑龙江	3321.0	3778.5	4180.5	4668.4	5626.9	5742.7	6162.9
上 海	5556.1	3824.7	5705.6	6996.8	7552.4	7762.0	7960.7
江 苏	4817.4	4421.5	6739.7	6960.8	7992.6	8006.0	8122.5
浙 江	4756.1	4677.9	5686.2	5543.9	5701.3	5974.0	5935.1
安 徽	3812.3	3453.6	5434.8	5795.4	5889.8	5929.9	5832.5
福 建	3593.6	3981.7	4610.8	4836.2	5154.7	5289.6	5274.7
江 西	3193.5	3510.9	4520.2	4822.0	4930.5	5378.4	5340.3
山 东	3872.6	4289.0	5587.0	7294.7	7526.2	7495.4	6808.3
河 南	4546.9	4270.0	5196.7	6142.9	6566.0	6560.0	7004.5
湖 北	4173.2	3832.8	6191.2	6787.9	7185.5	7031.8	7374.3
湖 南	4145.2	4402.4	5507.6	5647.5	5970.6	6028.1	6123.4
广 东	3280.7	3897.9	4330.3	5282.7	5450.8	5709.4	5852.2
广 西	3151.6	3642.8	3990.3	4720.6	5205.1	5176.9	5214.2
海 南				3480.3	4086.9	3966.0	4300.4
重 庆							6796.9
四 川	4580.9	5024.1	6156.6	7034.4	6985.3	7225.9	7579.8
贵 州	4210.0	4196.1	4191.4	4861.0	5738.2	6197.0	6218.9
云 南	3960.0	3769.7	4495.3	5033.5	5439.6	5708.1	5755.9
西 藏	7500.0		5625.0	3750.0	5000.0	4166.7	4545.5
陕 西	5102.3	4645.2	5633.8	6296.0	4609.6	6673.0	6068.9
甘 肃	3947.4	5000.0	4576.3	4675.3	7790.9	7462.7	7037.0
青 海							
宁 夏	5932.2	7112.1	8413.7	9050.0	7439.6	8437.5	8913.7
新 疆	2604.2	2591.5	4109.2	5126.9	6437.7	6627.1	6735.3

3—28—3续 单位:公斤/公顷

地　　区	1998年	1999年	2000年	2001年	2002年	2003年	2004年
全国总计	**6366.2**	**6344.8**	**6271.6**	**6163.3**	**6189.0**	**6060.7**	**6310.6**
北　京	6855.7	6718.8	6657.2	6323.5	6444.4	6273.3	6097.6
天　津	8308.8	6579.4	4093.2	6509.2	7515.1	8071.4	8103.9
河　北	6475.2	6016.4	4573.1	5020.7	5018.9	5432.7	5659.0
山　西	6557.4	5555.6	7240.6	4509.8	5678.0	3987.1	4050.0
内蒙古	5118.8	5887.9	6098.0	6577.7	6238.4	6719.4	6736.7
辽　宁	7639.1	8267.8	7700.6	6501.5	7300.5	7019.1	7377.8
吉　林	8398.7	8725.3	6409.0	5404.2	5554.7	5882.2	7292.5
黑龙江	5909.2	5847.5	6489.8	6485.6	5887.2	6528.8	7116.8
上　海	8022.6	7686.2	7791.0	8276.3	8206.1	7742.3	8002.5
江　苏	8816.3	8077.3	8175.0	8422.8	8626.8	7630.1	7918.8
浙　江	6015.2	5836.3	6196.6	6534.3	6650.3	6604.9	6682.0
安　徽	6441.2	6062.0	5461.7	6021.8	6494.2	4885.9	6067.2
福　建	5251.1	5187.2	5177.1	5246.9	5148.2	5438.1	5539.0
江　西	4914.5	5309.2	5268.0	5310.7	5209.2	5066.7	5213.0
山　东	8813.5	6705.1	6270.4	6342.8	7040.9	6916.2	7280.4
河　南	7417.7	6548.1	6937.1	4873.9	7167.7	4774.8	7044.2
湖　北	7293.4	7376.7	7503.8	7303.9	7607.6	7430.6	7547.6
湖　南	5897.3	5924.5	6140.8	6308.6	5983.7	6070.9	6149.1
广　东		6316.6	5768.8	5479.6	5478.4	5493.8	5250.7
广　西	5304.7	5378.3	5328.9	5080.0	5053.9	5104.2	4768.3
海　南		4320.7	4087.9	4252.9	4042.5	4179.3	4396.2
重　庆	6490.5	6743.8	6862.0	6188.5	6490.7	6624.1	6799.7
四　川	7583.7	7756.3	7695.3	6825.4	7242.9	7214.2	7363.6
贵　州	6379.2	6119.4	6361.1	6130.7	4734.3	6374.7	6657.3
云　南	5844.9	6109.7	5292.5	5415.6	5015.5	6096.0	5886.6
西　藏	4545.5	5436.9	5445.5	5660.4	3515.2	5544.6	5238.1
陕　西	6331.3	5569.6	6540.1	6538.6	6153.3	5412.2	5967.1
甘　肃	6904.8	7752.5	8508.3	9201.7	8769.7	7473.9	7881.9
青　海							
宁　夏	9458.6	9258.7	8135.6	8315.4	8730.4	7929.8	8148.5
新　疆	8147.6	5677.6	7732.7	7749.7	7913.6	7553.6	5887.4

3—29—1 各地区玉米播种面积

单位：千公顷

地区	1978年	1980年	1985年	1990年	1995年	1996年	1997年
全国总计	**19961.1**	**20087.4**	**17694.1**	**21401.5**	**22775.7**	**24498.2**	**23775.1**
北京	169.5	197.4	217.1	223.7	207.8	207.8	206.3
天津	180.6	169.0	136.2	161.5	158.6	162.9	152.2
河北	2236.2	2340.9	1749.5	2040.8	2290.8	2524.9	2425.9
山西	793.1	742.3	497.1	636.8	768.2	836.6	822.8
内蒙古	55.7	652.8	434.0	773.5	992.1	1116.1	1279.3
辽宁	1485.6	1416.2	1198.0	1365.7	1517.5	1576.7	1573.4
吉林	1882.2	1681.9	1679.6	2219.1	2344.1	2481.3	2454.2
黑龙江	1996.4	1884.0	1576.6	2168.6	2411.2	2663.7	2544.8
上海	10.1	9.7	6.1	10.5	8.1	8.3	6.8
江苏	445.0	386.2	459.6	461.0	462.0	467.8	439.0
浙江	120.8	65.5	44.9	48.0	39.3	38.8	42.1
安徽	232.9	163.9	223.9	414.9	552.4	614.8	512.2
福建	2.6	1.6	1.5	19.5	29.6	31.6	32.7
江西	10.4	7.9	7.1	11.9	41.1	40.2	31.0
山东	2134.6	2142.7	2087.5	2405.2	2694.8	2826.7	2626.8
河南	1684.0	1680.1	1663.7	2176.9	1957.5	2150.2	1952.4
湖北	403.1	406.9	374.2	386.1	393.8	405.1	399.8
湖南	145.7	147.9	101.8	121.8	137.9	163.3	171.8
广东	48.7	45.9	39.0	57.1	65.5	103.7	133.6
广西	632.6	535.2	476.1	536.9	550.1	558.5	561.1
海南				14.0	17.1	17.1	17.5
重庆							513.2
四川	1566.7	1600.7	1583.3	1711.5	1715.8	1762.1	1290.4
贵州	677.9	717.7	592.4	600.1	646.7	636.0	629.5
云南	1024.0	1110.8	920.3	989.9	988.0	993.8	979.5
西藏		1.5	1.7	2.9	2.8	3.0	3.1
陕西	1083.8	1076.7	951.0	1024.7	902.6	1087.4	915.9
甘肃	299.8	318.2	217.9	300.4	346.2	430.5	486.2
青海							
宁夏	17.9	27.9	35.5	76.3	95.0	121.5	131.8
新疆	621.4	555.8	418.4	442.4	439.2	467.9	439.8

3—29—1 续

单位：千公顷

地　区	1998 年	1999 年	2000 年	2001 年	2002 年	2003 年	2004 年
全国总计	**25238.8**	**25903.7**	**23056.1**	**24282.1**	**24633.7**	**24068.2**	**25445.7**
北　京	207.7	198.1	135.8	100.1	87.2	75.2	93.5
天　津	163.0	168.6	131.2	140.9	146.5	124.9	134.8
河　北	2581.0	2663.8	2478.6	2543.4	2577.4	2488.8	2630.6
山　西	886.6	923.0	793.7	837.8	891.0	915.5	1125.6
内蒙古	1470.8	1571.6	1298.2	1518.9	1562.2	1591.2	1675.6
辽　宁	1638.0	1677.8	1422.5	1566.8	1431.6	1434.9	1598.8
吉　林	2421.3	2375.5	2197.3	2609.5	2579.5	2627.2	2901.5
黑龙江	2487.2	2651.9	1801.3	2132.7	2285.6	2053.8	2179.5
上　海	7.3	7.3	5.2	5.2	4.5	4.6	4.2
江　苏	473.5	454.3	423.2	429.8	436.5	451.9	389.1
浙　江	43.8	46.8	52.2	51.8	52.2	51.9	54.5
安　徽	570.3	588.5	485.9	589.3	651.4	627.4	662.3
福　建	35.5	36.7	36.8	35.4	36.2	36.9	37.8
江　西	32.7	27.3	25.3	19.9	16.8	17.5	14.4
山　东	2781.9	2768.2	2413.9	2505.2	2530.1	2405.9	2455.1
河　南	2152.7	2193.7	2201.3	2200.0	2319.9	2386.7	2420.0
湖　北	440.9	460.8	424.1	400.9	390.8	341.1	357.5
湖　南	221.8	280.1	278.5	269.8	272.9	289.8	276.5
广　东	156.1	177.7	189.3	164.6	141.9	135.7	137.9
广　西	578.7	594.0	610.7	556.9	520.3	531.1	586.6
海　南	18.6	18.0	18.0	16.7	16.1	19.9	13.7
重　庆	526.1	519.9	500.6	489.9	476.9	455.5	460.4
四　川	1364.8	1359.2	1235.5	1200.8	1207.9	1161.3	1172.6
贵　州	728.8	725.6	727.3	721.8	703.8	686.3	706.5
云　南	1095.7	1159.6	1129.7	1138.1	1128.9	1066.9	1111.1
西　藏	3.2	3.0	3.2	3.4	3.6	3.3	3.3
陕　西	1065.2	1123.4	1057.0	1005.1	999.9	948.3	1047.4
甘　肃	511.7	531.2	464.4	467.1	503.5	490.5	487.7
青　海	2.3	2.5	2.1	2.3	1.8		1.6
宁　夏	143.2	162.7	131.1	147.8	155.1	176.3	187.9
新　疆	428.6	432.9	382.4	410.3	501.9	467.9	518.0

3—29—2 各地区玉米总产量

单位:万吨

地区	1978年	1980年	1985年	1990年	1995年	1996年	1997年
全国总计	**5594.5**	**6260.0**	**6382.6**	**9681.9**	**11198.6**	**12747.1**	**10430.9**
北京	60.5	89.0	106.7	130.9	133.0	119.7	118.9
天津	31.5	57.5	55.1	74.0	80.5	75.4	65.5
河北	516.5	663.0	678.9	829.2	1183.4	1168.4	1009.5
山西	271.0	263.0	209.8	305.4	403.5	457.5	350.1
内蒙古	19.0	139.0	159.7	393.1	518.4	751.5	677.9
辽宁	603.0	653.5	448.1	798.2	824.7	969.5	668.3
吉林	581.0	507.0	793.1	1529.6	1478.5	1753.4	1260.3
黑龙江	622.0	520.5	411.8	1008.3	1212.6	1445.0	1165.9
上海	5.5	4.0	4.0	6.7	4.6	5.2	4.8
江苏	123.0	139.0	221.6	230.2	270.8	259.9	243.7
浙江	28.0	15.5	13.2	9.9	14.2	13.7	14.1
安徽	38.0	38.5	65.7	146.9	271.9	264.1	229.1
福建			0.2	3.3	6.9	8.0	8.9
江西	1.0	1.0	1.0	2.3	8.9	9.0	8.4
山东	612.0	825.5	937.7	1110.9	1543.0	1603.4	1106.0
河南	469.0	533.0	537.3	960.5	957.8	1038.3	807.7
湖北	103.0	86.0	115.3	122.2	150.1	165.8	161.0
湖南	22.0	21.5	20.2	24.5	38.9	47.7	76.5
广东	6.0	6.5	7.0	13.5	21.9	37.1	51.1
广西	103.0	111.0	91.7	120.0	155.2	151.0	165.5
海南				2.5	3.7	3.9	4.2
重庆							208.9
四川	438.5	612.0	578.0	715.0	629.6	716.9	580.7
贵州	174.0	211.5	157.7	177.3	238.5	262.4	263.6
云南	233.0	263.0	248.7	277.8	339.3	369.2	363.2
西藏		0.5	0.5	0.9	1.1	1.3	1.4
陕西	292.0	275.0	291.6	333.8	282.3	472.3	271.4
甘肃	101.5	89.0	74.4	116.2	125.9	215.2	166.9
青海							
宁夏	6.0	8.5	14.2	37.6	60.8	79.7	83.2
新疆	134.5	126.5	139.4	201.2	238.7	282.5	294.3

3—29—2 续

单位:万吨

地区	1998年	1999年	2000年	2001年	2002年	2003年	2004年
全国总计	**13295.4**	**12808.6**	**10600.0**	**11408.8**	**12130.8**	**11583.0**	**13028.7**
北京	122.6	86.7	58.7	53.9	46.1	32.2	43.5
天津	75.5	56.3	41.0	75.2	71.1	64.8	68.2
河北	1187.2	1088.0	994.5	1059.5	1035.0	1073.6	1157.6
山西	476.1	375.4	354.8	309.9	435.3	477.0	631.9
内蒙古	839.8	771.4	629.2	757.0	821.5	888.7	948.0
辽宁	1120.9	985.4	551.1	818.7	858.0	907.2	1079.7
吉林	1924.7	1692.6	993.2	1328.4	1540.0	1615.3	1810.0
黑龙江	1199.7	1228.4	790.8	819.5	1070.5	830.9	939.5
上海	4.9	4.9	3.7	3.7	3.0	3.2	2.6
江苏	286.2	264.8	236.8	259.9	261.7	197.3	216.6
浙江	14.9	16.8	20.3	21.1	22.3	21.5	22.5
安徽	226.5	213.3	219.0	279.9	356.8	260.6	320.8
福建	9.8	10.9	11.1	10.8	11.2	11.6	12.7
江西	8.7	7.5	8.5	6.2	5.5	6.3	4.8
山东	1553.6	1551.4	1467.5	1532.4	1316.0	1411.0	1499.2
河南	1096.3	1156.6	1075.0	1151.4	1189.8	766.3	1050.0
湖北	186.7	204.1	216.7	194.9	187.4	167.5	179.1
湖南	82.1	126.8	125.1	115.1	119.2	128.6	126.6
广东	59.8	72.5	76.1	65.2	53.5	53.1	56.1
广西	156.2	171.6	184.2	168.5	161.0	159.7	176.1
海南	5.2	4.9	5.2	4.9	5.1	6.1	4.7
重庆	190.8	191.2	197.5	180.6	197.4	207.0	227.8
四川	623.1	640.0	547.4	452.3	525.1	517.3	557.4
贵州	309.0	334.8	342.2	319.4	343.2	319.9	333.9
云南	418.1	459.5	473.3	477.3	461.5	399.9	425.7
西藏	1.3	1.4	1.4	1.7	1.7	1.6	1.6
陕西	481.1	440.4	413.7	352.8	374.5	373.2	407.0
甘肃	258.0	255.2	210.5	199.0	219.2	244.4	245.0
青海	1.8	2.2	1.2	1.2	1.2		1.2
宁夏	99.9	107.6	82.0	94.8	104.3	119.9	117.7
新疆	274.8	286.0	268.5	293.8	332.9	317.3	361.5

3—29—3 各地区玉米单位面积产量

单位:公斤/公顷

地区	1978年	1980年	1985年	1990年	1995年	1996年	1997年
全国总计	**2802.7**	**3116.4**	**3607.2**	**4523.9**	**4916.9**	**5203.3**	**4387.3**
北京	3570.0	4508.6	4915.5	5850.7	6397.5	5760.3	5763.5
天津	1744.2	3402.4	4045.5	4583.0	5075.7	4631.0	4300.3
河北	2309.7	2832.2	3880.6	4063.1	5165.7	4627.6	4161.4
山西	3417.1	3542.9	4220.8	4795.9	5252.9	5468.0	4255.4
内蒙古	3413.2	2129.3	3679.7	5081.9	5224.9	6733.0	5299.0
辽宁	4059.0	4614.5	3740.4	5844.8	5434.9	6149.0	4247.2
吉林	3086.8	3014.5	4722.0	6893.0	6307.3	7066.5	5135.3
黑龙江	3115.6	2762.7	2611.9	4649.5	5029.0	5424.8	4581.5
上海	5463.6	4137.9	6521.7	6401.3	5679.0	6265.0	7058.8
江苏	2764.0	3599.2	4821.6	4993.5	5861.3	5555.0	5551.3
浙江	2317.9	2365.2	2937.7	2062.5	3614.2	3535.0	3349.2
安徽	1631.8	2349.5	2933.9	3540.9	4922.4	4295.7	4472.9
福建			1304.3	1695.2	2331.1	2531.6	2721.7
江西	961.5	1260.5	1401.9	1938.2	2165.5	2238.8	2709.7
山东	2867.0	3852.6	4491.9	4618.7	5725.7	5672.6	4210.6
河南	2785.0	3172.4	3229.5	4412.3	4892.9	4829.0	4137.0
湖北	2555.0	2113.4	3081.2	3164.7	3811.6	4093.4	4026.7
湖南	1510.3	1454.0	1984.3	2011.5	2820.9	2921.5	4450.5
广东	1231.2	1417.2	1794.9	2362.9	3343.5	3578.8	3824.9
广西	1628.2	2074.0	1926.2	2235.2	2821.3	2703.7	2949.6
海南				1785.7	2174.2	2281.0	2402.7
重庆							4070.5
四川	2798.8	3823.4	3650.5	4177.5	3669.4	4068.4	4500.2
贵州	2566.9	2946.8	2662.1	2954.7	3688.0	4126.0	4187.5
云南	2275.4	2367.7	2702.5	2806.4	3433.7	3714.9	3708.2
西藏		3260.9	3000.0	3139.5	3928.6	4166.7	4354.8
陕西	2694.2	2554.0	3066.2	3257.6	3127.5	4343.4	2963.2
甘肃	3385.6	2797.0	3413.9	3868.2	3637.4	4998.8	3431.9
青海							
宁夏	3358.2	3050.2	4003.8	4925.8	6400.0	6559.7	6312.6
新疆	2164.5	2276.0	3331.7	4547.9	5435.4	6038.1	6691.4

3—29—3 续　　　　单位:公斤/公顷

地　区	1998年	1999年	2000年	2001年	2002年	2003年	2004年
全国总计	**5267.8**	**4944.7**	**4597.5**	**4698.4**	**4924.5**	**4812.6**	**5120.2**
北　京	5902.7	4376.6	4322.2	5384.6	5286.7	4281.3	4651.5
天　津	4632.8	3339.3	3121.2	5334.9	4851.5	5189.0	5061.7
河　北	4599.9	4084.5	4012.3	4165.5	4015.5	4313.6	4400.5
山　西	5369.9	4067.0	4469.7	3699.2	4885.7	5210.0	5613.4
内蒙古	5709.8	4908.5	4846.7	4983.9	5258.7	5585.0	5657.7
辽　宁	6842.9	5873.2	3874.2	5225.1	5993.3	6322.5	6753.2
吉　林	7949.0	7125.2	4520.1	5090.7	5970.1	6148.4	6238.2
黑龙江	4823.5	4632.1	4390.2	3842.5	4683.7	4045.7	4310.6
上　海	6616.6	6675.7	7115.4	7093.0	6592.9	6818.2	6139.1
江　苏	6044.4	5828.6	5595.0	6046.6	5994.5	4364.9	5565.6
浙　江	3401.8	3589.7	3888.9	4076.5	4275.9	4140.2	4124.8
安　徽	3971.6	3624.9	4507.4	4749.5	5477.4	4153.6	4843.6
福　建	2760.6	2970.0	3016.3	3050.8	3093.9	3152.5	3351.0
江　西	2660.6	2747.3	3359.7	3115.6	3301.5	3582.9	3342.6
山　东	5584.8	5604.4	6079.2	6116.7	5201.6	5864.9	6106.6
河　南	5092.8	5272.2	4883.3	5233.6	5128.5	3210.8	4338.6
湖　北	4235.2	4428.0	5109.9	4861.3	4795.5	4910.4	5010.8
湖　南	3701.0	4526.5	4491.9	4266.3	4366.6	4436.3	4580.6
广　东	3830.9	4079.9	4020.1	3962.3	3767.5	3915.0	4065.0
广　西	2699.2	2889.0	3016.2	3025.7	3094.4	3007.0	3002.0
海　南	2817.9	2742.9	2903.2	2944.3	3151.0	3087.0	3406.3
重　庆	3626.7	3677.6	3945.3	3686.5	4139.2	4544.5	4947.9
四　川	4565.5	4708.8	4430.7	3766.7	4347.2	4454.4	4753.5
贵　州	4239.8	4614.0	4705.1	4425.0	4876.3	4661.2	4726.4
云　南	3816.2	3962.8	4189.6	4193.8	4088.2	3748.6	3830.9
西　藏	4119.5	4752.5	4476.2	4824.6	4732.4	4924.0	4969.7
陕　西	4516.5	3920.2	3913.9	3510.3	3745.4	3935.5	3885.8
甘　肃	5041.9	4803.9	4532.5	4260.6	4352.7	4983.6	5023.9
青　海	7894.7	8825.9	5714.3	5217.4	6666.7		7405.1
宁　夏	6976.3	6613.4	6254.8	6414.1	6724.7	6801.1	6265.1
新　疆	6411.9	6606.5	7021.1	7159.8	6632.4	6782.2	6978.4

3—30—1 各地区大豆播种面积

单位：千公顷

地 区	1978年	1980年	1985年	1990年	1995年	1996年	1997年
全国总计	**7143.7**	**7226.3**	**7717.7**	**7559.6**	**8126.7**	**7470.6**	**8346.2**
北 京	6.9	8.0	9.8	11.7	12.6	9.2	9.3
天 津	19.3	23.4	30.7	45.1	51.7	41.7	39.5
河 北	260.0	261.2	300.7	403.5	481.4	473.4	460.0
山 西	115.7	138.5	165.9	251.9	229.9	226.0	218.6
内蒙古	29.3	171.3	218.7	300.8	557.0	554.8	758.2
辽 宁	566.7	472.9	393.0	349.0	273.0	239.2	249.3
吉 林	625.6	556.5	478.1	463.8	378.6	296.1	309.6
黑龙江	1576.1	1630.1	2167.5	2078.7	2512.8	2152.6	2393.1
上 海	1.5	1.4	2.2	5.3	6.6	8.5	5.1
江 苏	345.3	275.5	317.9	244.7	201.3	179.5	217.4
浙 江	65.0	70.3	59.9	66.5	86.1	88.6	91.5
安 徽	694.5	610.9	645.6	522.9	441.4	397.7	518.0
福 建	53.5	57.8	74.2	89.7	107.0	109.4	111.1
江 西	120.7	114.6	136.0	137.7	162.5	161.0	161.5
山 东	559.5	695.1	511.2	448.3	514.5	463.1	529.2
河 南	871.6	918.1	880.3	639.6	559.4	500.2	609.8
湖 北	219.2	173.7	167.6	164.7	188.0	174.7	182.3
湖 南	122.9	130.5	164.7	181.7	215.4	206.7	205.3
广 东	131.7	139.3	123.7	114.9	103.9	103.3	99.4
广 西	114.3	173.0	210.7	213.4	252.5	260.8	267.5
海 南				6.9	7.4	8.0	8.6
重 庆							64.6
四 川	200.7	171.0	193.1	191.9	185.6	184.4	121.5
贵 州	118.5	109.1	122.5	126.4	130.5	133.6	220.9
云 南	52.8	44.4	63.7	74.3	89.0	90.3	96.4
西 藏		1.0	0.3	24.9	0.3	0.4	1.9
陕 西	205.7	211.5	202.3	288.5	240.5	277.1	255.9
甘 肃	29.9	31.3	46.9	61.0	70.0	70.8	66.3
青 海							
宁 夏	23.6	21.2	21.9	38.5	38.9	38.3	40.5
新 疆	13.3	14.8	8.6	13.5	28.9	21.1	34.1

3—30—1 续

单位:千公顷

地　　区	1998 年	1999 年	2000 年	2001 年	2002 年	2003 年	2004 年
全国总计	**8500.2**	**7962.0**	**9306.6**	**9481.7**	**8719.6**	**9312.9**	**9588.8**
北　　京	10.2	10.4	22.1	20.0	15.5	16.4	13.6
天　　津	45.9	35.2	34.6	45.5	35.2	30.9	29.3
河　　北	496.2	438.1	423.7	379.2	331.3	280.5	274.3
山　　西	264.2	245.9	272.5	216.5	245.6	207.3	210.9
内 蒙 古	771.3	736.8	793.9	755.0	596.1	697.3	752.9
辽　　宁	249.6	235.1	301.9	333.1	285.4	305.1	295.9
吉　　林	304.3	278.4	539.0	432.6	415.0	430.0	525.9
黑 龙 江	2458.8	2153.2	2868.3	3326.3	2930.1	3389.3	3555.5
上　　海	8.7	5.5	6.2	4.6	4.5	5.3	5.3
江　　苏	220.8	210.4	249.2	244.4	243.4	241.7	216.4
浙　　江	101.8	109.2	129.1	122.8	114.4	116.5	116.6
安　　徽	494.3	478.9	682.2	679.7	747.4	855.2	888.1
福　　建	109.3	109.2	105.4	98.2	93.8	90.3	88.4
江　　西	159.9	150.4	152.5	146.3	131.8	117.4	101.5
山　　东	530.9	492.2	458.2	395.4	322.0	285.7	241.2
河　　南	601.4	569.2	564.7	563.5	528.0	503.4	522.5
湖　　北	200.6	207.0	224.8	218.2	215.3	195.0	183.8
湖　　南	200.8	206.6	205.8	203.6	198.2	198.2	188.1
广　　东	97.4	96.4	96.9	88.1	85.0	78.8	80.4
广　　西	275.7	275.9	281.4	250.0	237.5	258.1	219.6
海　　南	9.8	8.8	9.5	8.7	8.8	7.8	6.7
重　　庆	68.9	74.2	80.2	78.6	80.6	81.7	95.1
四　　川	127.3	137.9	169.6	187.4	193.7	201.5	200.9
贵　　州	137.8	142.2	141.0	139.2	136.4	128.7	131.1
云　　南	102.1	111.4	52.0	126.8	122.7	113.1	149.7
西　　藏	0.2	0.3	0.5	0.7	1.8	1.0	0.3
陕　　西	291.8	273.2	246.9	229.1	224.4	306.6	308.1
甘　　肃	74.1	86.2	88.2	82.9	81.8	80.8	86.7
青　　海							
宁　　夏	46.8	40.5	43.6	26.3	25.6	20.3	20.5
新　　疆	39.2	43.4	62.8	79.1	68.2	68.9	79.7

3—30—2 各地区大豆总产量

单位:万吨

地　区	1978年	1980年	1985年	1990年	1995年	1996年	1997年
全国总计	**756.5**	**794.0**	**1050.0**	**1100.0**	**1350.2**	**1322.4**	**1473.2**
北　京	1.5	1.5	2.2	2.8	3.3	2.3	2.3
天　津	2.5	3.0	4.7	6.6	9.3	6.1	4.2
河　北	32.5	29.5	38.5	53.5	78.6	73.6	58.2
山　西	13.5	13.0	17.7	30.2	22.0	30.9	17.5
内蒙古	2.0	12.5	28.8	47.6	52.5	83.4	97.4
辽　宁	57.0	53.5	54.6	42.7	41.3	40.4	34.7
吉　林	69.0	60.5	90.4	93.3	78.3	63.4	62.6
黑龙江	212.5	220.5	313.7	325.8	427.3	413.5	576.2
上　海	1.5	0.5	1.1	1.2	2.3	2.3	1.1
江　苏	36.5	35.0	55.8	45.1	45.9	42.8	55.3
浙　江	12.0	12.0	11.0	11.4	18.9	20.3	21.1
安　徽	37.0	49.5	70.4	55.4	64.3	55.3	86.5
福　建	5.0	7.0	9.3	11.2	17.1	18.5	20.0
江　西	11.0	11.5	14.5	16.9	29.7	30.6	29.9
山　东	57.5	84.0	79.5	84.3	123.0	114.1	82.1
河　南	69.5	92.0	103.2	86.7	106.7	91.1	95.2
湖　北	30.0	11.5	23.8	26.4	39.5	33.3	30.0
湖　南	13.0	13.5	21.8	25.4	38.1	34.0	44.2
广　东	8.0	11.5	11.8	13.9	16.5	17.3	17.6
广　西	7.0	10.0	14.2	12.8	29.5	30.0	32.7
海　南				0.6	0.9	0.9	1.2
重　庆							6.3
四　川	27.0	20.5	33.6	34.6	40.7	33.0	24.2
贵　州	12.0	8.0	11.0	12.8	13.8	15.3	23.4
云　南	9.5	7.0	9.6	10.0	13.0	12.0	12.5
西　藏				6.0	0.1	0.1	0.1
陕　西	20.0	18.0	18.3	29.3	20.5	39.8	17.3
甘　肃	5.5	5.0	6.4	7.7	7.4	10.4	7.8
青　海							
宁　夏	2.0	1.5	2.6	2.4	3.0	2.9	3.3
新　疆	2.0	2.0	1.5	3.4	6.7	4.8	8.3

3—30—2 续 单位:万吨

地　　区	1998 年	1999 年	2000 年	2001 年	2002 年	2003 年	2004 年
全国总计	**1515.2**	**1424.5**	**1540.9**	**1540.6**	**1650.5**	**1539.3**	**1740.1**
北　　京	2.5	2.0	4.7	4.8	3.5	2.8	3.0
天　　津	5.3	2.7	3.9	8.2	5.5	6.1	4.5
河　　北	76.0	56.7	62.9	56.3	49.4	46.4	44.3
山　　西	35.0	26.9	36.0	22.1	29.7	29.8	30.8
内 蒙 古	93.7	82.5	85.8	83.4	96.4	53.6	103.1
辽　　宁	49.1	39.2	48.1	54.2	53.2	64.6	52.1
吉　　林	73.8	63.6	120.3	110.5	127.5	150.3	152.1
黑 龙 江	444.6	446.6	450.1	496.2	556.3	560.8	638.5
上　　海	2.2	1.7	1.9	1.7	1.9	1.7	1.7
江　　苏	64.7	56.8	67.0	67.1	70.3	56.8	57.0
浙　　江	22.6	23.4	28.4	28.5	26.3	26.4	26.6
安　　徽	89.1	100.5	91.5	89.4	139.4	99.9	112.5
福　　建	20.6	21.0	20.5	19.6	18.8	18.0	18.4
江　　西	29.2	23.7	25.9	23.9	22.1	19.2	17.8
山　　东	136.8	96.9	104.6	91.0	73.8	69.2	71.7
河　　南	112.1	115.2	115.8	107.6	97.8	56.7	103.5
湖　　北	40.8	43.7	45.8	42.8	42.2	44.7	40.5
湖　　南	37.5	41.9	42.8	45.2	44.9	39.7	39.9
广　　东	17.4	17.9	18.7	17.4	15.9	15.4	18.1
广　　西	32.4	35.1	36.4	34.4	32.3	36.0	31.1
海　　南	1.5	1.3	1.7	1.5	1.6	1.6	1.3
重　　庆	5.9	6.8	8.8	5.9	9.3	10.0	16.5
四　　川	25.3	29.2	37.4	38.6	42.5	46.0	49.1
贵　　州	17.4	18.1	18.1	16.7	18.4	17.7	17.9
云　　南	12.9	13.9	7.7	16.0	15.9	14.8	20.6
西　　藏	0.1	0.1	0.3	0.3	0.4	0.4	0.1
陕　　西	41.1	29.3	22.2	19.6	21.2	15.9	32.4
甘　　肃	11.0	12.5	13.4	13.6	11.9	13.1	14.1
青　　海							
宁　　夏	3.8	4.2	2.9	2.3	3.7	2.0	1.5
新　　疆	10.9	11.2	17.5	21.9	18.6	19.8	19.6

3—30—3 各地区大豆单位面积产量

单位:公斤/公顷

地区	1978年	1980年	1985年	1990年	1995年	1996年	1997年
全国总计	**1059.0**	**1098.8**	**1360.5**	**1455.1**	**1661.4**	**1770.2**	**1765.1**
北京	2184.5	1875.0	2244.9	2400.0	2631.2	2500.0	2473.1
天津	1293.1	1282.1	1530.9	1462.3	1796.0	1470.0	1073.4
河北	1250.0	1129.4	1280.3	1326.0	1632.9	1555.3	1264.7
山西	1167.1	938.4	1066.9	1198.7	957.4	1365.0	802.4
内蒙古	681.8	729.6	1316.9	1582.4	942.7	1503.0	1284.6
辽宁	1005.9	1131.4	1389.3	1223.5	1511.8	1689.0	1393.0
吉林	1102.9	1087.2	1890.8	2011.6	2068.1	2141.2	2022.0
黑龙江	1348.2	1352.7	1447.3	1567.4	1700.5	1920.9	2407.8
上海			5000.0	2250.0	3484.8	2709.0	2156.9
江苏	1056.9	1270.6	1755.3	1843.3	2280.0	2385.0	2543.7
浙江	1846.2	1707.8	1836.4	1715.1	2196.4	2291.0	2306.0
安徽	532.8	810.2	1090.5	1059.4	1457.6	1390.5	1669.9
福建	934.0	1211.1	1253.4	1248.1	1598.1	1691.0	1800.2
江西	911.6	1003.5	1066.2	1227.6	1827.7	1900.6	1851.4
山东	1027.6	1208.5	1555.2	1880.3	2390.5	2463.4	1550.7
河南	797.4	1002.1	1172.3	1355.5	1907.3	1821.0	1561.6
湖北	1368.6	662.2	1420.0	1603.2	2101.1	1904.9	1645.3
湖南	1058.1	1034.2	1323.6	1397.7	1768.8	1645.2	2152.4
广东	607.6	825.8	953.9	1209.4	1588.1	1674.2	1770.6
广西	612.6	578.0	673.9	599.8	1168.3	1150.3	1222.4
海南				873.8	1163.7	1125.0	1341.9
重庆							975.2
四川	1345.5	1198.8	1740.0	1803.3	2192.7	1789.6	1991.8
贵州	1012.4	733.0	898.0	1012.7	1057.5	1145.0	1059.3
云南	1799.2	1576.6	1507.1	1346.5	1464.0	1332.2	1292.7
西藏				2412.9		2500.0	531.9
陕西	972.1	850.9	904.6	1015.7	850.7	1436.3	676.0
甘肃	1841.5	1595.7	1364.6	1262.3	1054.7	1468.9	1178.5
青海							
宁夏	847.5	707.5	1187.2	623.9	771.2	757.2	814.8
新疆	1507.5	1351.4	1744.2	2524.8	2329.5	2280.3	2432.5

3—30—3 续

单位:公斤/公顷

地　区	1998 年	1999 年	2000 年	2001 年	2002 年	2003 年	2004 年
全国总计	**1782.5**	**1789.2**	**1655.7**	**1624.8**	**1892.9**	**1652.9**	**1814.8**
北　京	2451.0	1923.1	2136.1	2400.0	2258.1	1715.3	2186.4
天　津	1146.2	767.0	1138.7	1793.0	1557.3	1974.1	1532.7
河　北	1531.8	1294.9	1485.3	1485.9	1491.7	1654.8	1616.2
山　西	1326.2	1092.1	1319.2	1020.8	1209.9	1437.8	1458.1
内蒙古	1214.8	1119.7	1080.7	1104.6	1616.3	769.0	1369.4
辽　宁	1966.8	1667.2	1593.2	1627.3	1864.1	2117.1	1760.7
吉　林	2425.2	2284.5	2231.9	2554.3	3071.6	3495.3	2891.4
黑龙江	1808.2	2074.1	1569.2	1491.7	1898.6	1654.6	1795.8
上　海	2540.4	3068.6	3064.5	3652.2	4118.9	3264.5	3295.5
江　苏	2930.3	2699.5	2687.1	2745.8	2888.6	2348.1	2635.2
浙　江	2220.0	2143.6	2200.7	2321.6	2295.9	2266.5	2280.0
安　徽	1802.5	2098.5	1341.2	1315.2	1865.1	1168.1	1267.2
福　建	1884.7	1923.1	1945.0	1995.9	2004.3	1988.0	2083.0
江　西	1826.1	1575.7	1698.4	1633.6	1679.2	1630.8	1750.4
山　东	2577.0	1968.8	2281.9	2301.4	2293.4	2420.6	2971.6
河　南	1863.0	2024.6	2050.2	1909.6	1852.3	1125.7	1980.6
湖　北	2031.0	2111.0	2037.8	1959.4	1958.7	2293.1	2205.4
湖　南	1866.0	2028.6	2079.7	2220.3	2263.8	2002.9	2121.5
广　东	1786.4	1857.8	1929.8	1969.8	1870.6	1950.0	2251.5
广　西	1175.2	1272.1	1293.5	1376.0	1360.0	1394.0	1416.2
海　南	1562.8	1484.0	1735.0	1664.8	1778.0	2056.2	1961.1
重　庆	856.3	916.6	1097.3	750.6	1153.3	1225.1	1735.2
四　川	1987.4	2117.5	2204.8	2062.0	2194.1	2285.1	2444.0
贵　州	1262.7	1272.7	1283.7	1199.7	1349.3	1375.3	1364.1
云　南	1262.4	1245.1	1480.8	1259.3	1294.8	1309.1	1377.7
西　藏	2727.3	3214.3	5416.7	4477.6	2285.7	4300.0	2142.9
陕　西	1408.5	1072.3	899.1	855.7	944.7	518.6	1051.6
甘　肃	1486.0	1445.2	1514.4	1638.3	1453.4	1618.6	1622.4
青　海							
宁　夏	812.0	1036.3	665.1	874.5	1445.3	995.6	722.7
新　疆	2780.6	2580.6	2788.8	2771.3	2725.0	2871.7	2455.7

3—31—1 各地区棉花播种面积

单位:千公顷

地区	1978年	1980年	1985年	1990年	1995年	1996年	1997年
全国总计	**4866.4**	**4920.3**	**5140.3**	**5588.1**	**5421.6**	**4722.2**	**4491.4**
北京	13.3	2.1	5.1	3.4	3.3	2.7	2.2
天津	18.9	8.3	28.7	17.8	17.2	6.5	4.4
河北	576.6	548.7	850.3	910.9	700.6	427.6	377.1
山西	237.5	224.3	121.1	130.3	127.1	92.6	68.4
内蒙古				0.1			0.3
辽宁	101.5	38.5	39.1	19.1	31.0	12.4	19.5
吉林							
黑龙江							
上海	93.6	103.7	71.1	12.9	3.3	3.1	3.4
江苏	590.0	630.7	592.3	572.1	564.9	485.9	438.7
浙江	82.9	107.1	93.1	68.7	64.5	66.7	62.0
安徽	326.9	323.4	235.1	293.1	443.2	413.7	399.4
福建							
江西	114.3	108.5	66.3	70.3	131.8	107.4	102.2
山东	627.5	736.9	1169.7	1409.2	666.3	481.9	395.9
河南	612.1	626.7	814.3	823.0	1000.1	933.3	868.3
湖北	593.2	591.7	465.0	455.9	502.0	474.4	480.6
湖南	182.3	179.6	101.8	118.5	185.3	174.1	176.5
广东							
广西	2.7	2.7	1.7	1.0	1.8	2.3	2.6
海南							
重庆							1.2
四川	272.3	251.9	126.5	124.2	140.7	154.4	139.2
贵州	1.5	2.1	2.5	2.0	2.6	2.7	2.8
云南	5.7	4.7	2.8	2.0	2.0	1.8	1.7
西藏							
陕西	252.5	241.8	94.6	112.4	72.8	59.6	39.9
甘肃	10.7	5.6	5.8	5.9	18.0	19.9	21.4
青海							
宁夏					0.3		
新疆	150.4	181.2	253.5	435.2	742.9	799.3	883.7

3—31—1 续

单位:千公顷

地　区	1998年	1999年	2000年	2001年	2002年	2003年	2004年
全国总计	**4459.4**	**3725.6**	**4041.2**	**4809.8**	**4184.2**	**5110.5**	**5692.9**
北　京	2.1	1.9	1.6	2.9	3.1	3.2	6.5
天　津	6.1	6.0	15.1	45.0	44.8	70.6	86.9
河　北	315.7	266.6	307.4	418.5	407.4	581.4	669.1
山　西	65.4	52.6	43.0	90.1	72.3	91.5	114.6
内蒙古	0.9	0.6	0.6	0.9	0.7	5.0	6.7
辽　宁	20.5	6.9	7.3	7.3	3.0	4.2	5.3
吉　林				0.1	0.2	0.6	0.2
黑龙江							
上　海	4.5	2.0	1.0	1.1	0.8	0.8	1.1
江　苏	416.2	262.0	295.3	384.0	311.8	369.5	409.6
浙　江	62.8	37.9	26.6	27.7	18.7	17.6	18.8
安　徽	395.5	303.2	308.4	363.0	321.2	390.0	398.9
福　建	0.5	0.4	0.1	0.1	0.1	0.1	0.1
江　西	108.4	69.2	69.0	70.5	55.0	65.5	62.5
山　东	414.0	358.4	568.7	735.4	664.9	881.7	1059.2
河　南	800.0	733.3	779.3	858.2	793.0	926.7	951.8
湖　北	431.6	310.7	318.1	346.7	293.0	355.0	408.3
湖　南	198.7	157.8	146.0	149.4	129.2	139.0	167.7
广　东						0.0	0.0
广　西	2.1	1.8	1.8	1.7	1.6	1.4	1.7
海　南							
重　庆	1.9	1.2	1.2	0.7	0.6	0.4	0.4
四　川	139.6	94.1	70.1	66.4	33.0	31.2	35.8
贵　州	3.1	2.7	2.3	2.0	1.7	1.6	1.6
云　南	1.8	1.6	1.2	1.0	1.0	0.8	0.6
西　藏							
陕　西	35.2	27.7	30.1	50.4	42.8	65.1	80.1
甘　肃	33.5	31.0	34.7	56.9	40.4	52.2	68.3
青　海							
宁　夏							0.2
新　疆	999.3	995.9	1012.3	1129.7	943.9	1055.5	1136.9

3—31—2 各地区棉花总产量

单位:万吨

地 区	1978年	1980年	1985年	1990年	1995年	1996年	1997年
全国总计	**216.7**	**270.7**	**414.7**	**450.8**	**476.8**	**420.3**	**460.3**
北 京	0.3	0.1	0.4	0.3	0.3	0.3	0.2
天 津	0.2	0.2	2.4	1.5	1.1	0.5	0.4
河 北	11.7	24.7	62.9	57.1	37.0	25.8	24.9
山 西	6.9	7.8	7.3	11.2	9.1	7.2	4.4
内蒙古							0.1
辽 宁	2.4	2.1	2.4	1.4	2.4	1.1	1.5
吉 林							
黑龙江							
上 海	11.9	7.6	4.9	1.2	0.4	0.4	0.4
江 苏	47.5	41.8	47.9	46.4	56.2	53.7	50.7
浙 江	7.3	8.3	8.1	6.4	6.2	6.8	4.8
安 徽	11.5	12.2	16.7	23.6	30.1	27.0	30.1
福 建							
江 西	3.5	4.3	6.2	5.7	11.9	12.3	13.2
山 东	15.4	53.7	106.2	97.5	47.1	37.2	35.4
河 南	22.4	40.6	54.7	67.6	77.0	73.6	79.0
湖 北	36.7	31.6	49.2	51.7	58.6	43.0	58.1
湖 南	7.6	9.6	10.1	12.0	22.4	19.0	25.6
广 东							
广 西	0.1	0.1			0.1	0.1	0.1
海 南							
重 庆						0.0	0.1
四 川	14.8	9.5	11.3	11.5	11.2	12.3	10.7
贵 州		0.1	0.1	0.1	0.1	0.1	0.1
云 南	0.2	0.1	0.1		0.1	0.1	0.1
西 藏							
陕 西	10.5	8.1	4.3	7.8	4.0	3.1	2.1
甘 肃	0.3	0.3	0.5	0.8	2.3	2.6	3.4
青 海							
宁 夏							
新 疆	5.5	7.9	18.8	46.9	99.4	94.0	115.0

3—31—2 续

单位:万吨

地区	1998年	1999年	2000年	2001年	2002年	2003年	2004年
全国总计	**450.1**	**382.9**	**441.7**	**532.4**	**491.6**	**486.0**	**632.4**
北京	0.2	0.2	0.2	0.3	0.3	0.3	0.8
天津	0.6	0.6	1.8	6.4	6.2	9.5	12.0
河北	27.0	22.3	30.0	41.9	40.2	52.2	66.5
山西	5.6	4.4	4.5	8.4	7.5	9.2	12.0
内蒙古	0.2	0.2	0.2	0.3	0.3	0.5	0.7
辽宁	1.8	0.5	0.6	0.8	0.3	0.3	0.5
吉林						0.1	
黑龙江							
上海	0.5	0.2	0.1	0.1	0.1	0.1	0.2
江苏	46.2	24.6	31.4	46.1	36.3	29.1	50.3
浙江	6.5	4.0	2.9	3.2	2.2	2.1	2.3
安徽	29.0	19.5	27.4	35.7	33.7	24.1	41.2
福建							
江西	7.6	6.3	6.8	8.1	6.7	7.6	8.5
山东	41.3	33.9	59.0	78.1	72.2	87.7	109.8
河南	72.8	70.7	70.4	82.8	76.5	37.7	66.7
湖北	32.5	28.2	30.4	37.4	32.3	32.5	39.5
湖南	19.2	17.7	15.8	19.0	15.3	16.3	20.3
广东							
广西	0.1	0.1	0.1	0.1	0.1	0.1	0.1
海南							
重庆	0.1	0.1					
四川	10.2	7.6	5.9	3.0	2.4	2.5	3.3
贵州	0.2	0.1	0.1	0.1	0.1	0.1	0.1
云南	0.1	0.1	0.1				
西藏							
陕西	2.3	2.0	2.7	5.0	4.3	5.3	8.2
甘肃	6.1	4.3	5.7	9.9	7.0	8.7	11.0
青海							
宁夏							
新疆	140.0	135.4	145.6	145.8	147.7	160.0	178.3

3—31—3 各地区棉花单位面积产量

单位:公斤/公顷

地区	1978年	1980年	1985年	1990年	1995年	1996年	1997年
全国总计	**445.3**	**550.1**	**806.7**	**806.7**	**879.4**	**890.1**	**1024.8**
北京	255.0	457.5	855.0	1035.0	780.8		1021.8
天津	120.0	195.0	825.0	855.0	651.4	776.3	890.0
河北	202.5	450.0	750.0	630.0	528.8	604.3	659.6
山西	292.5	345.0	600.0	855.0	714.5	782.1	648.9
内蒙古				525.0			1790.0
辽宁	232.5	555.0	615.0	720.0	762.4	869.9	773.5
吉林							
黑龙江							
上海	1267.5	735.0	690.0	945.0	1087.2	1381.7	1119.1
江苏	802.5	660.0	810.0	810.0	994.2	1106.1	1156.7
浙江	855.0	772.5	870.0	930.0	968.2	1025.1	767.6
安徽	352.5	375.0	705.0	810.0	679.6	652.6	753.7
福建							
江西	307.5	397.5	945.0	810.0	899.7	1145.8	1294.9
山东	247.5	727.5	915.0	690.0	706.7	772.6	893.9
河南	367.5	645.0	675.0	825.0	769.9	788.3	909.8
湖北	615.0	532.5	1065.0	1140.0	1167.3	906.7	1208.8
湖南	412.5	532.5	990.0	1020.0	1206.5	1089.6	1448.4
广东	390.0						
广西	285.0	255.0	195.0	210.0	391.3	443.1	469.4
海南							
重庆							434.7
四川	547.5	375.0	900.0	930.0	796.9	799.0	771.4
贵州	247.5	232.5	450.0	315.0	335.1	297.8	327.1
云南	315.0	255.0	195.0	225.0	360.5	341.6	398.8
西藏							
陕西	420.0	337.5	450.0	690.0	547.8	524.5	516.1
甘肃	315.0	480.0	885.0	1335.0	1272.6	1289.0	1581.3
青海							
宁夏							
新疆	367.5	435.0	750.0	1080.0	1337.6	1176.6	1301.4

3—31—3 续

单位:公斤/公顷

地　　区	1998 年	1999 年	2000 年	2001 年	2002 年	2003 年	2004 年
全国总计	**1009.3**	**1027.7**	**1093.1**	**1106.8**	**1175.0**	**950.9**	**1110.8**
北　　京	955.0	993.7	981.8	1183.8	1128.1	1077.0	1187.8
天　　津	1030.0	947.3	1164.7	1414.4	1392.0	1340.7	1385.2
河　　北	855.7	835.0	976.4	1001.9	986.5	897.9	994.4
山　　西	854.7	837.2	1040.8	929.7	1033.2	1002.4	1048.3
内 蒙 古	1681.1	2895.1	3225.0	3393.5	3684.3	1055.2	1105.4
辽　　宁	874.1	659.1	762.8	1029.9	994.3	828.8	894.7
吉　　林							440.0
黑 龙 江							
上　　海	1058.1	1091.6	1162.0	1292.0	1233.3	1428.6	1611.8
江　　苏	1110.0	939.0	1065.0	1199.3	1163.6	787.5	1227.6
浙　　江	1032.6	1068.0	1100.4	1143.1	1194.9	1192.7	1213.0
安　　徽	733.3	643.1	888.5	983.5	1049.2	617.9	1032.8
福　　建	942.0	1112.8	763.6	778.6	717.2	853.8	971.4
江　　西	701.7	916.7	985.9	1141.7	1217.3	1162.4	1357.0
山　　东	996.5	945.8	1037.3	1062.0	1086.0	994.5	1036.4
河　　南	910.5	964.5	903.1	964.5	964.4	406.5	700.5
湖　　北	753.0	906.0	956.6	1077.5	1101.0	915.4	968.6
湖　　南	968.7	1121.3	1082.2	1271.8	1184.4	1173.5	1210.4
广　　东							
广　　西	435.9	468.3	474.9	575.8	503.7	502.8	515.3
海　　南							
重　　庆	677.6	553.8	421.2	493.2	488.3	579.5	560.0
四　　川	727.8	807.1	839.7	448.4	715.8	812.5	924.0
贵　　州	497.8	499.6	495.7	355.5	373.6	358.0	399.4
云　　南	422.3	392.6	439.8	461.8	397.4	378.3	428.1
西　　藏							
陕　　西	649.4	703.6	910.8	989.0	1004.2	810.6	1027.2
甘　　肃	1821.4	1390.5	1656.3	1739.5	1721.6	1659.9	1609.3
青　　海							
宁　　夏							1510.0
新　　疆	1401.0	1359.5	1438.3	1290.6	1564.7	1515.9	1568.4

3—32—1 各地区油料播种面积

单位:千公顷

地　区	1978年	1980年	1985年	1990年	1995年	1996年	1997年
全国总计	**6222.3**	**7928.5**	**11799.8**	**10900.1**	**13101.6**	**12555.3**	**12381.1**
北　京	32.8	27.6	20.4	12.0	11.8	10.7	10.0
天　津	19.4	29.9	60.7	29.7	22.6	18.4	19.1
河　北	300.2	461.0	749.8	543.5	604.5	601.1	602.8
山　西	165.1	231.5	505.6	356.3	342.4	317.4	297.1
内蒙古	231.2	519.5	765.6	518.0	556.8	506.0	499.0
辽　宁	250.2	303.2	447.5	125.1	131.8	95.1	98.2
吉　林	168.5	186.3	437.4	200.9	151.1	119.8	112.4
黑龙江	143.9	243.9	392.2	141.9	147.3	127.8	142.2
上　海	50.7	52.2	70.3	93.5	79.4	70.6	54.1
江　苏	232.1	300.0	591.1	555.8	687.4	631.1	604.9
浙　江	183.1	245.6	286.0	302.1	309.3	295.7	275.8
安　徽	400.1	570.4	1089.8	999.3	1263.5	1098.8	1135.1
福　建	108.4	130.3	105.7	111.7	118.2	121.6	119.6
江　西	270.8	324.0	372.0	686.5	1057.0	1055.3	1003.3
山　东	538.0	664.3	979.0	727.3	879.8	821.0	809.4
河　南	465.6	710.3	793.7	876.4	1271.5	1181.1	1208.5
湖　北	302.9	330.7	604.6	744.3	1047.0	1059.7	1038.7
湖　南	288.7	312.6	403.9	705.3	890.7	943.6	956.0
广　东	423.6	445.5	431.0	343.1	347.4	347.5	350.2
广　西	189.1	167.5	197.3	196.7	284.1	351.4	363.1
海　南				45.0	51.2	51.3	52.2
重　庆							191.8
四　川	475.5	544.7	1021.0	1000.7	1048.9	1024.1	799.4
贵　州	217.8	217.0	355.1	404.4	446.2	447.0	442.5
云　南	118.5	110.5	128.2	117.8	145.4	148.5	138.5
西　藏	10.5	11.7	10.0	10.7		18.3	17.3
陕　西	129.8	160.3	239.7	269.1	302.2	312.9	296.7
甘　肃	166.9	193.5	263.9	302.3	328.2	336.5	319.2
青　海	61.2	78.8	94.9	113.9	149.8	135.9	137.8
宁　夏	75.6	86.3	91.5	97.3	100.9	113.0	110.5
新　疆	202.1	269.4	291.8	269.3	306.7	194.1	176.0

3—32—1 续

单位:千公顷

地区	1998年	1999年	2000年	2001年	2002年	2003年	2004年
全国总计	**12919.1**	**13906.0**	**15400.3**	**14630.9**	**14766.3**	**14990.0**	**14430.7**
北京	9.7	10.4	15.4	14.1	15.7	13.8	10.8
天津	20.1	16.2	26.3	20.5	18.9	15.8	6.1
河北	632.4	635.2	686.4	631.7	642.0	634.0	583.6
山西	351.1	371.4	417.1	309.9	355.1	323.0	298.3
内蒙古	567.4	679.6	879.3	607.9	688.5	723.4	671.0
辽宁	122.4	122.1	199.5	235.4	305.9	334.5	250.1
吉林	121.9	165.8	271.9	234.0	157.8	301.8	222.1
黑龙江	208.8	292.8	362.7	302.4	373.8	463.3	411.1
上海	57.6	60.8	71.5	63.8	53.4	39.4	31.4
江苏	626.8	717.0	897.2	927.2	907.3	911.0	920.7
浙江	281.9	289.4	315.6	306.6	289.1	250.9	237.3
安徽	1225.3	1334.5	1457.4	1415.4	1453.2	1412.6	1380.2
福建	119.8	121.6	125.0	123.7	121.9	123.5	125.1
江西	947.7	900.4	858.1	778.7	704.2	632.7	566.2
山东	858.8	894.1	956.9	1008.1	984.4	1013.0	944.8
河南	1235.9	1316.1	1492.5	1444.0	1537.0	1569.9	1538.9
湖北	1128.6	1282.5	1503.4	1465.3	1507.3	1506.0	1476.0
湖南	912.5	935.5	935.0	912.9	894.0	867.8	877.6
广东	356.0	326.3	343.8	353.4	325.0	334.5	316.2
广西	353.9	344.5	341.4	328.4	312.2	301.2	306.0
海南	55.9	53.7	54.1	54.6	53.5	49.8	47.4
重庆	192.4	197.2	226.4	225.1	236.3	236.7	244.1
四川	835.6	891.1	1026.1	1049.2	1048.8	1086.9	1088.8
贵州	448.1	486.6	512.7	498.0	504.7	501.8	531.6
云南	142.8	156.9	212.6	199.7	186.2	189.8	204.9
西藏	17.0	17.1	16.1	16.8	20.4	21.6	24.4
陕西	284.7	308.2	303.6	291.1	280.6	285.6	283.3
甘肃	333.1	339.3	312.1	326.5	310.8	335.0	332.7
青海	147.8	192.4	191.6	168.7	152.9	152.1	159.8
宁夏	110.9	119.9	78.5	100.2	110.6	132.5	125.0
新疆	212.1	327.2	310.0	217.6	215.1	226.4	215.5

3—32—2 各地区油料总产量

单位:万吨

地 区	1978 年	1980 年	1985 年	1990 年	1995 年	1996 年	1997 年
全国总计	**521.8**	**769.1**	**1578.4**	**1613.2**	**2250.3**	**2210.6**	**2157.4**
北 京	2.6	3.1	3.9	3.1	3.3	2.9	2.7
天 津	1.0	2.8	6.8	4.7	4.0	3.1	3.0
河 北	24.5	45.1	86.9	74.9	109.9	120.7	118.0
山 西	4.2	13.4	44.5	39.4	22.3	37.3	28.1
内 蒙 古	7.7	25.2	79.4	69.4	70.2	81.4	73.1
辽 宁	11.6	28.3	54.0	17.5	19.8	17.0	16.1
吉 林	16.4	26.6	48.4	46.7	25.6	21.7	15.9
黑 龙 江	9.3	26.3	28.4	17.2	20.1	16.8	18.2
上 海	11.6	9.6	15.4	18.2	15.8	16.2	10.7
江 苏	33.4	38.6	108.8	112.4	159.5	147.5	141.9
浙 江	22.1	28.9	44.2	48.4	50.0	52.1	48.9
安 徽	32.6	49.8	145.7	129.1	191.8	177.2	205.0
福 建	13.8	13.5	17.4	17.7	23.3	23.0	24.4
江 西	13.5	13.8	28.9	54.9	103.6	101.0	105.6
山 东	87.0	143.0	267.9	212.1	315.0	309.3	240.9
河 南	24.2	46.2	96.2	152.3	298.0	278.5	276.7
湖 北	23.7	20.6	73.0	95.8	189.4	181.8	195.5
湖 南	19.7	19.3	42.4	72.2	112.0	118.1	129.3
广 东	38.9	53.2	61.6	58.9	71.0	74.2	75.5
广 西	17.8	13.7	22.8	25.2	45.4	51.6	55.5
海 南				4.5	7.6	8.0	8.4
重 庆							23.3
四 川	58.5	71.9	151.2	155.6	170.2	156.8	134.2
贵 州	9.9	15.6	32.0	43.9	58.8	55.6	59.0
云 南	5.5	6.5	11.8	13.3	19.6	18.8	17.4
西 藏	0.8	1.1	1.5	1.7		3.5	3.4
陕 西	5.6	11.0	29.9	33.4	38.2	37.4	36.7
甘 肃	8.6	14.0	26.3	33.7	31.7	43.1	35.6
青 海	4.5	7.1	9.9	12.0	16.2	17.1	18.4
宁 夏	2.5	3.6	5.3	6.2	5.6	7.9	6.2
新 疆	10.3	17.6	34.3	39.0	49.4	31.0	30.0

3—32—2 续表　　　　单位:万吨

地　区	1998年	1999年	2000年	2001年	2002年	2003年	2004年
全国总计	**2313.9**	**2601.2**	**2954.8**	**2864.9**	**2897.2**	**2811.0**	**3065.9**
北　京	2.8	2.8	3.8	4.3	4.6	3.3	2.9
天　津	3.8	2.3	3.3	3.9	3.4	3.1	1.6
河　北	138.8	129.5	147.0	153.8	151.3	163.1	154.3
山　西	42.5	25.5	44.8	18.1	38.4	36.4	28.2
内蒙古	90.3	100.9	116.4	80.6	108.9	102.3	103.7
辽　宁	23.4	19.8	29.6	46.3	56.5	61.4	45.9
吉　林	21.3	31.4	39.0	34.3	46.1	57.1	38.1
黑龙江	16.9	39.3	43.8	36.3	52.8	44.7	46.0
上　海	6.8	13.4	16.4	12.8	9.9	6.4	7.4
江　苏	115.6	184.0	225.6	232.5	217.0	199.5	238.4
浙　江	35.5	54.1	57.9	58.2	47.0	43.8	48.8
安　徽	176.5	268.1	285.1	298.8	282.3	231.4	299.7
福　建	24.6	25.8	25.8	26.1	25.9	26.0	27.8
江　西	84.3	94.4	96.7	90.5	82.4	76.0	74.5
山　东	335.6	320.5	356.9	377.3	340.4	361.8	369.7
河　南	312.1	349.3	392.6	362.6	420.7	309.9	408.7
湖　北	216.7	228.3	287.2	279.4	245.3	272.7	314.4
湖　南	120.7	130.2	139.3	137.4	119.3	125.7	139.6
广　东	79.3	74.5	78.8	80.9	76.4	81.9	77.5
广　西	54.4	54.7	58.6	57.2	56.0	55.7	58.3
海　南	9.5	9.6	10.1	10.3	10.0	9.6	9.1
重　庆	25.1	24.1	31.1	30.0	35.0	38.3	41.8
四　川	146.4	151.6	193.0	181.0	201.5	217.1	226.3
贵　州	62.2	67.3	74.3	71.3	72.5	72.3	82.7
云　南	17.5	20.6	27.0	27.7	27.5	29.7	33.4
西　藏	3.0	4.1	4.0	4.4	4.5	4.9	5.4
陕　西	35.5	31.9	38.8	37.5	41.1	41.3	46.1
甘　肃	45.5	43.8	41.7	38.4	41.9	46.0	48.5
青　海	21.0	28.5	19.4	23.0	23.4	26.2	28.9
宁　夏	8.6	10.4	7.0	7.3	10.9	13.2	13.8
新　疆	37.5	60.5	60.1	42.6	44.4	50.1	44.5

3—32—3 各地区油料单位面积产量

单位:公斤/公顷

地　　区	1978年	1980年	1985年	1990年	1995年	1996年	1997年
全国总计	**838.6**	**970.0**	**1337.7**	**1479.9**	**1717.6**	**1760.7**	**1742.5**
北　京	795.0	1117.5	1935.0	2580.0	2784.4	2753.6	2734.5
天　津	517.5	930.0	1125.0	1575.0	1774.5	1699.5	1573.5
河　北	817.5	982.5	1170.0	1380.0	1817.3	2007.0	1957.3
山　西	255.0	577.5	885.0	1110.0	650.2	1174.9	944.1
内蒙古	337.5	487.5	1035.0	1350.0	1261.5	1607.8	1465.8
辽　宁	465.0	930.0	1215.0	1395.0	1499.7	1788.4	1636.4
吉　林	975.0	1425.0	1110.0	2325.0	1691.3	1811.4	1416.9
黑龙江	645.0	1080.0	720.0	1215.0	1362.9	1312.9	1279.0
上　海	2280.0	1837.5	2190.0	1950.0	1986.5	2295.9	1974.5
江　苏	1440.0	1290.0	1845.0	2025.0	2319.8	2337.1	2346.2
浙　江	1065.0	1177.5	1545.0	1605.0	1616.5	1762.3	1772.4
安　徽	817.5	870.0	1335.0	1290.0	1517.7	1612.2	1806.1
福　建	1275.0	1035.0	1650.0	1575.0	1969.3	1890.3	2037.7
江　西	495.0	427.5	780.0	795.0	980.0	957.4	1052.8
山　东	1785.0	2152.5	2730.0	2910.0	3580.3	3767.2	2976.6
河　南	517.5	652.5	1215.0	1740.0	2343.6	2357.7	2289.4
湖　北	780.0	622.5	1215.0	1290.0	1809.3	1715.8	1882.0
湖　南	682.5	615.0	1050.0	1020.0	1257.9	1251.8	1352.1
广　东	915.0	1192.5	1425.0	1725.0	2044.5	2136.7	2155.0
广　西	937.5	817.5	1155.0	1275.0	1596.2	1468.3	1529.3
海　南				1005.0	1485.4	1558.4	1614.2
重　庆							1217.0
四　川	1230.0	1312.5	1485.0	1560.0	1622.3	1531.2	1678.2
贵　州	457.5	720.0	900.0	1080.0	1318.5	1244.5	1332.8
云　南	465.0	585.0	915.0	1125.0	1347.3	1266.7	1259.1
西　藏	750.0	930.0	1455.0	1575.0		1920.1	1946.5
陕　西	435.0	682.5	1245.0	1245.0	1262.6	1195.9	1237.5
甘　肃	517.5	720.0	990.0	1110.0	965.6	1280.4	1113.8
青　海	742.5	900.0	1050.0	1050.0	1082.5	1257.5	1332.4
宁　夏	337.5	420.0	585.0	645.0	554.1	701.0	562.9
新　疆	510.0	652.5	1185.0	1440.0	1610.9	1594.9	1701.9

3—32—3 续表 单位:公斤/公顷

地　区	1998 年	1999 年	2000 年	2001 年	2002 年	2003 年	2004 年
全国总计	**1791.0**	**1870.5**	**1918.7**	**1958.1**	**1962.0**	**1875.2**	**2124.6**
北　京	2926.9	2653.9	2460.7	3026.7	2958.9	2394.8	2675.2
天　津	1870.1	1442.2	1260.8	1900.0	1796.2	1950.1	2553.6
河　北	2195.1	2038.9	2141.1	2434.8	2356.0	2572.6	2644.2
山　西	1210.0	687.8	1074.8	583.4	1081.6	1125.9	945.7
内蒙古	1591.9	1484.6	1323.4	1326.3	1581.8	1414.0	1545.0
辽　宁	1908.3	1619.4	1481.4	1964.8	1845.5	1835.9	1836.5
吉　林	1745.4	1895.0	1432.7	1467.5	2922.0	1892.9	1715.6
黑龙江	808.4	1341.2	1207.8	1200.2	1412.9	964.7	1118.7
上　海	1180.4	2195.0	2289.5	2008.1	1846.8	1620.1	2357.8
江　苏	1844.8	2566.8	2515.0	2508.0	2392.2	2189.5	2589.3
浙　江	1261.0	1868.6	1834.1	1898.9	1624.9	1744.3	2055.7
安　徽	1440.3	2008.8	1956.0	2111.1	1942.7	1638.4	2171.1
福　建	2055.1	2122.6	2062.4	2108.9	2121.6	2107.6	2223.6
江　西	890.0	1048.3	1127.3	1162.5	1170.4	1200.8	1316.2
山　东	3908.0	3584.4	3729.8	3742.6	3457.8	3571.7	3913.2
河　南	2525.4	2653.7	2630.1	2511.0	2737.0	1974.1	2656.0
湖　北	1920.0	1779.9	1910.1	1907.1	1627.3	1810.9	2130.0
湖　南	1323.2	1391.5	1490.3	1505.0	1333.9	1448.6	1590.8
广　东	2227.4	2283.8	2291.2	2289.1	2349.5	2449.2	2451.3
广　西	1537.4	1588.8	1716.7	1742.5	1793.7	1849.5	1906.1
海　南	1700.6	1788.0	1863.5	1887.7	1878.3	1932.7	1917.0
重　庆	1305.6	1221.7	1371.8	1331.3	1482.9	1616.9	1710.2
四　川	1752.0	1701.6	1880.9	1725.0	1921.5	1997.5	2077.9
贵　州	1389.1	1383.2	1450.0	1432.2	1436.1	1441.1	1555.9
云　南	1223.1	1314.0	1269.1	1384.9	1479.4	1564.6	1630.6
西　藏	1766.8	2407.2	2455.9	2588.9	2219.3	2286.5	2216.5
陕　西	1246.2	1035.9	1276.5	1289.3	1463.8	1447.4	1625.9
甘　肃	1365.2	1290.6	1335.4	1176.5	1349.0	1374.3	1458.1
青　海	1423.7	1481.6	1012.6	1363.0	1530.1	1722.6	1807.9
宁　夏	771.8	866.6	890.9	733.4	983.7	994.7	1104.3
新　疆	1768.7	1848.0	1940.1	1959.0	2063.1	2214.4	2067.1

3—33—1 各地区油菜籽播种面积

单位:千公顷

地区	1978年	1980年	1985年	1990年	1995年	1996年	1997年
全国总计	**2599.7**	**2844.1**	**4494.2**	**5503.5**	**6907.2**	**6733.6**	**6475.1**
北京	1.9	2.2	0.2				
天津	0.7	0.3					
河北	25.4	15.7	21.8	27.7	28.0	40.7	34.4
山西	12.3	7.0	6.1	7.5	10.7	10.9	9.4
内蒙古	50.5	78.5	87.7	60.3	134.7	118.1	116.7
辽宁	72.4	11.5	0.1		0.2	0.3	0.3
吉林	0.3						
黑龙江	56.1	4.0	19.8	65.7	45.4	31.9	21.3
上海	50.5	52.1	70.3	92.9	78.4	69.6	53.0
江苏	155.9	169.5	442.6	440.8	530.7	498.0	473.9
浙江	175.6	230.7	273.7	290.2	295.9	282.6	262.0
安徽	230.7	297.9	777.9	773.9	991.1	851.1	839.3
福建	28.9	45.5	16.8	21.5	18.9	20.5	19.3
江西	174.3	217.7	245.9	540.9	864.1	853.6	801.1
山东	28.3	10.3	1.1	5.4	23.6	44.3	19.7
河南	171.7	222.0	180.0	226.1	274.4	259.2	240.3
湖北	165.3	175.7	361.4	550.1	838.8	855.3	829.8
湖南	234.1	253.8	340.9	625.3	763.3	805.2	820.6
广东	24.7	21.6	19.4	15.5	11.7	13.3	14.3
广西	13.1	5.9	9.1	14.3	61.5	126.7	133.4
海南							
重庆							152.2
四川	371.3	430.8	839.8	839.2	851.7	823.9	639.8
贵州	187.9	189.7	317.1	369.1	404.1	406.5	403.9
云南	89.9	78.8	87.8	81.2	95.9	98.5	90.8
西藏	10.5	11.6	10.0	10.7	18.5	18.3	17.3
陕西	73.1	90.3	113.7	132.1	169.8	168.2	160.3
甘肃	37.1	37.1	66.0	85.9	121.0	120.9	118.9
青海	56.7	75.1	90.9	109.7	144.8	130.9	132.5
宁夏	9.7	1.4	4.3	0.1	0.1		0.2
新疆	90.9	107.5	89.8	117.3	130.1	85.2	70.4

3—33—1 续表

单位：千公顷

地区	1998年	1999年	2000年	2001年	2002年	2003年	2004年
全国总计	**6527.1**	**6898.8**	**7494.2**	**7094.6**	**7143.4**	**7220.9**	**7271.4**
北京							
天津							
河北	34.1	32.2	28.4	24.9	26.0	28.3	47.8
山西	9.7	9.3	8.6	8.6	10.1	10.7	12.1
内蒙古	155.9	175.2	295.0	198.5	224.8	279.7	278.5
辽宁	0.3	0.8	1.3	1.1	1.4	1.7	1.3
吉林							
黑龙江	34.2	72.1	79.9	13.2	4.1	2.5	2.8
上海	56.6	59.7	70.1	62.4	51.8	37.9	30.2
江苏	468.9	518.8	650.5	681.0	668.1	683.0	689.9
浙江	266.6	272.3	297.2	286.2	268.0	229.5	215.8
安徽	872.1	931.5	964.7	952.7	1002.3	1014.5	1003.3
福建	18.6	18.0	17.4	16.3	14.6	13.8	13.9
江西	745.3	685.4	629.2	547.7	482.9	428.1	400.5
山东	18.0	20.5	24.5	26.9	25.6	19.6	16.8
河南	237.2	212.9	248.3	233.5	337.0	384.6	373.8
湖北	887.0	1003.6	1158.9	1118.1	1155.3	1174.6	1186.1
湖南	776.2	788.2	784.4	757.2	734.6	711.1	728.2
广东	12.8	11.3	10.0	10.2	8.0	7.0	6.6
广西	120.3	106.9	89.2	76.1	67.6	61.1	60.7
海南							
重庆	148.9	151.8	173.2	167.9	173.9	176.9	173.8
四川	664.5	689.9	776.7	780.1	773.4	805.6	814.4
贵州	400.6	437.7	461.3	445.5	451.6	451.4	482.4
云南	89.1	100.0	126.0	127.0	122.6	133.0	147.9
西藏	17.0	17.1	16.1	16.8	18.7	21.6	24.3
陕西	136.8	153.5	163.7	167.7	166.1	165.8	173.2
甘肃	130.3	136.0	137.6	138.7	136.5	154.2	162.0
青海	142.1	186.2	185.5	163.5	148.2	149.2	157.7
宁夏	0.2	0.3	0.5	0.2	0.7	1.1	0.2
新疆	84.1	107.7	96.2	72.9	70.0	74.5	67.5

3—33—2 各地区油菜籽总产量

单位:万吨

地 区	1978年	1980年	1985年	1990年	1995年	1996年	1997年
全国总计	**186.8**	**238.4**	**560.7**	**695.8**	**977.7**	**920.1**	**957.8**
北 京							
天 津							
河 北	0.5	0.9	1.4	2.3	2.6	4.3	3.5
山 西	0.2	0.3	0.7	0.8	1.5	1.0	1.5
内蒙古	0.9	1.8	4.6	4.4	9.5	10.5	8.9
辽 宁	1.2	0.4					0.1
吉 林							
黑龙江	1.1	0.2	0.6	7.0	5.3	3.3	2.9
上 海	11.5	9.6	15.3	18.2	15.5	15.9	10.4
江 苏	20.6	20.3	73.1	81.4	109.5	106.3	100.5
浙 江	20.7	27.2	42.6	46.7	47.3	49.4	46.0
安 徽	17.6	27.2	107.9	95.4	141.6	119.0	139.7
福 建	1.0	2.0	0.9	1.5	1.8	2.0	2.0
江 西	6.8	7.2	15.7	37.1	69.0	63.5	68.1
山 东	1.1	0.7	0.2	0.6	5.3	8.7	4.4
河 南	7.4	13.4	21.3	31.9	43.5	41.1	42.0
湖 北	10.7	11.6	41.1	70.9	146.2	134.9	147.5
湖 南	14.9	14.4	34.3	62.1	91.3	94.5	104.8
广 东	0.6	0.7	0.7	0.2	0.8	1.0	1.1
广 西	0.3	0.2	0.4	0.5	5.3	10.5	12.3
海 南							
重 庆							18.3
四 川	44.2	58.2	122.8	127.9	139.1	123.3	104.8
贵 州	7.3	13.5	27.9	40.5	53.1	50.0	53.0
云 南	3.2	4.2	7.2	9.7	14.3	13.6	12.8
西 藏	0.8	1.1	1.4	1.7	3.4	3.5	3.3
陕 西	4.0	7.7	16.4	19.3	25.4	19.1	25.8
甘 肃	2.4	3.3	7.1	11.7	15.2	18.1	17.3
青 海	4.2	6.8	9.6	11.7	15.8	16.6	17.8
宁 夏	0.2	0.1	0.1				
新 疆	3.3	5.6	7.3	12.2	15.1	10.2	8.9

3—33—2 续表

单位:万吨

地　区	1998 年	1999 年	2000 年	2001 年	2002 年	2003 年	2004 年
全国总计	**830.1**	**1013.2**	**1138.1**	**1133.1**	**1055.2**	**1142.0**	**1318.2**
北　京							
天　津							
河　北	4.1	3.2	2.3	2.9	3.0	3.8	6.5
山　西	1.3	0.9	0.9	0.7	0.9	1.3	1.2
内蒙古	14.1	18.5	30.5	13.0	28.2	25.3	31.3
辽　宁		0.2	0.2	0.2	0.2	0.3	0.1
吉　林							
黑龙江	3.2	7.7	6.8	1.5	0.5	0.3	0.4
上　海	6.5	13.0	15.7	12.3	9.3	5.9	6.9
江　苏	64.3	117.9	143.0	145.8	130.8	145.7	167.3
浙　江	32.1	50.2	43.7	53.5	41.9	38.6	43.5
安　徽	82.4	152.3	156.8	177.9	152.3	152.9	190.4
福　建	1.9	2.0	1.8	1.8	1.7	1.6	1.8
江　西	47.8	54.7	53.0	46.3	38.4	36.5	40.1
山　东	3.6	3.8	4.8	5.7	5.7	4.5	3.9
河　南	33.8	31.4	33.8	42.6	56.0	69.8	78.1
湖　北	154.8	160.0	198.5	194.8	151.4	187.1	235.1
湖　南	94.6	101.0	109.4	106.4	86.8	93.9	107.0
广　东	1.0	0.9	0.8	0.9	1.0	1.0	0.9
广　西	11.3	8.9	8.2	7.3	7.0	6.4	6.2
海　南							
重　庆	19.0	17.3	22.6	21.9	25.8	28.5	31.0
四　川	112.6	109.5	137.5	133.7	144.8	155.9	165.0
贵　州	54.8	59.4	66.2	63.5	64.0	64.0	73.9
云　南	12.0	14.5	19.1	20.4	20.5	22.7	26.2
西　藏	3.0	4.1	4.0	4.3	4.5	4.9	5.4
陕　西	17.6	16.8	22.4	23.1	24.6	27.0	29.4
甘　肃	21.6	21.1	22.1	17.8	20.3	22.6	26.0
青　海	20.4	27.9	19.1	22.6	22.7	25.7	28.3
宁　夏					0.1	0.2	
新　疆	12.3	16.4	15.0	12.2	12.9	15.4	12.2

3—33—3 各地区油菜籽单位面积产量

单位:公斤/公顷

地区	1978年	1980年	1985年	1990年	1995年	1996年	1997年
全国总计	**718.5**	**838.1**	**1247.6**	**1264.3**	**1415.5**	**1366.5**	**1479.1**
北京	165.0	360.0	135.0				
天津	195.0	315.0					
河北	210.0	555.0	660.0	840.0	927.0	1053.6	1018.7
山西	180.0	397.5	1110.0	1035.0	1381.9	917.5	1619.3
内蒙古	172.5	232.5	525.0	735.0	703.9	886.6	764.2
辽宁	232.5	337.5	435.0		1460.0	1207.1	1740.0
吉林	660.0		1155.0				
黑龙江	187.5	375.0	285.0	1065.0	1164.0	1033.8	1342.8
上海	2280.0	1815.0	2190.0	1950.0	1976.6	2281.7	1952.0
江苏	1320.0	1200.0	1650.0	1845.0	2064.2	2135.3	2121.4
浙江	1050.0	1185.0	1560.0	1605.0	1598.9	1747.8	1754.4
安徽	765.0	915.0	1380.0	1230.0	1428.7	1398.1	1664.3
福建	345.0	442.5	570.0	705.0	951.7	953.9	1019.2
江西	390.0	330.0	645.0	690.0	798.8	743.8	850.5
山东	375.0	682.5	1455.0	1185.0	2231.8	1972.7	2254.8
河南	435.0	600.0	1185.0	1410.0	1585.5	1586.4	1746.6
湖北	645.0	660.0	1140.0	1290.0	1743.4	1577.0	1777.9
湖南	637.5	562.5	1005.0	990.0	1196.4	1173.3	1277.0
广东	232.5	322.5	360.0	480.0	723.4	743.4	791.5
广西	240.0	337.5	465.0	360.0	867.2	832.4	921.7
海南							
重庆							1204.6
四川	1192.5	1350.0	1455.0	1530.0	1633.7	1496.3	1638.2
贵州	390.0	712.5	885.0	1095.0	1314.9	1230.3	1311.6
云南	360.0	532.5	810.0	1185.0	1489.5	1382.0	1409.2
西藏	750.0	930.0	1455.0	1575.0	1819.6	1918.3	
陕西	547.5	855.0	1440.0	1455.0	1499.0	1132.7	1607.6
甘肃	637.5	877.5	1080.0	1365.0	1260.2	1494.1	1459.2
青海	735.0	907.5	1050.0	1065.0	1093.0	1265.0	1342.9
宁夏	187.5	412.5	225.0	630.0			2356.3
新疆	360.0	517.5	810.0	1035.0	1161.9	1190.8	1266.1

3—33—3 续表

单位:公斤/公顷

地区	1998年	1999年	2000年	2001年	2002年	2003年	2004年
全国总计	**1271.8**	**1468.6**	**1518.6**	**1597.2**	**1477.2**	**1581.5**	**1812.8**
北京							
天津							
河北	1209.3	985.0	827.5	1156.6	1163.0	1361.9	1364.2
山西	1333.1	922.8	1004.4	812.4	934.0	1237.9	995.0
内蒙古	901.1	1054.1	1033.0	653.1	1255.4	903.4	1125.3
辽宁	1260.0	2006.7	1662.9	1798.2	1599.3	1586.0	471.8
吉林							
黑龙江	943.0	1063.6	849.8	1113.0	1197.0	1190.9	1614.5
上海	1143.3	2174.0	2241.4	1974.4	1792.2	1564.8	2301.7
江苏	1370.3	2272.2	2198.2	2141.0	1958.0	2133.8	2425.5
浙江	1205.2	1844.0	1471.9	1869.2	1564.5	1682.0	2015.0
安徽	944.9	1634.8	1625.1	1867.0	1519.5	1507.2	1897.8
福建	1011.2	1107.5	1057.7	1100.8	1151.9	1175.4	1301.2
江西	641.2	797.6	842.4	845.9	794.2	852.1	1001.1
山东	2007.8	1826.8	1961.8	2111.3	2228.4	2301.5	2336.3
河南	1427.1	1474.5	1359.6	1823.6	1661.9	1815.1	2089.3
湖北	1744.7	1593.9	1712.7	1742.3	1310.6	1592.9	1982.3
湖南	1219.0	1281.0	1394.3	1405.7	1181.7	1320.1	1469.0
广东	790.7	831.5	818.5	911.5	1199.1	1456.4	1349.2
广西	940.3	828.5	915.2	961.8	1029.9	1041.4	1025.0
海南							
重庆	1278.2	1141.6	1305.2	1304.8	1485.9	1611.7	1782.7
四川	1694.4	1586.6	1769.9	1713.7	1871.8	1934.8	2025.7
贵州	1366.9	1357.4	1435.1	1424.9	1418.4	1418.3	1532.5
云南	1341.5	1454.2	1517.0	1608.1	1674.5	1710.7	1773.6
西藏	1769.9	2408.6	2457.6	2592.1	2409.3	2285.1	2217.2
陕西	1285.2	1091.6	1368.3	1379.0	1480.1	1631.0	1700.0
甘肃	1655.2	1551.8	1603.1	1284.1	1485.1	1465.9	1601.9
青海	1437.6	1496.1	1028.6	1382.2	1528.5	1722.5	1791.9
宁夏	1063.2	896.7	828.8	823.8	1016.2	1568.8	1050.0
新疆	1464.7	1520.8	1559.9	1673.9	1842.7	2071.1	1801.6

3—34—1 各地区麻类播种面积

单位：千公顷

地区	1978 年	1980 年	1985 年	1990 年	1995 年	1996 年	1997 年
全国总计	**750.7**	**666.5**	**1230.6**	**495.1**	**375.9**	**349.5**	**327.0**
北京	1.1	0.9	0.1				
天津	3.5	3.6	2.8	0.7	0.4	0.3	0.4
河北	30.2	27.7	24.6	9.1	4.9	4.4	5.6
山西	9.6	8.3	3.6	0.9	1.6	1.1	1.0
内蒙古	4.6	11.9	2.7	2.9	7.5	3.9	3.9
辽宁	38.1	25.5	2.7	1.8	0.8	0.4	0.3
吉林	40.0	32.4	11.0	2.4	1.9	1.7	0.8
黑龙江	107.9	136.9	78.1	82.1	100.9	84.7	54.7
上海				0.1			
江苏	27.3	18.3	29.9	8.1	2.0	1.5	1.3
浙江	29.0	32.9	39.7	24.4	4.4	4.3	3.9
安徽	50.8	47.3	243.9	84.1	38.6	40.7	50.6
福建	5.5	4.0	7.1	1.5	0.8	0.7	0.8
江西	6.5	8.5	25.8	14.9	13.0	13.1	11.5
山东	92.0	87.3	87.1	9.7	4.7	5.1	5.9
河南	86.5	60.5	240.9	80.4	48.2	51.2	57.6
湖北	20.1	24.5	114.3	42.2	32.2	28.6	28.3
湖南	14.1	19.4	80.5	25.2	34.1	30.0	25.3
广东	66.1	28.5	40.6	5.3	2.7	2.6	4.0
广西	51.4	28.6	81.7	12.1	7.9	9.0	10.2
海南				0.2		0.2	0.2
重庆							6.8
四川	39.3	38.7	98.3	69.9	52.9	51.0	39.7
贵州	3.5	3.5	4.4	4.8	4.7	3.8	3.6
云南	4.2	4.2	5.1	4.3	3.7	4.2	3.7
西藏							
陕西	7.1	3.7	2.2	2.9	1.5	1.4	1.2
甘肃	5.8	5.4	3.3	1.8	2.6	2.3	2.4
青海							
宁夏	2.0	1.5	0.1	0.1			0.2
新疆	4.3	2.2	0.1	3.4	4.2	3.4	3.4

3—34—1 续表

单位:千公顷

地 区	1998 年	1999 年	2000 年	2001 年	2002 年	2003 年	2004 年
全国总计	**224.4**	**205.0**	**261.7**	**323.1**	**337.8**	**337.4**	**332.1**
北 京							
天 津	0.2	0.1	0.1	0.1			
河 北	5.0	3.4	3.0	2.6	3.6	2.1	2.1
山 西	0.5	0.3	0.6	0.6	0.6	0.9	0.1
内 蒙 古	3.2	0.6	1.5	3.1	3.6	4.7	7.9
辽 宁	0.2	0.4	0.7	0.2	0.1	0.6	0.2
吉 林	0.4	0.3	0.7	1.2	2.3	1.3	0.9
黑 龙 江	35.8	49.5	95.2	128.8	103.3	112.9	98.5
上 海							
江 苏	1.0	0.9	0.9	1.4	1.7	1.8	1.3
浙 江	2.6	1.2	0.8	0.8	0.7	0.6	0.5
安 徽	22.7	17.1	15.0	17.1	18.8	14.3	14.2
福 建	0.6	0.5	0.3	0.3	0.2	0.2	0.1
江 西	10.3	9.1	10.7	11.2	9.8	8.9	8.5
山 东	3.8	2.9	2.3	2.6	2.3	1.8	1.0
河 南	31.4	22.1	16.5	20.0	19.1	14.8	13.1
湖 北	24.6	18.6	22.8	24.2	28.0	25.8	23.3
湖 南	22.5	22.7	35.1	48.4	56.7	57.2	53.2
广 东	1.7	1.3	1.1	1.0	0.9	0.8	0.6
广 西	8.7	7.9	6.7	6.7	6.1	5.6	5.3
海 南	0.8	0.7	0.7	0.4	0.2	0.2	0.2
重 庆	5.3	4.7	6.1	6.8	6.9	7.1	7.6
四 川	31.1	27.1	25.6	24.8	29.9	31.8	35.0
贵 州	3.5	3.1	3.0	2.6	2.1	1.8	1.4
云 南	3.1	2.6	2.1	3.0	8.2	9.7	23.0
西 藏							
陕 西	1.1	1.0	0.9	0.8	0.7	0.5	0.8
甘 肃	2.6	2.1	2.1	2.3	4.3	3.4	3.8
青 海				0.1	3.5	0.1	
宁 夏	0.2	0.1	0.1				
新 疆	1.9	4.7	7.1	12.1	24.1	28.4	29.4

3—34—2 各地区麻类总产量

单位:万吨

地区	1978年	1980年	1985年	1990年	1995年	1996年	1997年
全国总计	**135.1**	**143.6**	**444.8**	**109.7**	**89.7**	**79.5**	**74.9**
北京	0.1	0.1					
天津	0.2	0.1	0.6	0.2	0.1	0.1	0.1
河北	1.7	1.8	6.0	2.0	1.4	1.2	1.4
山西	0.5	0.6	0.4	0.1	0.2	0.1	0.2
内蒙古	0.1	0.4	0.3	0.7	1.5	1.0	0.6
辽宁	2.3	1.1	0.2	0.2	0.1		
吉林	1.4	1.6	1.3	0.4	0.3	0.2	0.1
黑龙江	11.3	19.0	15.0	22.4	32.2	23.7	13.3
上海							
江苏	7.0	3.9	10.2	1.9	0.6	0.5	0.5
浙江	18.3	15.1	25.1	7.3	1.4	2.7	2.4
安徽	14.1	17.5	99.8	17.8	9.6	9.8	12.8
福建	2.5	1.6	1.6	0.2	0.2	0.1	0.2
江西	1.0	2.3	6.5	2.5	2.5	2.1	1.9
山东	11.3	16.4	26.7	2.2	1.9	1.3	1.5
河南	18.6	15.9	87.7	17.6	11.3	11.2	13.7
湖北	2.8	7.1	60.3	12.3	8.1	7.5	8.8
湖南	3.1	5.4	35.9	4.4	6.2	5.0	5.2
广东	18.3	9.9	11.4	1.1	0.8	0.7	1.0
广西	11.9	10.3	23.4	2.3	1.5	1.8	2.2
海南				0.1			0.1
重庆							1.1
四川	7.1	12.0	31.1	11.6	7.7	7.6	5.4
贵州	0.2	0.5	0.5	0.2	0.3	0.3	0.3
云南	0.2	0.2	0.2	0.2	0.2	0.3	0.2
西藏							
陕西	0.8	0.3	0.2	0.2	0.1	0.1	0.1
甘肃	0.4	0.5	0.4	0.3	0.3	0.2	0.2
青海							
宁夏	0.1	0.1					
新疆	0.1	0.1		1.6	1.4	1.9	1.6

3—34—2 续表 单位:万吨

地 区	1998年	1999年	2000年	2001年	2002年	2003年	2004年
全国总计	**49.5**	**47.2**	**52.9**	**68.1**	**96.4**	**85.3**	**107.4**
北 京							
天 津	0.1						
河 北	1.4	0.9	0.8	0.7	1.0	0.6	0.4
山 西			0.1			0.1	
内蒙古	0.3		0.1	0.4	1.0	1.2	1.9
辽 宁			0.1			0.1	0.1
吉 林	0.1	0.1	0.1	0.3	0.8	0.4	0.3
黑龙江	9.1	14.8	18.7	29.8	36.2	28.3	39.3
上 海							
江 苏	0.3	0.3	0.3	0.4	0.5	0.5	0.4
浙 江	0.8	0.3	0.2	0.2	0.2	0.2	0.1
安 徽	5.5	4.0	3.5	3.4	4.6	2.8	3.3
福 建	0.1	0.1	0.1	0.1	0.1		
江 西	1.6	1.4	1.6	1.7	1.6	1.2	1.3
山 东	1.0	0.8	0.6	0.9	0.6	0.6	0.6
河 南	7.7	4.9	3.6	2.4	5.4	3.3	3.7
湖 北	7.4	5.3	5.1	5.1	6.5	5.7	5.1
湖 南	4.2	4.2	7.0	9.8	13.6	13.5	13.6
广 东	0.4	0.3	0.3	0.3	0.2	0.2	0.2
广 西	1.7	1.6	1.3	1.3	1.2	1.1	1.1
海 南	0.3	0.3	0.3	0.2	0.1	0.1	0.1
重 庆	0.8	0.7	0.8	0.9	1.2	1.0	1.0
四 川	4.3	3.9	4.0	3.9	4.5	5.0	6.1
贵 州	0.3	0.4	0.3	0.2	0.2	0.2	0.2
云 南	0.2	0.2	0.2	0.5	2.3	4.5	13.7
西 藏							
陕 西	0.1	0.1	0.1	0.1	0.1	0.1	0.1
甘 肃	0.3	0.2	0.2	0.2	1.4	1.1	1.1
青 海					0.4	0.1	
宁 夏							
新 疆	1.2	2.3	3.5	5.1	12.4	13.3	13.6

3－34－3 各地区麻类单位面积产量

单位:公斤/公顷

地 区	1978年	1980年	1985年	1990年	1995年	1996年	1997年
全国总计	**1799.6**	**2154.6**	**3614.3**	**2216.2**	**2386.2**	**2274.8**	**2289.4**
北 京	540.0	555.0	1305.0	1815.0			
天 津	465.0	397.5	2040.0	2295.0	3339.5	2956.3	2565.1
河 北	547.5	637.5	2430.0	2220.0	2844.7	2654.8	2566.2
山 西	525.0	697.5	1050.0	1125.0	1390.3	1365.7	2353.7
内蒙古	322.5	315.0	945.0	2415.0	1992.3	2596.1	1523.8
辽 宁	600.0	420.0	825.0	1320.0	1367.1	1070.3	1176.0
吉 林	337.5	480.0	1155.0	1605.0	1287.4	1034.7	1328.2
黑龙江	1050.0	1387.5	1920.0	2730.0	3188.7	2802.9	2426.0
上 海				870.0			
江 苏	2122.5	2130.0	3405.0	2355.0	3156.6	3318.2	3400.0
浙 江	6082.5	4717.5	6315.0	3015.0	3146.5	6316.5	6267.4
安 徽	2775.0	3705.0	4095.0	2115.0	2475.2	2405.6	2522.2
福 建	4425.0	4072.5	2220.0	1395.0	2103.8	1833.8	2089.6
江 西	1582.5	2707.5	2520.0	1680.0	1900.0	1626.4	1672.9
山 东	1222.5	1875.0	3060.0	2250.0	4004.5	2493.3	2462.9
河 南	2145.0	2625.0	3645.0	2190.0	2353.0	2185.8	2382.8
湖 北	1372.5	2895.0	5280.0	2910.0	2530.4	2630.1	3116.9
湖 南	2182.5	2542.5	4470.0	1755.0	1816.6	1661.5	2069.5
广 东	2767.5	3487.5	2805.0	2010.0	2886.5	2795.0	2423.5
广 西	2310.0	3615.0	2865.0	1860.0	1862.3	1945.9	2125.5
海 南				3105.0		1979.2	2773.9
重 庆							
四 川	1800.0	3082.5	3165.0	1665.0	1452.5	1485.0	1358.0
贵 州	682.5	1297.5	1230.0	450.0	610.8	667.4	956.6
云 南	427.5	405.0	465.0	510.0	595.3	714.0	618.2
西 藏							
陕 西	1065.0	735.0	1095.0	615.0	727.3	839.6	712.7
甘 肃	630.0	840.0	1065.0	1485.0	956.7	1029.5	937.3
青 海			1950.0				
宁 夏	547.5	630.0	1140.0	795.0			
新 疆	285.0	375.0	1650.0	4545.0	3340.8	5612.3	4647.5

3—34—3 续表

单位:公斤/公顷

地区	1998 年	1999 年	2000 年	2001 年	2002 年	2003 年	2004 年
全国总计	**2205.7**	**2301.1**	**2023.5**	**2108.9**	**2852.9**	**2528.4**	**3232.7**
北京							
天津	2872.2	3000.0	1725.0	2578.1	10666.7	866.7	900.8
河北	2862.9	2691.1	2641.5	2739.0	2885.1	2987.5	2061.4
山西	938.8	913.8	1236.4	508.1	317.7	1689.5	1100.0
内蒙古	888.3	487.1	577.2	1272.6	2907.2	2667.5	2449.0
辽宁	1323.8	887.5	1317.9	1113.6	1717.6	1018.3	2525.0
吉林	1517.1	1794.1	1788.2	2706.5	3549.1	2813.8	3367.8
黑龙江	2532.8	2982.9	1962.0	2316.3	3510.5	2509.1	3988.3
上海							
江苏	3293.1	3372.7	3852.9	3096.5	2797.1	2868.5	3214.9
浙江	3237.3	2657.5	2908.4	2761.8	3080.3	3037.9	2822.9
安徽	2438.8	2368.8	2307.1	2011.0	2433.9	1975.2	2326.9
福建	1863.5	1902.1	2190.9	2261.5	2312.4	2352.9	2407.7
江西	1598.1	1527.5	1481.2	1533.6	1586.5	1313.6	1480.2
山东	2763.1	2898.6	2724.2	3472.2	2765.7	3656.5	5904.9
河南	2445.7	2192.6	2205.4	1185.5	2807.7	2194.5	2805.9
湖北	3033.0	2842.2	2256.4	2116.5	2338.0	2197.3	2187.1
湖南	1886.7	1832.1	1991.8	2029.8	2402.0	2353.0	2563.8
广东	2523.2	2374.4	2612.4	2635.4	2616.3	2633.3	2589.1
广西	2001.9	2002.2	1976.6	1958.3	2033.6	2037.3	2031.6
海南	3675.9	4284.5	4212.9	4717.1	5400.0	5158.3	5373.9
重庆	1420.2	1440.1	1371.3	1302.5	1769.5	1353.0	1348.6
四川	1377.2	1457.1	1573.1	1589.0	1496.5	1578.6	1738.6
贵州	920.6	1153.6	866.3	835.0	914.3	1027.0	1121.0
云南	723.6	808.1	910.0	1617.2	2838.2	4629.0	5935.9
西藏							
陕西	925.7	897.0	984.6	956.0	1579.4	1283.2	1450.5
甘肃	1149.4	976.6	1035.2	1066.9	3293.1	3368.8	2989.6
青海							
宁夏	1525.0	1392.9	1557.1	1375.0	1666.7	1500.0	1466.7
新疆	6493.1	4971.5	4873.2	4198.1	5139.8	4685.0	4636.0

3—35—1 各地区黄红麻播种面积

单位:千公顷

地　区	1978年	1980年	1985年	1990年	1995年	1996年	1997年
全国总计	**412.1**	**314.1**	**991.5**	**299.9**	**146.5**	**146.7**	**162.2**
北　京							
天　津	1.2	1.1	2.3	0.6	0.4	0.3	0.4
河　北	12.7	11.4	16.7	7.2	4.1	3.5	4.5
山　西	0.1	0.1					
内蒙古							
辽　宁	10.9	2.5	0.5	0.2			
吉　林	0.1						
黑龙江	0.3	0.1					
上　海							
江　苏	20.7	11.5	24.8	5.1	1.3	0.9	0.8
浙　江	28.1	30.7	38.1	23.5	4.0	4.1	3.7
安　徽	38.5	36.7	230.8	73.1	31.9	33.5	41.4
福　建	5.4	3.7	6.9	0.7	0.5	0.4	0.5
江　西	5.2	6.4	16.3	8.3	4.4	3.9	3.0
山　东	65.2	64.1	80.3	8.6	4.0	4.5	5.3
河　南	65.9	44.7	224.6	76.9	46.7	49.9	56.4
湖　北	8.4	12.2	94.2	27.3	10.8	8.6	10.1
湖　南	5.7	7.6	56.5	6.4	1.3	2.1	1.1
广　东	66.1	28.4	39.1	4.9	2.7	2.6	3.9
广　西	50.3	27.6	79.9	10.0	6.7	7.7	8.9
海　南				0.2		0.2	0.2
重　庆							2.0
四　川	22.3	23.1	78.4	46.3	27.3	24.2	19.1
贵　州	1.7	1.9	1.5	0.2	0.3	0.3	0.7
云　南			0.2	0.1	0.1	0.1	0.1
西　藏							
陕　西	3.1	0.2	0.4	0.3			
甘　肃							
青　海							
宁　夏							
新　疆	0.3						

3—35—1 续表

单位:千公顷

地区	1998年	1999年	2000年	2001年	2002年	2003年	2004年
全国总计	**92.7**	**64.8**	**50.0**	**51.8**	**55.4**	**40.5**	**32.0**
北京							
天津	0.2	0.1	0.1	0.1			
河北	4.4	2.9	2.5	2.4	3.4	1.9	0.4
山西							
内蒙古							
辽宁			0.5	0.1			
吉林							
黑龙江							
上海							
江苏	0.5	0.4	0.2	0.4	0.3	0.3	0.2
浙江	2.4	1.0	0.6	0.5	0.5	0.4	0.3
安徽	16.9	11.6	8.5	10.2	12.3	7.4	6.9
福建	0.4	0.2	0.2	0.2	0.1	0.1	0.1
江西	2.8	1.8	1.7	1.3	1.0	0.6	1.2
山东	3.3	2.8	2.0	2.4	2.0	1.6	0.9
河南	30.3	21.6	15.3	18.8	18.6	14.1	12.3
湖北	7.9	4.3	3.1	2.7	5.1	3.0	1.4
湖南	0.9	1.0	1.0	0.7	1.3	1.3	0.4
广东	1.7	1.3	1.0	0.9	0.8	0.8	0.6
广西	7.5	6.8	5.8	6.1	5.6	5.1	4.8
海南	0.8	0.7	0.7	0.4	0.2	0.2	0.2
重庆	1.1	0.8	0.7	0.3	0.3	0.2	0.2
四川	11.1	7.1	5.8	4.3	3.7	3.5	2.1
贵州	0.6	0.3	0.3	0.1	0.2	0.1	0.1
云南	0.1	0.1					
西藏							
陕西							
甘肃							
青海							
宁夏							
新疆							

3—35—2 各地区黄红麻总产量

单位:万吨

地　　区	1978年	1980年	1985年	1990年	1995年	1996年	1997年
全国总计	**108.8**	**109.8**	**411.9**	**72.6**	**37.1**	**36.5**	**43.0**
北　京							
天　津	0.1	0.1	0.5	0.2	0.1	0.1	0.1
河　北	0.9	1.0	5.2	1.8	1.3	1.1	1.3
山　西							
内蒙古							
辽　宁	1.3	0.2	0.1				
吉　林							
黑龙江							
上　海							
江　苏	5.1	2.7	9.1	1.4	0.5	0.3	0.3
浙　江	18.2	15.0	25.0	7.3	1.3	2.7	2.4
安　徽	12.4	16.3	97.6	16.3	8.1	8.5	10.9
福　建	2.4	1.6	1.6	0.1	0.1	0.1	0.1
江　西	1.0	2.2	6.0	1.9	1.4	0.9	0.8
山　东	9.2	14.3	25.6	2.0	1.7	1.1	1.3
河　南	17.3	14.8	85.6	17.1	11.0	10.9	13.5
湖　北	2.1	6.1	57.9	10.7	4.7	4.1	5.6
湖　南	2.1	4.2	33.2	1.9	0.4	0.3	0.4
广　东	18.3	9.9	11.4	1.0	0.8	0.7	1.0
广　西	11.8	10.3	23.1	2.0	1.3	1.5	1.8
海　南				0.1			0.1
重　庆							0.4
四　川	6.0	10.8	29.5	8.8	4.3	4.0	2.9
贵　州	0.2	0.4	0.4				0.2
云　南							
西　藏							
陕　西	0.5	0.1	0.1				
甘　肃							
青　海							
宁　夏							
新　疆							

3—35—2 续表　　　　单位:万吨

地　区	1998年	1999年	2000年	2001年	2002年	2003年	2004年
全国总计	**24.8**	**16.4**	**12.6**	**10.6**	**15.9**	**10.0**	**8.7**
北　京							
天　津	0.1						
河　北	1.3	0.9	0.7	0.7	1.0	0.6	0.1
山　西							
内蒙古							
辽　宁			0.1				
吉　林							
黑龙江							
上　海							
江　苏	0.2	0.1	0.1	0.1	0.1	0.1	0.1
浙　江	0.8	0.3	0.2	0.2	0.2	0.1	0.1
安　徽	4.3	2.9	2.2	2.1	3.3	1.6	1.8
福　建	0.1	0.1					
江　西	0.7	0.4	0.4	0.4	0.3	0.2	0.2
山　东	1.0	0.8	0.6	0.9	0.6	0.6	0.6
河　南	7.4	4.7	3.3	2.1	5.2	3.1	3.5
湖　北	4.5	2.6	1.8	1.4	2.4	1.2	0.6
湖　南	0.2	0.2	0.2	0.2	0.4	0.4	0.1
广　东	0.4	0.3	0.3	0.2	0.2	0.2	0.2
广　西	1.5	1.4	1.2	1.2	1.1	1.0	1.0
海　南	0.3	0.3	0.3	0.2	0.1	0.1	0.1
重　庆	0.2	0.1	0.1				
四　川	1.8	1.3	1.0	0.8	0.8	0.7	0.5
贵　州	0.1	0.1	0.1				
云　南							
西　藏							
陕　西							
甘　肃							
青　海							
宁　夏							
新　疆							

3—35—3 各地区黄红麻单位面积产量

单位:公斤/公顷

地区	1978年	1980年	1985年	1990年	1995年	1996年	1997年
全国总计	**2639.3**	**3497.3**	**4153.9**	**2421.3**	**2533.7**	**2487.3**	**2648.8**
北京							
天津	735.0	652.5	2310.0	2715.0	3410.8	3038.7	2616.7
河北	720.0	855.0	3135.0	2520.0	3163.0	3113.8	2907.2
山西	525.0	592.5	1200.0	750.0			
内蒙古							
辽宁	1245.0	960.0					
吉林	195.0						
黑龙江	270.0	705.0					
上海							
江苏	2460.0	2385.0	3690.0	2640.0	3442.7	3158.4	3268.4
浙江	6240.0	4867.5	6555.0	3105.0	3301.2	6607.9	6563.6
安徽	3217.5	4440.0	4230.0	2220.0	2555.6	2537.2	2623.5
福建	4537.5	4290.0	2265.0	2085.0	2772.3	2352.8	2555.1
江西	1845.0	3375.0	3660.0	2280.0	3111.4	2288.6	2670.2
山东	1402.5	2235.0	3195.0	2295.0	4311.3	2545.8	2527.2
河南	2617.5	3315.0	3810.0	2235.0	2362.2	2190.0	2391.4
湖北	2445.0	4995.0	6150.0	3915.0	4324.3	4826.4	5576.2
湖南	3727.5	5482.5	5880.0	2940.0	2807.1	1424.8	3291.7
广东	2340.0	3487.5	2895.0	2040.0	2913.0	2812.9	2430.1
广西	2767.5	3712.5	2895.0	2070.0	1936.4	1975.3	2071.4
海南				3105.0			2831.6
重庆							1828.9
四川	2677.5	4680.0	3765.0	1905.0	1591.6	1663.3	
贵州	1005.0	2017.5	2475.0	615.0	1412.5	1397.0	1508.3
云南			1095.0	1290.0	1000.0	961.5	2032.4
西藏							1600.0
陕西	1725.0	2497.5	2100.0	735.0			
甘肃							
青海							
宁夏							
新疆							

3—35—3 续表 单位:公斤/公顷

地区	1998年	1999年	2000年	2001年	2002年	2003年	2004年
全国总计	**2677.2**	**2540.1**	**2516.2**	**2045.5**	**2868.1**	**2462.3**	**2719.2**
北京							
天津	2872.2	3000.0	1840.0	2608.1	10666.7	866.7	900.8
河北	3053.4	2933.0	2974.4	2922.5	3003.0	3102.1	2161.1
山西							
内蒙古							
辽宁							
吉林							
黑龙江							
上海							
江苏	2783.3	2651.2	3220.0	3088.9	3278.1	3103.2	3362.5
浙江	3333.6	2795.0	3212.9	3135.8	3533.3	3492.3	2823.5
安徽	2567.9	2522.3	2621.0	2094.5	2713.7	2108.1	2619.6
福建	2368.6	2426.1	2717.6	2700.0	2637.1	2563.6	2837.5
江西	2349.5	2324.6	2579.7	3114.3	3033.7	2544.3	1559.1
山东	2854.4	2917.4	2747.3	3567.5	2900.5	3912.3	6416.9
河南	2437.9	2170.0	2155.0	1092.1	2800.4	2189.0	2830.5
湖北	5630.9	6085.3	5821.3	5370.2	4743.3	4190.9	4158.8
湖南	2689.8	2397.9	2289.1	2586.1	3233.1	2934.9	2022.2
广东	2542.2	2390.6	2593.2	2644.7	2752.7	2636.4	2589.1
广西	2040.2	2024.1	1980.0	1967.2	1994.3	2015.7	2011.0
海南	3675.9	4330.0	4212.9	4660.0	5400.0	5975.0	5373.9
重庆	1467.0	864.5	933.8	1350.0	1125.0	922.7	725.0
四川	1666.5	1772.8	1799.7	1905.4	2103.7	2065.6	2243.3
贵州	1986.2	3029.4	2070.0	1592.3	1193.3	1351.7	2350.0
云南	1438.5	1320.0	1733.3	1675.0	893.3		
西藏							
陕西		1300.0	1300.0	1300.0			
甘肃							
青海							
宁夏							
新疆							

3—36—1 各地区糖料播种面积

单位：千公顷

地 区	1978年	1980年	1985年	1990年	1995年	1996年	1997年
全国总计	**879.5**	**922.3**	**1525.3**	**1679.1**	**1819.9**	**1845.8**	**1923.1**
北 京			1.0				
天 津							
河 北	15.2	10.1	11.5	7.7	11.9	7.2	7.2
山 西	9.0	9.7	10.8	16.9	21.8	23.2	29.7
内蒙古	34.3	55.9	100.3	95.2	140.3	127.0	126.2
辽 宁	14.1	11.1	13.8	22.5	30.2	27.2	23.8
吉 林	61.3	61.1	69.3	58.6	43.2	29.5	18.9
黑龙江	145.1	243.3	292.1	358.3	328.5	290.7	251.4
上 海				0.2	1.1	1.1	1.2
江 苏	7.7	6.1	8.5	5.6	4.1	4.5	5.0
浙 江	10.5	10.7	17.9	11.7	11.8	11.3	11.0
安 徽	1.5	0.5	2.3	2.7	4.8	4.8	5.8
福 建	42.7	47.0	73.3	49.9	37.5	37.9	36.5
江 西	19.5	19.1	37.7	35.6	40.2	37.0	41.8
山 东	8.9	9.3	4.7	2.7	0.3	1.0	4.5
河 南	3.3	2.7	5.0	2.7	5.0	4.3	3.6
湖 北	2.5	1.6	7.9	8.1	16.0	16.6	18.0
湖 南	14.6	14.5	25.1	24.7	29.0	27.6	29.6
广 东	204.4	175.9	427.1	290.6	230.2	237.6	241.0
广 西	144.8	111.7	221.4	319.9	454.3	505.6	549.3
海 南				86.9	72.5	73.7	77.1
重 庆							2.2
四 川	57.2	47.3	56.2	50.9	35.7	34.1	31.0
贵 州	6.2	3.9	4.7	6.6	9.3	10.1	10.3
云 南	43.3	45.7	84.0	117.3	175.1	202.6	249.5
西 藏	0.2						
陕 西	2.6	3.3	4.3	3.5	2.3	2.2	3.5
甘 肃	9.7	4.6	18.7	19.3	29.4	28.6	33.7
青 海	0.7	0.1	0.1	0.4			
宁 夏	2.4	2.8	11.9	13.8	14.5	13.0	19.4
新 疆	17.7	24.3	15.5	66.9	71.1	87.4	92.2

3—36—1 续表 单位:千公顷

地　区	1998年	1999年	2000年	2001年	2002年	2003年	2004年
全国总计	**1984.3**	**1643.8**	**1514.2**	**1654.2**	**1871.5**	**1657.4**	**1568.1**
北　京							
天　津							
河　北	8.0	8.0	9.9	9.3	11.6	11.5	8.6
山　西	30.8	13.8	7.6	5.2	6.7	2.9	1.8
内蒙古	117.4	65.7	58.9	57.7	70.5	37.4	36.3
辽　宁	17.2	13.8	16.5	18.0	14.0	1.1	1.2
吉　林	23.3	12.1	22.7	35.8	27.4	2.6	1.3
黑龙江	230.6	124.0	145.7	182.1	198.9	118.8	75.5
上　海	1.2	1.2	1.1	1.3	1.5	3.2	2.8
江　苏	3.8	4.4	5.2	6.2	6.5	6.3	5.0
浙　江	10.7	12.0	16.3	17.4	18.4	19.2	18.1
安　徽	6.6	7.0	8.4	8.1	8.0	7.8	6.5
福　建	32.8	22.3	14.4	15.5	18.5	18.3	15.9
江　西	38.6	33.6	28.4	25.9	26.0	24.4	18.6
山　东	0.8	0.7	0.2	0.1	0.4	0.1	
河　南	3.7	4.3	5.2	4.6	5.1	4.9	4.4
湖　北	20.0	23.3	22.2	18.9	19.2	17.2	10.0
湖　南	34.8	33.1	25.2	30.1	32.6	28.6	21.3
广　东	235.9	194.5	178.1	163.5	171.6	156.1	151.3
广　西	614.0	552.9	508.7	574.6	670.7	708.6	723.7
海　南	72.4	79.8	61.8	60.8	65.0	69.1	69.9
重　庆	2.0	2.1	2.3	2.5	2.9	2.8	2.8
四　川	30.0	29.4	30.7	30.7	32.1	32.0	28.9
贵　州	13.2	16.3	17.1	18.1	18.9	19.2	18.6
云　南	283.8	287.2	260.3	269.3	297.4	292.3	280.8
西　藏							
陕　西	2.1	1.8	1.4	1.5	1.3	0.3	0.2
甘　肃	31.2	18.7	10.1	11.4	7.2	5.3	4.6
青　海							
宁　夏	9.0	3.4	0.1	0.1			
新　疆	110.8	78.5	55.7	85.5	85.3	67.3	59.9

3—36—2 各地区糖料总产量

单位:万吨

地区	1978年	1980年	1985年	1990年	1995年	1996年	1997年
全国总计	**2381.9**	**2911.3**	**6046.8**	**7214.5**	**7940.1**	**8360.2**	**9386.5**
北京			2.2				
天津							
河北	8.3	9.4	19.9	12.3	12.4	6.9	7.1
山西	5.5	11.7	24.9	43.2	39.7	66.0	66.8
内蒙古	31.1	81.2	254.2	236.4	263.5	320.7	306.4
辽宁	13.2	12.7	22.7	49.8	50.4	58.6	40.1
吉林	49.9	117.7	87.7	116.4	83.6	70.2	32.9
黑龙江	122.9	316.0	315.2	632.0	500.8	491.9	447.7
上海				0.7	4.9	6.7	6.2
江苏	6.9	5.1	26.3	22.3	23.4	22.9	23.3
浙江	64.2	58.8	110.0	62.8	65.8	63.9	60.0
安徽	2.1	1.0	8.3	8.8	17.9	18.4	19.9
福建	267.2	351.2	536.7	344.3	248.6	253.9	249.9
江西	68.3	85.7	197.1	194.3	200.0	185.8	220.6
山东	7.7	22.5	9.1	5.0	1.2	1.6	1.5
河南	8.7	7.0	17.9	10.1	20.7	20.5	17.3
湖北	8.7	4.5	39.6	34.7	73.6	85.6	100.9
湖南	60.4	73.4	147.8	127.8	141.5	129.2	174.5
广东	895.0	922.7	2333.3	2165.5	1591.6	1523.1	1764.3
广西	376.7	401.9	982.9	1501.8	2555.7	2830.5	3242.4
海南				371.5	335.9	329.3	377.5
重庆						172.7	8.1
四川	185.4	178.7	265.3	240.5	179.6		155.8
贵州	12.6	11.1	16.0	20.9	27.2	35.7	37.1
云南	160.0	184.6	480.1	662.3	1056.3	1143.4	1435.2
西藏	0.1						
陕西	1.9	3.1	7.9	5.9	1.0	2.7	3.4
甘肃	5.8	6.3	61.6	72.4	107.0	119.1	139.1
青海	0.6	0.1	0.9	0.8			
宁夏	2.4	6.3	38.5	47.8	49.5	46.5	59.8
新疆	16.4	38.5	40.7	224.4	288.1	354.5	388.7

3—36—2 续表

单位:万吨

地　区	1998 年	1999 年	2000 年	2001 年	2002 年	2003 年	2004 年
全国总计	**9790.4**	**8334.1**	**7635.3**	**8655.1**	**10292.7**	**9641.6**	**9570.7**
北　京							
天　津							
河　北	17.1	7.5	11.5	9.9	14.7	22.0	21.0
山　西	78.6	20.5	21.0	9.0	18.5	11.4	4.8
内蒙古	259.2	136.8	141.3	133.1	195.0	99.4	96.3
辽　宁	41.6	26.4	28.7	35.7	39.8	3.4	2.7
吉　林	55.6	25.8	44.4	69.4	76.2	7.0	3.6
黑龙江	310.2	203.6	254.8	329.8	437.6	71.4	96.0
上　海	7.1	8.0	6.8	8.5	8.7	13.1	13.5
江　苏	19.6	22.9	28.3	32.0	34.7	34.4	29.2
浙　江	61.9	71.1	98.5	106.0	113.4	123.9	106.3
安　徽	24.4	29.3	32.1	29.3	31.4	26.1	25.0
福　建	219.3	138.8	82.7	95.5	117.9	118.1	101.6
江　西	186.4	172.0	136.8	123.7	130.8	118.2	85.7
山　东	0.3	1.1	0.1	0.1	0.2		
河　南	15.9	21.1	32.6	26.2	27.9	21.2	22.3
湖　北	110.0	114.2	101.7	78.4	91.9	76.0	46.3
湖　南	188.4	168.5	115.9	166.4	180.4	142.3	110.8
广　东	1756.9	1367.1	1253.2	1213.0	1315.5	1134.1	1110.4
广　西	3582.3	3220.6	2937.9	3653.3	4593.4	4861.8	5003.9
海　南	353.7	384.5	338.9	320.8	374.8	402.1	417.9
重　庆	7.3	7.6	9.1	10.1	12.1	11.3	11.8
四　川	161.7	161.3	166.8	155.8	171.5	170.8	146.3
贵　州	54.8	56.9	66.7	65.1	74.0	75.7	65.8
云　南	1598.1	1526.9	1420.6	1481.5	1733.7	1695.2	1688.8
西　藏							
陕　西	5.0	1.8	1.8	1.9	3.1	0.8	0.7
甘　肃	130.9	73.8	37.9	45.1	28.9	19.9	15.9
青　海	0.1	0.1	0.1				
宁　夏	30.9	11.8	0.3	0.3			
新　疆	513.1	354.2	265.0	455.1	466.8	381.6	344.2

3—36—3 各地区糖料单位面积产量

单位:公斤/公顷

地 区	1978年	1980年	1985年	1990年	1995年	1996年	1997年
全国总计	**27083.1**	**31566.5**	**39644.1**	**42965.4**	**43629.5**	**45293.1**	**48810.4**
北 京							
天 津							
河 北	5467.1	9382.5	17242.2	15958.1	10410.0	9525.3	9819.1
山 西	6066.7	12103.4	23013.1	25591.4	18243.0	28484.1	22544.2
内蒙古	9059.7	14510.1	25332.9	24835.7	18788.0	25250.0	24287.8
辽 宁	9360.8	11498.5	16433.0	22145.6	16721.0	21550.1	16816.1
吉 林	8142.4	19268.3	12660.1	19864.0	19375.0	23798.8	17437.4
黑龙江	8469.9	12989.9	10793.1	17640.6	15246.0	16921.9	17808.4
上 海				36420.0	46702.0	60023.2	52592.3
江 苏	8967.4	8364.1	30872.0	39753.8	56717.0	50649.7	46960.2
浙 江	60901.9	54782.6	61364.3	53810.5	55848.0	56348.9	54560.8
安 徽	14147.7	18656.3	35517.0	32108.0	37445.0	37954.5	34544.9
福 建	62526.1	74726.6	73249.2	68948.7	66240.0	67003.5	68522.0
江 西	35080.5	44965.9	52327.6	54576.2	49783.0	50211.7	52836.6
山 东	8563.4	24053.6	19459.3	18743.6	40387.0	16714.4	3268.2
河 南	25980.0	25591.5	35880.0	36829.0	41487.0	47273.4	48245.8
湖 北	35391.9	28375.0	50388.4	42961.1	45987.0	51580.6	56055.8
湖 南	41349.3	50497.7	58821.1	51795.1	48868.0	46834.5	58923.2
广 东	43788.6	52463.0	54627.9	74519.6	69130.0	64111.6	73206.6
广 西	26016.9	35971.8	44393.7	46952.1	56254.0	55987.4	59032.8
海 南				42769.5	46337.0	44660.8	48962.4
重 庆							
四 川	32417.0	37762.0	47198.8	47209.4	50291.0	50635.9	50193.1
贵 州	20314.5	28706.9	33794.4	31650.0	29214.0	35352.6	36038.5
云 南	36931.2	40361.2	57157.9	56447.4	60323.0	56445.5	57524.5
西 藏							
陕 西	7269.2	9535.7	18123.7	16751.0	4529.0	12382.4	9808.0
甘 肃	6015.5	13717.4	33012.2	37424.3	36410.0	41618.3	41291.5
青 海	8795.5	18750.0	64148.3	19215.0	12233.0		9350.0
宁 夏	9833.3	22321.4	32277.7	34629.7	34051.0	35765.9	30826.2
新 疆	9263.2	15875.7	26197.7	33554.3	40526.0	40558.3	42155.4

3—36—3 续表

单位:公斤/公顷

地 区	1998 年	1999 年	2000 年	2001 年	2002 年	2003 年	2004 年
全国总计	**49339.1**	**50700.3**	**50426.3**	**52321.2**	**56630.0**	**58172.5**	**61034.5**
北 京							
天 津							
河 北	21459.7	9383.2	11696.0	10636.2	12654.0	19105.1	24291.0
山 西	25495.7	14872.7	27819.2	17312.1	27500.6	39295.8	26090.2
内蒙古	22075.2	20831.9	23998.0	23053.3	27661.9	26580.9	26547.0
辽 宁	24263.6	19169.5	17357.0	19823.9	28397.9	30058.2	22855.8
吉 林	23885.0	21323.7	19555.3	19414.6	27814.7	27000.8	27327.7
黑龙江	13449.7	16421.5	17482.3	18112.0	21998.9	6011.5	12710.2
上 海	60294.1	66167.8	62077.3	63776.7	57600.7	41160.5	47657.4
江 苏	52093.9	52711.7	54042.1	52044.6	53687.2	54868.1	58227.1
浙 江	57822.5	59068.5	60293.1	60970.1	61653.9	64515.7	58689.7
安 徽	37148.2	41581.3	38164.0	36143.3	39158.9	33418.2	38463.1
福 建	66910.4	62280.9	57437.4	61758.4	63875.7	64722.3	63920.5
江 西	48322.5	51131.4	48240.8	47725.5	50344.9	48423.0	46134.7
山 东	3625.9	16238.6	4304.8	9644.4	4390.5	3481.8	
河 南	43548.8	49447.9	62641.3	57460.7	54830.3	42891.9	50790.9
湖 北	55099.8	48916.0	45853.9	41535.1	47921.2	44064.4	46225.4
湖 南	54108.4	50974.6	46065.0	55210.8	55416.3	49684.4	52074.5
广 东	74476.4	70299.7	70373.4	74173.2	76640.8	72660.2	73408.1
广 西	58347.4	58247.8	57755.3	63579.3	68487.4	68608.1	69147.6
海 南	48865.2	48186.8	54857.6	52780.1	57704.1	58196.5	59785.1
重 庆	36230.8	36134.8	38865.7	40652.4	41870.1	40091.9	42047.9
四 川	53892.1	54934.5	54268.2	50690.1	53495.8	53380.2	50576.9
贵 州	41569.0	34864.9	38992.1	35999.2	39172.5	39445.5	35292.0
云 南	56314.5	53168.4	54584.3	55012.6	58288.5	58000.6	60153.2
西 藏							
陕 西	23413.7	10210.7	12577.8	12757.9	24446.5	24147.1	27629.6
甘 肃	41957.5	39427.9	37491.4	39506.6	40129.6	37921.9	34422.6
青 海	21433.3	36650.0	36650.0	36650.0			
宁 夏	34435.9	34591.8	38711.1	37185.7			
新 疆	46330.2	45102.8	47559.2	53205.8	54713.2	56700.3	57483.3

3—37—1 各地区甘蔗播种面积

单位：千公顷

地　区	1978年	1980年	1985年	1990年	1995年	1996年	1997年
全国总计	**548.5**	**479.53**	**964.8**	**1008.8**	**1125.3**	**1207.5**	**1311.5**
北　京							
天　津							
河　北							
山　西							
内蒙古							
辽　宁							
吉　林							
黑龙江							
上　海				0.2	1.1	1.1	1.2
江　苏	0.7	0.3	4.1	3.3	4.0	3.7	3.5
浙　江	10.5	10.7	17.9	11.7	11.8	11.3	11.0
安　徽	0.5	0.3	2.3	2.6	4.8	4.8	5.4
福　建	42.7	46.9	73.3	49.9	37.5	37.9	36.5
江　西	19.5	19.1	37.7	35.6	40.2	37.0	41.8
山　东							
河　南	2.5	1.7	4.3	2.7	5.0	4.2	3.6
湖　北	2.3	1.5	7.9	8.1	16.0	16.6	18.0
湖　南	14.3	14.5	25.1	24.7	29.0	27.6	29.6
广　东	204.4	175.9	427.1	290.6	230.2	237.6	241.0
广　西	144.8	111.7	221.4	319.9	454.3	505.6	549.3
海　南				86.9	72.5	73.7	77.1
重　庆							2.2
四　川	56.7	46.5	55.1	48.8	35.6	33.9	30.9
贵　州	5.7	3.9	4.5	6.6	8.5	9.9	10.1
云　南	43.3	45.6	83.7	117.2	174.9	202.4	249.2
西　藏							
陕　西	0.6	0.9	0.3	0.1	0.2	0.2	1.3
甘　肃							
青　海							
宁　夏							
新　疆							

3—37—1 续表　　　　单位：千公顷

地　区	1998 年	1999 年	2000 年	2001 年	2002 年	2003 年	2004 年
全国总计	**1401.2**	**1302.8**	**1184.9**	**1248.0**	**1393.5**	**1409.4**	**1378.1**
北　京							
天　津							
河　北							
山　西							
内蒙古							
辽　宁							
吉　林							
黑龙江							
上　海	1.2	1.2	1.1	1.3	1.5	3.2	2.8
江　苏	3.3	4.2	5.2	5.8	6.1	6.0	4.9
浙　江	10.7	12.0	16.3	17.4	18.4	19.2	18.1
安　徽	5.6	7.0	8.4	8.1	7.9	7.8	6.5
福　建	32.8	22.3	14.4	15.5	18.5	18.3	15.9
江　西	38.6	33.6	28.4	25.9	26.0	24.4	18.6
山　东							
河　南	3.6	4.3	5.2	4.6	5.1	4.9	4.4
湖　北	20.0	23.3	22.2	18.9	19.2	17.2	10.0
湖　南	34.8	33.1	25.2	30.1	32.6	28.6	21.3
广　东	235.9	194.5	178.1	163.5	171.6	156.1	151.3
广　西	614.0	552.9	508.7	574.6	670.7	708.6	723.7
海　南	72.4	79.8	61.8	60.8	65.0	69.1	69.9
重　庆	2.0	2.1	2.3	2.5	2.9	2.8	2.8
四　川	29.6	29.2	30.6	30.6	31.9	31.9	28.8
贵　州	13.1	16.3	17.0	18.1	18.8	19.1	18.6
云　南	283.5	287.0	260.1	269.0	297.2	292.1	280.5
西　藏							
陕　西	0.1	0.1	0.1	1.5	0.3	0.1	0.1
甘　肃							
青　海							
宁　夏							
新　疆							

3—37—2 各地区甘蔗总产量

单位:万吨

地区	1978年	1980年	1985年	1990年	1995年	1996年	1997年
全国总计	**2111.6**	**2280.7**	**5154.9**	**5762.0**	**6541.7**	**6818.7**	**7889.7**
北京							
天津							
河北							
山西							
内蒙古							
辽宁							
吉林							
黑龙江							
上海				0.7	4.9	6.7	6.2
江苏	3.0	1.1	21.0	18.0	22.8	20.6	19.8
浙江	64.2	58.8	110.0	62.8	65.8	63.9	60.0
安徽	1.7	0.9	8.3	8.7	17.8	18.3	19.5
福建	267.2	351.2	536.7	344.3	248.6	253.9	249.9
江西	68.3	85.7	197.1	194.3	200.0	185.8	220.6
山东							
河南	8.1	5.4	17.0	10.1	20.7	20.3	17.3
湖北	8.7	4.5	39.6	34.6	73.6	85.6	100.9
湖南	60.2	73.4	147.8	127.8	141.5	129.2	174.5
广东	895.0	922.7	2333.3	2165.5	1591.6	1523.1	1764.3
广西	376.7	401.9	982.9	1501.8	2555.7	2830.5	3242.4
海南				371.5	335.9	329.3	377.5
重庆							8.1
四川	185.3	178.3	264.1	238.6	179.5	172.4	155.7
贵州	12.3	11.1	15.5	20.9	26.9	35.6	37.0
云南	160.0	184.4	479.8	661.9	1055.9	1143.1	1434.9
西藏							
陕西	1.0	1.4	1.7	0.5	0.4	0.3	1.2
甘肃							
青海							
宁夏							
新疆							

3—37—2 续表

单位:万吨

地　区	1998 年	1999 年	2000 年	2001 年	2002 年	2003 年	2004 年
全国总计	**8343.8**	**7470.3**	**6828.0**	**7566.3**	**9010.7**	**9023.5**	**8984.9**
北　京							
天　津							
河　北							
山　西							
内蒙古							
辽　宁							
吉　林							
黑龙江							
上　海	7.1	8.0	6.8	8.5	8.7	13.1	13.5
江　苏	18.4	22.9	28.1	31.5	33.9	33.7	28.9
浙　江	61.9	71.1	98.5	106.0	113.4	123.9	106.3
安　徽	21.8	29.3	32.0	29.3	31.0	26.0	25.0
福　建	219.3	138.8	82.7	95.5	117.9	118.1	101.6
江　西	186.4	172.0	136.8	123.7	130.8	118.2	85.7
山　东							
河　南	15.9	21.1	32.6	26.2	27.9	21.2	22.3
湖　北	110.0	114.2	101.7	78.4	91.9	76.0	46.3
湖　南	188.4	168.5	115.9	166.4	180.4	142.3	110.8
广　东	1756.9	1367.1	1253.2	1213.0	1315.5	1134.1	1110.4
广　西	3582.3	3220.6	2937.9	3653.3	4593.4	4861.8	5003.9
海　南	353.7	384.5	338.9	320.8	374.8	402.1	417.9
重　庆	7.3	7.6	9.1	10.1	12.1	11.3	11.8
四　川	161.5	161.0	166.7	155.7	171.2	170.5	146.1
贵　州	54.8	56.8	66.7	65.1	74.0	75.7	65.8
云　南	1597.7	1526.5	1420.3	1481.1	1733.4	1695.0	1688.5
西　藏							
陕　西	0.3	0.3	0.3	1.7	0.4	0.3	0.3
甘　肃							
青　海							
宁　夏							
新　疆							

3—37—3 各地区甘蔗单位面积产量

单位:公斤/公顷

地区	1978年	1980年	1985年	1990年	1995年	1996年	1997年
全国总计	**38496.1**	**47561.7**	**53429.9**	**57117.5**	**58133.3**	**56470.5**	**60158.1**
北京							
天津							
河北							
山西							
内蒙古							
辽宁							
吉林							
黑龙江							
上海							
江苏	42928.6	35833.3	51304.9	54545.5	57042.5	56340.4	57169.7
浙江	61095.2	54953.3	61478.8	53657.3	55753.4	56348.9	54560.8
安徽	34000.0	28666.7	35973.9	33526.9	37170.8	38065.4	36214.3
福建	62569.1	74883.8	73215.8	68994.8	66293.3	67003.5	68522.0
江西	35020.5	44887.4	52281.4	54576.1	49758.0	50211.7	52836.6
山东							
河南	32240.0	31529.4	39646.5	37251.9	41312.0	48190.5	48245.8
湖北	37630.4	29766.7	50174.7	42754.3	45987.5	51580.6	56055.8
湖南	42111.9	50606.9	58899.2	51725.1	48800.3	46834.5	58923.2
广东	43788.6	52453.1	54632.2	74519.6	69141.7	64111.6	73206.6
广西	26016.9	35982.5	44393.7	46947.3	56256.4	55987.4	59032.8
海南				42753.0	46337.2	44660.8	48962.4
重庆							37565.1
四川	32680.8	38349.5	47939.7	48902.7	50415.7	50832.2	50423.9
贵州	21578.9	28435.9	34335.6	31633.3	31658.8	36114.3	36514.2
云南	36953.8	40448.5	57320.4	56474.2	60372.7	56473.3	57571.8
西藏							
陕西	16916.7	15833.3	55866.7	45700.0	18950.0	15775.0	9054.6
甘肃							
青海							
宁夏							
新疆							

3—37—3 续表

单位:公斤/公顷

地　　区	1998 年	1999 年	2000 年	2001 年	2002 年	2003 年	2004 年
全国总计	**59549.7**	**57338.3**	**57626.1**	**60625.2**	**64663.4**	**64022.8**	**65199.0**
北　　京							
天　　津							
河　　北							
山　　西							
内 蒙 古							
辽　　宁							
吉　　林							
黑 龙 江							
上　　海			62077.3	63776.7	57600.7	41160.5	47657.4
江　　苏	56556.0	54433.1	54374.2	54717.2	55755.3	56280.4	59082.4
浙　　江	57822.5	59068.5	60293.1	60970.1	61653.9	64515.7	58689.7
安　　徽	39273.4	41581.3	38218.6	36352.0	39369.3	33557.2	38463.1
福　　建	66910.4	62280.9	57437.4	61758.4	63882.0	64722.3	63920.5
江　　西	48322.5	51131.4	48240.8	47725.5	50344.9	48423.0	46134.7
山　　东							
河　　南	43668.4	49447.9	62641.3	57460.7	54830.3	42891.9	50790.9
湖　　北	55099.8	48916.0	45853.9	41535.1	47921.2	44064.4	46225.4
湖　　南	54108.4	50974.6	46065.0	55210.8	55416.3	49684.4	52074.5
广　　东	74476.4	70299.7	70373.4	74173.2	76640.8	72660.2	73408.1
广　　西	58347.4	58247.8	57755.3	63579.3	68487.4	68608.1	69147.6
海　　南	48865.2	48186.8	54857.6	52780.1	57704.1	58196.5	59785.1
重　　庆	36230.8	36134.8	38865.7	40652.4	41870.1	40091.9	42047.9
四　　川	54536.6	55170.0	54433.7	50822.3	53736.8	53508.2	50766.1
贵　　州	41676.6	34977.0	39210.0	36052.8	39268.8	39561.2	35393.1
云　　南	56348.7	53194.9	54614.1	55059.5	58322.2	58036.6	60187.0
西　　藏							
陕　　西	27541.7	33744.4	39142.9	11680.8	15070.4	38903.6	36662.5
甘　　肃							
青　　海							
宁　　夏							
新　　疆							

3—38—1 各地区甜菜播种面积

单位：千公顷

地　区	1978年	1980年	1985年	1990年	1995年	1996年	1997年
全国总计	**330.9**	**442.7**	**560.5**	**670.3**	**694.6**	**638.3**	**611.6**
北　京							
天　津							
河　北	15.2	10.1	11.5	7.7	11.9	7.2	7.2
山　西	9.0	9.7	10.8	16.9	21.8	23.2	29.7
内蒙古	34.3	55.9	100.3	95.2	140.3	127.0	126.2
辽　宁	14.1	11.1	13.8	22.5	30.2	27.2	23.8
吉　林	61.3	61.1	69.3	58.6	43.2	29.5	18.9
黑龙江	145.1	243.3	292.1	358.3	328.5	290.7	251.4
上　海							
江　苏	6.9	5.8	4.4	2.3	0.2	0.9	1.5
浙　江							
安　徽	0.9	0.2		0.1			0.4
福　建	0.1	0.1					
江　西							
山　东	8.9	9.3	4.7	2.7	0.3	1.0	4.5
河　南	0.9	1.1	0.7	0.1		0.1	
湖　北	0.1	0.1					
湖　南	0.3						
广　东							
广　西							
海　南							
重　庆							
四　川	0.5	0.8	1.1	2.1	0.2	0.2	0.2
贵　州	0.5		0.3		0.9	0.3	0.2
云　南		0.1	0.3	0.1	0.3	0.2	0.3
西　藏	0.2						
陕　西	2.0	2.4	4.0	3.4	2.1	2.0	2.2
甘　肃	9.7	4.6	18.7	19.3	29.4	28.6	33.7
青　海	0.7	0.1	0.1	0.4			
宁　夏	2.4	2.8	11.9	13.8	14.5	13.0	19.4
新　疆	17.7	24.3	15.5	66.9	71.1	87.4	92.2

3—38—1 续表

单位:千公顷

地区	1998年	1999年	2000年	2001年	2002年	2003年	2004年
全国总计	**583.2**	**341.0**	**329.3**	**406.2**	**424.1**	**248.0**	**190.0**
北京							
天津							
河北	8.0	8.0	9.9	9.3	11.6	11.5	8.6
山西	30.8	13.8	7.6	5.2	6.7	2.9	1.8
内蒙古	117.4	65.7	58.9	57.7	70.5	37.4	36.3
辽宁	17.2	13.8	16.5	18.0	14.0	1.1	1.2
吉林	23.3	12.1	22.7	35.8	27.4	2.6	1.3
黑龙江	230.6	124.0	145.7	182.1	198.9	118.8	75.5
上海							
江苏	0.5	0.2	0.1	0.4	0.4	0.3	0.1
浙江							
安徽	1.0			0.1	0.1	0.1	
福建							
江西							
山东	0.8	0.7	0.2	0.1	0.4	0.1	
河南							
湖北							
湖南							
广东							
广西							
海南							
重庆							
四川	0.4	0.2	0.1	0.1	0.2	0.1	0.2
贵州		0.1	0.1		0.1	0.1	0.1
云南	0.2	0.2	0.2	0.3	0.2	0.2	0.2
西藏							
陕西	2.0	1.7	1.3	0.1	1.0	0.3	0.2
甘肃	31.2	18.7	10.1	11.4	7.2	5.3	4.6
青海							
宁夏	9.0	3.4	0.1	0.1			
新疆	110.8	78.5	55.7	85.5	85.3	67.3	59.9

3—38—2 各地区甜菜总产量

单位:万吨

地　　区	1978年	1980年	1985年	1990年	1995年	1996年	1997年
全国总计	**270.2**	**630.5**	**891.9**	**1452.5**	**1398.4**	**1541.5**	**1496.8**
北　京			2.2				
天　津							
河　北	8.3	9.4	19.9	12.3	12.4	6.9	7.1
山　西	5.5	11.7	24.9	43.2	39.7	66.0	66.8
内蒙古	31.1	81.2	254.2	236.4	263.5	320.7	306.4
辽　宁	13.2	12.7	22.7	49.8	50.4	58.6	40.1
吉　林	49.9	117.7	87.7	116.4	83.6	70.2	32.9
黑龙江	122.9	316.0	315.2	632.0	500.8	491.9	447.7
上　海							
江　苏	3.9	4.1	5.3	4.3	0.6	2.3	3.6
浙　江							
安　徽	0.4	0.1		0.1			0.4
福　建							
江　西							
山　东	7.7	22.5	9.1	5.0	1.2	1.6	1.5
河　南	0.6	1.6	0.9			0.2	
湖　北	0.1	0.1					
湖　南	0.2						
广　东							
广　西							
海　南							
重　庆							
四　川	0.1	0.4	1.1	1.8	0.2	0.2	0.1
贵　州	0.3		0.5		0.3	0.1	0.1
云　南		0.1	0.4	0.4	0.4	0.3	0.3
西　藏	0.1						
陕　西	0.9	1.7	6.2	5.5	0.7	2.4	2.3
甘　肃	5.8	6.3	61.6	72.4	107.0	119.1	139.1
青　海	0.6	0.1	0.9	0.8			
宁　夏	2.4	6.3	38.5	47.8	49.5	46.5	59.8
新　疆	16.4	38.5	40.7	224.4	288.1	354.5	388.7

3—38—2 续表

单位:万吨

地　　区	1998 年	1999 年	2000 年	2001 年	2002 年	2003 年	2004 年
全国总计	**1446.6**	**863.9**	**807.3**	**1088.9**	**1282.0**	**618.2**	**585.7**
北　　京							
天　　津							
河　　北	17.1	7.5	11.5	9.9	14.7	22.0	21.0
山　　西	78.6	20.5	21.0	9.0	18.5	11.4	4.8
内 蒙 古	259.2	136.8	141.3	133.1	195.0	99.4	96.3
辽　　宁	41.6	26.4	28.7	35.7	39.8	3.4	2.7
吉　　林	55.6	25.8	44.4	69.4	76.2	7.0	3.6
黑 龙 江	310.2	203.6	254.8	329.8	437.6	71.4	96.0
上　　海							
江　　苏	1.3	0.1	0.2	0.5	0.8	0.7	0.3
浙　　江							
安　　徽	2.6				0.3	0.1	
福　　建							
江　　西							
山　　东	0.3	1.1	0.1	0.1	0.2		
河　　南							
湖　　北							
湖　　南							
广　　东							
广　　西							
海　　南							
重　　庆							
四　　川	0.2	0.2	0.1	0.1	0.3	0.3	0.2
贵　　州							
云　　南	0.4	0.4	0.3	0.4	0.3	0.3	0.3
西　　藏							
陕　　西	4.6	1.5	1.5	0.2	2.7	0.5	0.4
甘　　肃	130.9	73.8	37.9	45.1	28.9	19.9	15.9
青　　海	0.1	0.1	0.1				
宁　　夏	30.9	11.8	0.3	0.3			
新　　疆	513.1	354.2	265.0	455.1	466.8	381.6	344.2

3—38—3 各地区甜菜单位面积产量

单位:公斤/公顷

地 区	1978年	1980年	1985年	1990年	1995年	1996年	1997年
全国总计	**8165.7**	**14241.8**	**15912.8**	**21667.6**	**20132.5**	**24149.7**	**24475.0**
北 京							
天 津							
河 北	5467.5	9397.5	17250.0	15960.0	10410.0	9525.3	9819.1
山 西	6067.5	12082.5	23040.0	25590.0	18243.0	28484.1	22544.2
内蒙古	9060.0	14512.5	25335.0	24840.0	18788.0	25250.0	24287.8
辽 宁	9345.0	11505.0	16515.0	22095.0	16721.0	21550.1	16816.1
吉 林	8137.5	19267.5	12660.0	19860.0	19375.0	23798.8	17437.4
黑龙江	8467.5	12990.0	115770.0	17640.0	15246.0	16921.9	17808.4
上 海							
江 苏	5550.0	7012.5	12090.0	19080.0	32359.0	26709.2	23566.2
浙 江							
安 徽	3870.0	7597.5	5400.0	4395.0			
福 建	6315.0	12487.5					
江 西							
山 东	8580.0	23985.0	19380.0	18690.0	40387.0	16714.4	3268.2
河 南	6607.5	15517.5	12750.0	1455.0			
湖 北	5797.5	6300.0		36150.0			
湖 南	4357.5						
广 东							
广 西							
海 南							
重 庆							
四 川	2662.5	5272.5	9795.0	8430.0	10700.0	13638.9	8282.4
贵 州	5512.5	9337.5	20430.0	4635.0	3350.0	5312.0	3880.0
云 南	6960.0	10500.0	13290.0	25905.0	15192.0	18926.7	10380.0
西 藏	3000.0						
陕 西	4312.5	7042.5	15450.0	16095.0	3096.0	11928.4	10253.2
甘 肃	6015.0	13717.5	33015.0	37425.0	36410.0	41618.3	41291.5
青 海	9157.5	14542.5	64140.0	19545.0	12233.0		9350.0
宁 夏	9832.5	22402.5	32445.0	34635.0	34051.0	35765.9	30826.2
新 疆	9262.5	15877.5	26250.0	33555.0	40526.0	40558.3	42155.4

3—38—3 续表 单位:公斤/公顷

地区	1998年	1999年	2000年	2001年	2002年	2003年	2004年
全国总计	**24805.9**	**25334.5**	**24518.0**	**26806.7**	**30231.8**	**24925.3**	**30829.3**
北京							
天津							
河北	21459.7	9383.2	11696.0	10636.2	12654.0	19105.1	24291.0
山西	25495.7	14872.7	27819.2	17312.1	27500.6	39295.8	26090.2
内蒙古	22075.2	20831.9	23998.0	23053.3	27661.9	26580.9	26547.0
辽宁	24263.6	19169.5	17357.0	19823.9	28397.9	30058.2	22855.8
吉林	23885.0	21323.7	19555.3	19414.6	27814.7	27000.8	27327.7
黑龙江	13449.7	16421.5	17482.3	18112.0	21998.9	6011.5	12710.2
上海							
江苏	24205.8	4513.3	29557.1	13625.0	20597.4	25744.8	23375.0
浙江							
安徽					26407.7	11840.0	
福建							
江西							
山东	3625.9	16238.6	4304.8	9644.4	4390.5	3481.8	
河南							
湖北							
湖南							
广东							
广西							
海南							
重庆							
四川	6180.0	14494.1	11092.3	10190.0	15095.0	22000.0	14286.7
贵州	6250.0	4500.0	1950.0	3733.3	2880.0	1881.4	4000.0
云南	15958.3	16919.0	15805.0	12970.0	13486.5	12291.3	15028.6
西藏							
陕西	23166.0	8950.0	11061.5	38966.7	26978.0	19248.0	24237.2
甘肃	41957.5	39427.9	37491.4	39506.6	40129.6	37921.9	34422.6
青海	21433.3	36650.0	30133.3	9000.0			
宁夏	34435.9	34591.8	38711.1	37185.7			
新疆	46330.2	45102.8	47559.2	53205.8	54713.2	56700.3	57483.3

3—39—1 各地区烟叶播种面积

单位:千公顷

地区	1978年	1980年	1985年	1990年	1995年	1996年	1997年
全国总计	**783.9**	**511.9**	**1312.7**	**1592.6**	**1470.0**	**1853.2**	**2352.7**
北京	0.2	0.1	0.1	0.1			
天津	0.5	0.2	0.3	0.2			0.1
河北	11.8	5.6	11.5	12.1	5.5	6.7	8.9
山西	1.9	0.9	2.0	4.7	6.2	9.2	16.1
内蒙古	0.7	2.8	3.6	4.7	2.5	8.1	15.8
辽宁	15.3	9.6	18.6	26.0	16.6	27.3	33.2
吉林	13.6	7.7	21.1	30.4	19.2	31.9	42.9
黑龙江	19.6	9.8	50.5	125.2	68.3	101.9	107.7
上海							
江苏	7.3	3.2	4.3	5.9	1.3	1.6	2.8
浙江	1.7	2.9	3.2	2.1	0.7	0.9	1.4
安徽	39.9	16.7	41.7	44.9	20.1	34.9	35.8
福建	13.1	12.7	30.7	37.4	41.9	50.6	76.0
江西	7.9	4.3	7.1	20.7	15.0	16.7	28.7
山东	90.9	74.6	116.3	87.7	46.8	63.1	84.6
河南	142.1	96.3	250.9	211.7	126.4	165.0	215.6
湖北	34.1	15.1	60.2	76.3	67.4	79.7	102.2
湖南	56.7	37.0	98.0	99.7	62.2	100.4	138.3
广东	46.5	26.0	37.1	45.7	29.6	30.1	37.0
广西	42.1	22.5	17.5	30.6	20.4	32.9	53.9
海南				0.3	0.4	0.4	0.4
重庆							99.5
四川	76.9	37.7	98.4	150.2	117.7	147.3	100.2
贵州	72.1	54.5	179.0	235.9	265.9	340.1	436.6
云南	71.0	61.6	213.4	246.7	455.8	503.9	570.6
西藏							
陕西	13.0	7.7	42.0	81.3	50.9	65.3	91.1
甘肃	3.1	2.1	4.6	11.3	28.2	32.3	46.3
青海			0.1	0.1	0.1	0.1	0.1
宁夏	0.1			0.1	0.4	1.0	1.5
新疆	1.9	0.3	0.5	0.9	0.9	1.8	5.7

3—39—1 续表

单位：千公顷

地　区	1998 年	1999 年	2000 年	2001 年	2002 年	2003 年	2004 年
全国总计	**1361.1**	**1373.7**	**1437.2**	**1339.6**	**1327.6**	**1264.4**	**1265.6**
北　京							
天　津	0.1	0.1					
河　北	5.7	5.9	5.5	4.1	4.9	4.7	4.4
山　西	6.3	6.0	8.0	6.3	4.3	2.8	3.0
内蒙古	5.9	7.1	7.9	5.8	4.9	6.6	5.6
辽　宁	15.2	17.0	18.4	11.5	14.1	13.7	14.2
吉　林	20.4	22.4	26.6	22.1	21.3	21.0	20.2
黑龙江	58.6	64.4	49.4	46.4	44.7	36.6	31.5
上　海							
江　苏	0.3	0.5	0.5	0.7	0.7	0.9	0.6
浙　江	1.3	1.2	1.4	1.8	2.4	2.2	1.9
安　徽	23.7	23.4	19.7	16.0	14.7	11.7	12.0
福　建	46.6	52.9	55.3	58.9	65.3	59.6	62.6
江　西	17.1	14.8	14.1	14.7	13.4	11.6	8.9
山　东	53.2	55.9	62.9	47.3	41.8	42.9	42.1
河　南	160.5	139.3	166.4	174.0	148.2	134.0	131.1
湖　北	67.9	74.5	74.6	63.4	60.9	55.1	55.6
湖　南	90.0	76.2	88.9	85.7	93.6	94.1	88.3
广　东	33.5	28.5	31.1	35.7	30.8	29.9	31.6
广　西	30.7	21.2	23.9	21.9	16.2	16.1	16.9
海　南	0.4	0.2	0.2	0.2	0.2	0.1	0.1
重　庆	56.6	64.0	70.8	55.2	56.0	57.2	53.0
四　川	72.4	73.8	82.2	70.3	70.1	66.6	66.4
贵　州	199.0	224.3	213.7	202.1	217.3	207.2	206.8
云　南	322.6	328.3	339.5	335.6	358.0	343.7	363.0
西　藏							
陕　西	59.1	49.6	52.0	42.2	32.2	31.5	30.9
甘　肃	9.4	19.1	21.0	14.0	9.4	13.4	14.2
青　海	0.1	0.1	0.1	0.3	0.1	0.1	0.1
宁　夏	0.2	0.4	0.7	0.2	0.1	0.1	0.1
新　疆	4.3	3.0	2.7	3.0	2.2	1.1	0.5

3—39—2 各地区烟叶总产量

单位:万吨

地区	1978年	1980年	1985年	1990年	1995年	1996年	1997年
全国总计	**124.2**	**84.5**	**242.5**	**262.7**	**231.4**	**323.4**	**425.1**
北京							
天津							
河北	1.1	0.6	2.0	2.2	0.9	1.6	1.9
山西	0.2	0.1	0.5	0.9	1.1	1.6	2.6
内蒙古	0.1	0.2	0.6	0.8	0.5	1.8	4.1
辽宁	3.3	2.4	3.4	4.4	3.2	5.6	6.1
吉林	2.7	1.5	3.8	5.7	3.1	5.8	7.2
黑龙江	4.6	2.8	8.9	21.9	11.2	18.1	17.5
上海							
江苏	1.2	0.4	0.9	0.9	0.3	0.3	0.5
浙江	0.4	0.4	0.5	0.3	0.1	0.2	0.3
安徽	5.2	2.6	8.0	7.8	4.4	6.2	8.3
福建	1.4	1.5	3.7	4.6	5.9	7.7	12.5
江西	0.6	0.4	0.9	2.3	1.6	2.1	3.9
山东	18.6	16.4	30.1	22.1	8.6	14.2	18.5
河南	29.9	18.9	53.9	40.9	22.3	27.7	41.6
湖北	5.4	2.3	9.7	10.7	11.1	14.7	20.0
湖南	6.1	4.5	14.7	13.1	9.3	15.2	23.8
广东	4.8	2.7	4.9	7.1	5.0	5.3	7.3
广西	4.6	2.4	2.0	4.1	2.7	5.0	9.1
海南							
重庆							16.5
四川	9.2	5.3	14.3	20.7	15.6	26.2	18.6
贵州	9.2	6.8	28.9	30.7	35.8	54.5	71.1
云南	12.9	11.1	42.2	44.7	76.8	90.2	110.2
西藏							
陕西	1.9	1.0	7.2	13.6	6.6	11.5	12.9
甘肃	0.5	0.5	1.0	2.7	4.9	7.3	9.5
青海							
宁夏					0.1	0.2	0.3
新疆	0.5	0.1	0.2	0.4	0.3	0.4	1.0

3—39—2 续表

单位:万吨

地区	1998 年	1999 年	2000 年	2001 年	2002 年	2003 年	2004 年
全国总计	**236.4**	**246.9**	**255.2**	**235.0**	**244.7**	**225.7**	**240.6**
北京							
天津							
河北	1.2	1.2	1.2	0.9	1.1	1.1	1.1
山西	1.1	1.0	1.6	1.1	0.8	0.6	0.6
内蒙古	1.3	1.6	1.4	1.0	1.0	1.6	1.3
辽宁	3.1	3.2	3.2	2.4	2.9	2.6	2.7
吉林	4.3	4.9	6.0	4.9	5.1	5.0	5.4
黑龙江	9.4	11.2	9.6	8.4	7.4	4.6	5.6
上海							
江苏	0.1	0.1	0.1	0.1	0.1	0.2	0.1
浙江	0.3	0.2	0.3	0.4	0.5	0.5	0.5
安徽	4.8	5.5	3.2	3.6	3.3	2.2	2.8
福建	7.4	8.8	9.4	10.1	10.9	10.3	11.5
江西	2.0	1.7	1.8	2.0	2.0	1.8	1.7
山东	11.5	11.4	11.7	8.4	8.7	9.6	8.2
河南	31.1	28.4	27.6	32.0	27.5	21.8	25.7
湖北	12.0	13.6	13.7	12.3	10.8	9.3	9.8
湖南	15.4	13.6	16.8	16.3	18.6	18.7	18.9
广东	6.6	5.8	6.2	6.8	6.1	6.0	6.3
广西	4.6	3.3	3.9	3.8	2.6	2.6	2.9
海南				0.1	0.1		
重庆	8.0	9.6	10.4	8.0	8.7	8.6	8.5
四川	10.7	11.9	15.6	12.2	14.1	13.4	14.4
贵州	32.0	34.8	33.8	28.9	33.0	31.2	32.6
云南	57.3	62.7	65.6	61.5	71.8	65.5	70.8
西藏							
陕西	9.3	7.8	7.7	6.5	5.3	5.0	5.4
甘肃	2.2	3.8	3.8	2.6	1.6	3.1	3.5
青海						0.1	0.1
宁夏	0.1	0.1	0.1			0.1	0.1
新疆	0.7	0.5	0.5	0.6	0.5	0.3	0.1

3—39—3 各地区烟叶单位面积产量

单位:公斤/公顷

地区	1978 年	1980 年	1985 年	1990 年	1995 年	1996 年	1997 年
全国总计	**1584.2**	**1650.2**	**1847.2**	**1649.6**	**1574.3**	**1745.1**	**1806.9**
北京	2572.5	2085.0	2025.0	2835.0			
天津	480.0	832.5	1125.0	2355.0			
河北	930.0	1057.5	1755.0	1815.0	1729.7	2456.2	2122.8
山西	855.0	1117.5	2385.0	1905.0	1700.0	1750.2	1632.2
内蒙古	1035.0	742.5	1650.0	1770.0	2128.9	2212.1	2599.9
辽宁	2122.5	2452.5	1830.0	1695.0	1926.4	2051.6	1832.4
吉林	1987.5	1995.0	1800.0	1875.0	1596.8	1815.2	1682.4
黑龙江	2355.0	2850.0	1755.0	1740.0	1637.5	1772.1	1620.5
上海							
江苏	1500.0	1267.5	2145.0	1560.0	2001.5	1843.4	1914.0
浙江	1275.0	1200.0	1590.0	1545.0	1985.3	1842.2	1861.4
安徽	1290.0	1522.5	1935.0	1740.0	2192.6	1769.4	2312.1
福建	1080.0	1177.5	1215.0	1230.0	1408.0	1528.4	1650.1
江西	780.0	870.0	1230.0	1125.0	1064.1	1275.7	1358.8
山东	2047.5	2190.0	2580.0	2520.0	1846.0	2244.4	2183.5
河南	2107.5	1965.0	2145.0	1935.0	1761.5	1678.5	1930.1
湖北	1575.0	1507.5	1620.0	1410.0	1649.0	1843.4	1956.3
湖南	1080.0	1207.5	1500.0	1320.0	1494.1	1516.4	1720.3
广东	1020.0	1050.0	1320.0	1545.0	1705.9	1759.0	1982.9
广西	1087.5	1057.5	1155.0	1335.0	1346.9	1525.3	1682.8
海南				870.0	707.3	750.0	762.2
重庆							
四川	1192.5	1402.5	1455.0	1380.0	1325.5	1776.4	1852.4
贵州	1267.5	1237.5	1620.0	1305.0	1346.3	1602.1	1627.4
云南	1815.0	1755.0	1980.0	1815.0	1685.8	1789.6	1930.7
西藏							
陕西	1462.5	1252.5	1725.0	1680.0	1298.4	1768.7	1411.5
甘肃	1545.0	2370.0	2190.0	2430.0	1734.2	2256.3	2053.9
青海	2085.0		2370.0	2355.0	900.0	777.8	877.8
宁夏	1177.5		1005.0	1830.0	1527.8	2182.0	1891.2
新疆	2332.5	2242.5	3960.0	4185.0	2768.5	2095.6	1788.7

3—39—3 续表　　　　单位:公斤/公顷

地　区	1998年	1999年	2000年	2001年	2002年	2003年	2004年
全国总计	**1736.8**	**1797.5**	**1775.9**	**1753.9**	**1842.8**	**1785.3**	**1901.1**
北　京							
天　津				5101.9			
河　北	2187.0	2051.3	2268.1	2265.4	2248.1	2255.9	2477.8
山　西	1696.8	1746.8	2042.4	1698.2	1864.7	2232.3	2101.0
内蒙古	2269.5	2282.0	1728.6	1769.3	2031.8	2398.8	2403.9
辽　宁	2056.4	1912.1	1710.1	2053.0	2034.0	1938.1	1896.6
吉　林	2083.8	2187.0	2249.1	2205.5	2408.9	2383.9	2673.2
黑龙江	1598.4	1738.8	1938.7	1815.4	1664.9	1256.1	1776.1
上　海							
江　苏	2553.1	2920.0	1904.3	1908.6	1973.1	2010.6	2289.8
浙　江	2103.1	2042.5	2056.8	2043.1	2244.9	2256.5	2395.8
安　徽	2024.6	2363.1	1632.9	2251.1	2256.2	1876.8	2371.6
福　建	1588.3	1673.9	1699.7	1721.5	1668.1	1725.5	1832.0
江　西	1143.5	1178.1	1285.0	1342.2	1473.3	1550.1	1901.6
山　东	2162.6	2035.2	1862.6	1783.6	2086.4	2230.9	1949.5
河　南	1935.4	2038.5	1659.3	1839.0	1855.1	1625.2	1964.5
湖　北	1760.4	1830.7	1841.1	1938.9	1778.0	1697.4	1766.6
湖　南	1714.7	1783.0	1886.5	1898.9	1991.2	1989.1	2142.8
广　东	1972.8	2037.7	1996.8	1905.7	1968.8	2004.6	1984.4
广　西	1502.2	1543.1	1623.3	1745.0	1610.9	1638.1	1690.6
海　南	411.1	785.0	781.0	2347.8	4262.5	1175.0	750.0
重　庆	1412.9	1495.3	1470.5	1450.2	1554.2	1503.3	1604.5
四　川	1474.0	1608.1	1900.1	1731.2	2010.9	2014.2	2169.4
贵　州	1606.1	1551.9	1581.0	1427.8	1520.0	1503.6	1574.8
云　南	1775.7	1908.6	1931.5	1831.4	2005.8	1905.3	1949.3
西　藏							
陕　西	1578.8	1570.6	1475.9	1551.5	1637.5	1584.6	1761.2
甘　肃	2380.8	1992.9	1810.4	1859.4	1681.4	2338.8	2483.8
青　海	807.7	2100.0	2983.3	1860.0	4070.0	5400.0	4842.9
宁　夏	2500.0	2002.6	2249.2	2173.7	2000.0	4383.3	4369.2
新　疆	1679.5	1768.1	1937.7	1960.0	2206.5	3025.4	1816.7

3—40—1 各地区烤烟播种面积

单位:千公顷

地 区	1978年	1980年	1985年	1990年	1995年	1996年	1997年
全国总计	**612.9**	**396.7**	**1077.1**	**1342.1**	**1308.6**	**1683.4**	**2160.8**
北 京							
天 津							
河 北	6.3	1.1	3.3	7.2	3.7	5.0	6.9
山 西	0.8	0.2	0.9	4.4	6.1	8.8	16.0
内蒙古	0.2	0.1	0.2	1.9	1.3	7.1	13.1
辽 宁	12.3	8.7	10.1	20.3	13.4	24.8	29.0
吉 林	7.5	6.0	8.1	17.9	12.0	22.6	32.2
黑龙江	14.3	8.3	43.5	115.5	64.6	97.6	102.9
上 海							
江 苏	6.8	3.2	3.5	5.6	1.2	1.4	2.6
浙 江							
安 徽	37.4	15.5	39.1	43.0	19.3	34.3	34.1
福 建	11.1	10.8	27.5	34.5	40.5	49.3	74.5
江 西	3.8	1.1	2.3	14.7	9.8	11.8	23.8
山 东	83.7	70.7	110.1	84.7	45.4	62.5	81.8
河 南	136.5	94.3	247.1	207.8	123.3	160.4	211.3
湖 北	24.7	9.7	37.7	46.3	41.2	51.9	71.0
湖 南	45.7	27.0	82.2	77.8	47.1	85.4	126.8
广 东	27.9	11.2	17.7	31.1	23.9	24.6	28.9
广 西	38.1	19.1	9.1	21.3	10.1	21.8	39.9
海 南				0.3	0.4		
重 庆							82.6
四 川	23.9	14.7	43.5	77.0	75.1	102.9	68.8
贵 州	59.8	39.0	154.9	214.2	246.4	321.2	417.5
云 南	63.3	52.7	200.1	235.5	448.1	494.6	559.2
西 藏							
陕 西	7.6	3.1	34.5	72.1	48.3	62.4	87.0
甘 肃	1.1	0.2	1.6	9.1	26.5	31.0	44.8
青 海							
宁 夏	0.1			0.1	0.4	1.0	1.5
新 疆					0.4	1.0	4.6

3—40—1 续表 单位：千公顷

地区	1998年	1999年	2000年	2001年	2002年	2003年	2004年
全国总计	**1200.3**	**1216.3**	**1269.2**	**1180.6**	**1191.7**	**1139.4**	**1145.1**
北京							
天津							
河北	4.3	4.3	3.7	2.9	3.2	3.1	2.9
山西	5.4	6.0	7.7	6.2	4.2	2.7	2.9
内蒙古	4.0	6.1	7.0	4.9	4.0	5.5	4.8
辽宁	13.0	15.3	16.7	10.1	12.8	11.7	12.6
吉林	12.0	14.2	14.7	11.4	11.4	10.7	10.7
黑龙江	53.6	60.7	44.7	41.2	39.6	32.6	27.7
上海							
江苏	0.1						
浙江							
安徽	23.0	22.1	18.9	15.1	13.8	11.0	11.3
福建	45.2	51.1	53.7	57.3	64.1	58.6	61.6
江西	13.9	11.8	11.5	12.2	11.3	9.7	7.8
山东	52.1	53.9	61.2	45.9	41.3	42.3	41.7
河南	158.7	135.4	163.3	170.0	147.2	133.9	129.5
湖北	48.5	48.3	48.1	40.4	42.9	39.5	39.9
湖南	80.3	66.8	79.7	77.1	85.1	87.1	82.1
广东	26.2	22.7	25.8	30.0	26.0	25.0	26.7
广西	16.5	9.5	11.5	10.3	7.8	9.8	9.9
海南		0.2		0.2	0.2	0.1	0.1
重庆	41.7	49.7	55.2	40.1	43.5	46.6	41.4
四川	46.3	48.9	54.6	42.3	46.8	44.3	45.9
贵州	178.3	204.3	193.4	182.4	199.2	188.8	188.0
云南	313.2	318.3	330.1	325.9	347.1	333.2	353.7
西藏							
陕西	54.0	46.7	47.1	40.6	31.3	30.9	30.4
甘肃	7.7	17.7	19.7	13.0	8.5	12.2	13.3
青海							
宁夏	0.2	0.4	0.7	0.2	0.1	0.1	0.1
新疆	2.5	2.1	0.5	0.9	0.5		

3—40—2 各地区烤烟总产量

单位:万吨

地 区	1978年	1980年	1985年	1990年	1995年	1996年	1997年
全国总计	**105.2**	**71.7**	**207.5**	**225.9**	**207.2**	**294.6**	**390.8**
北 京							
天 津							
河 北	0.6	0.2	0.5	1.2	0.7	1.0	1.4
山 西	0.1		0.2	0.8	1.0	1.5	2.6
内蒙古				0.4	0.3	1.6	3.4
辽 宁	3.0	2.2	1.8	3.2	2.2	5.0	5.2
吉 林	2.0	1.3	1.5	3.4	1.7	3.9	4.8
黑龙江	3.7	2.2	6.9	19.3	10.1	16.9	16.3
上 海							
江 苏	1.0	0.4	0.8	0.8	0.2	0.3	0.5
浙 江							
安 徽	4.9	2.4	7.6	7.5	4.3	6.1	7.9
福 建	1.2	1.3	3.4	4.3	5.7	7.6	12.3
江 西	0.3	0.1	0.3	1.7	1.0	1.5	3.1
山 东	17.7	15.7	28.7	21.4	8.4	14.0	17.7
河 南	29.4	18.7	53.2	40.3	21.8	26.9	41.0
湖 北	3.8	1.7	5.8	6.2	6.7	9.4	13.9
湖 南	5.3	3.7	13.0	11.2	7.9	13.8	22.5
广 东	2.8	1.0	2.3	4.6	4.0	4.2	5.4
广 西	4.3	2.1	1.3	3.0	1.2	3.3	6.7
海 南							
重 庆							13.4
四 川	3.3	2.1	5.9	9.8	9.2	18.5	12.3
贵 州	8.1	5.6	26.6	28.7	33.5	52.3	68.7
云 南	12.3	10.4	41.0	43.6	76.1	88.4	109.3
西 藏							
陕 西	1.4	0.6	6.3	12.3	6.3	11.1	12.2
甘 肃	0.2		0.4	2.2	4.7	7.0	9.2
青 海							
宁 夏				0.2	0.1	0.2	0.3
新 疆					0.1	0.2	0.8

3—40—2 续表

单位:万吨

地　区	1998 年	1999 年	2000 年	2001 年	2002 年	2003 年	2004 年
全国总计	**208.8**	**218.5**	**223.8**	**204.5**	**213.5**	**201.5**	**216.3**
北　京							
天　津							
河　北	0.8	0.8	0.7	0.4	0.5	0.4	0.5
山　西	0.9	1.0	1.6	1.0	0.8	0.6	0.6
内蒙古	0.9	1.4	1.2	0.9	0.9	1.4	0.9
辽　宁	2.6	3.0	2.9	2.0	2.6	2.3	2.4
吉　林	2.0	2.7	3.0	1.8	1.8	1.9	2.2
黑龙江	8.3	10.3	8.1	7.3	6.3	4.5	5.6
上　海							
江　苏							
浙　江							
安　徽	4.7	5.2	3.1	3.4	3.1	2.1	2.7
福　建	7.2	8.6	9.1	9.9	10.7	10.1	11.3
江　西	1.6	1.4	1.5	1.7	1.7	1.5	1.5
山　东	11.2	10.9	11.3	8.1	8.3	9.4	8.0
河　南	30.7	27.6	27.2	31.2	27.2	21.7	25.5
湖　北	8.3	8.8	8.2	7.3	7.2	6.3	6.6
湖　南	14.3	12.4	15.5	15.1	17.4	17.7	18.0
广　东	4.8	4.4	5.0	5.5	4.9	4.8	5.0
广　西	2.4	1.4	1.7	1.8	1.1	1.5	1.6
海　南				0.1	0.1		
重　庆	5.8	7.2	7.7	5.3	6.4	6.8	6.4
四　川	5.9	6.9	9.4	6.6	8.8	8.2	9.4
贵　州	29.2	32.3	31.1	26.4	30.6	28.7	30.0
云　南	56.4	61.0	64.6	60.1	66.2	63.7	69.2
西　藏							
陕　西	8.5	7.5	7.4	6.3	5.1	4.9	5.3
甘　肃	1.9	3.4	3.3	2.3	1.4	2.8	3.3
青　海							
宁　夏	0.1	0.1	0.1			0.1	0.1
新　疆	0.4	0.3	0.1	0.2	0.1		

3—40—3 各地区烤烟单位面积产量

单位:公斤/公顷

地区	1978年	1980年	1985年	1990年	1995年	1996年	1997年
全国总计	**1716.9**	**1806.4**	**1926.5**	**1683.1**	**1583.5**	**1749.9**	**1808.6**
北京							
天津							
河北	1012.5	1477.5	1665.0	1605.0	1760.3	1951.7	2012.2
山西	937.5	1717.5	2310.0	1815.0	1690.7	1742.3	1620.8
内蒙古	1050.0	720.0	1995.0	1935.0	2460.3	2246.1	2574.0
辽宁	2400.0	2565.0	1830.0	1560.0	1639.0	2030.8	1777.4
吉林	2617.5	2137.5	1905.0	1875.0	1436.1	1718.4	1488.1
黑龙江	2602.5	2677.5	1590.0	1665.0	1566.8	1735.4	1583.1
上海							
江苏	1530.0	1267.5	2205.0	1500.0	1920.5	1786.8	1858.2
浙江							
安徽	1320.0	1552.5	1935.0	1740.0	2207.1	1773.3	2315.9
福建	1102.5	1185.0	1230.0	1230.0	1412.8	1532.2	1654.5
江西	682.5	847.5	1245.0	1170.0	1035.5	1259.1	1324.0
山东	2107.5	2220.0	2610.0	2535.0	1840.9	2237.9	2169.1
河南	2152.5	1980.0	2160.0	1935.0	1769.3	1678.5	1938.8
湖北	1537.5	1732.5	1560.0	1350.0	1637.5	1820.1	1959.9
湖南	1155.0	1380.0	1590.0	1440.0	1671.6	1610.4	1772.5
广东	990.0	937.5	1290.0	1485.0	1653.9	1698.7	1884.8
广西	1125.0	1087.5	1380.0	1395.0	1230.4	1514.0	1677.3
海南				870.0	707.3		
重庆							
四川	1395.0	1402.5	1350.0	1275.0	1220.6	1800.1	1792.1
贵州	1357.5	1425.0	1710.0	1335.0	1360.9	1627.3	1644.7
云南	1935.0	1965.0	2055.0	1815.0	1697.4	1787.2	1954.3
西藏							
陕西	1807.5	1837.5	1815.0	1710.0	1311.6	1777.6	1398.2
甘肃	1635.0	1500.0	2355.0	2460.0	1765.4	2262.4	2049.4
青海							
宁夏	1177.5		1005.0	1830.0	1527.8	2167.0	1891.2
新疆					2214.0	1470.6	1667.8

3—40—3 续表

单位:公斤/公顷

地区	1998年	1999年	2000年	2001年	2002年	2003年	2004年
全国总计	**1740.0**	**1796.5**	**1763.4**	**1732.4**	**1791.8**	**1768.3**	**1888.7**
北京							
天津							
河北	1930.7	1823.0	1978.5	1395.9	1636.1	1430.7	1770.7
山西	1713.8	1742.2	2025.4	1686.3	1819.2	2319.6	2108.5
内蒙古	2342.7	2321.9	1725.5	1794.1	2167.5	2536.0	1966.2
辽宁	2017.1	1951.6	1716.1	1951.4	2030.2	1955.5	1924.0
吉林	1636.9	1904.6	2058.7	1599.0	1616.3	1810.2	2099.4
黑龙江	1550.0	1695.6	1810.1	1768.7	1584.9	1379.3	2019.5
上海							
江苏	1677.8						
浙江							
安徽	2026.9	2358.1	1638.1	2228.9	2275.3	1918.6	2407.7
福建	1589.9	1676.5	1700.7	1721.5	1672.7	1727.8	1835.0
江西	1147.6	1203.7	1316.9	1369.1	1525.0	1589.9	1977.2
山东	2149.8	2015.9	1843.2	1761.5	2012.8	2220.6	1927.1
河南	1935.7	2038.6	1664.3	1834.3	1850.5	1623.9	1970.6
湖北	1720.3	1823.2	1708.4	1808.5	1683.8	1589.5	1641.3
湖南	1785.8	1855.8	1951.7	1960.0	2049.6	2028.5	2186.1
广东	1830.5	1940.7	1921.9	1843.3	1901.4	1916.5	1888.8
广西	1432.8	1431.4	1475.1	1764.4	1424.2	1502.8	1583.7
海南		785.0			4262.5	1175.0	750.0
重庆	1381.1	1450.3	1393.2	1328.0	1480.8	1466.6	1558.8
四川	1274.6	1420.1	1715.9	1548.6	1892.2	1860.3	2042.7
贵州	1637.5	1582.0	1607.8	1446.6	1538.6	1521.6	1594.6
云南	1799.8	1915.2	1957.5	1843.6	1906.0	1911.1	1957.4
西藏							
陕西	1578.3	1596.1	1563.8	1549.6	1631.8	1576.3	1748.8
甘肃	2418.9	1927.2	1694.8	1769.6	1658.5	2260.8	2458.0
青海							
宁夏	2500.0	2002.6	2249.2	2173.7	2000.0	4383.3	4369.2
新疆	1757.8	1358.6	2238.3	1725.8	1877.1	2500.0	1100.0

3—41—1 各地区蔬菜播种面积

单位：千公顷

地 区	2000年	2001年	2002年	2003年	2004年
全国总计	**15237.3**	**16402.5**	**17352.8**	**17953.8**	**17560.4**
北 京	107.8	119.9	122.1	116.3	99.8
天 津	128.3	129.5	128.4	134.6	131.9
河 北	866.1	925.7	1028.9	1068.5	1082.2
山 西	242.1	247.0	271.0	278.5	248.6
内蒙古	209.4	182.3	207.7	192.1	203.7
辽 宁	413.2	412.9	481.0	468.5	424.1
吉 林	264.9	259.8	291.1	269.1	235.6
黑龙江	446.5	427.0	432.0	399.6	291.6
上 海	140.0	149.4	160.7	150.4	139.9
江 苏	1056.0	1180.2	1290.8	1341.7	1217.5
浙 江	498.9	628.0	697.0	700.8	661.0
安 徽	539.7	564.3	600.3	654.9	649.7
福 建	538.1	562.6	596.2	613.8	622.5
江 西	560.1	605.0	625.0	548.3	552.9
山 东	1788.4	1850.0	1970.9	2027.1	1970.1
河 南	1189.2	1304.2	1375.7	1526.2	1591.1
湖 北	968.6	1086.7	1069.1	1086.9	1021.1
湖 南	720.3	828.6	899.6	964.3	962.6
广 东	1010.1	1123.8	1128.0	1194.9	1146.7
广 西	899.5	931.3	967.9	1006.8	1026.1
海 南	148.9	161.0	160.7	161.9	161.0
重 庆	317.6	354.1	359.7	387.0	389.6
四 川	858.6	933.1	987.1	1006.2	970.6
贵 州	355.4	372.3	390.2	414.9	443.3
云 南	353.3	390.5	402.7	437.7	459.9
西 藏	7.1	8.8	9.3	13.6	15.2
陕 西	228.7	286.4	263.7	276.8	301.3
甘 肃	185.1	186.9	200.7	268.7	283.4
青 海	15.8	17.8	20.4	24.1	25.1
宁 夏	49.2	47.5	51.2	55.7	46.9
新 疆	130.5	125.9	164.2	163.8	185.6

3－41－2 各地区蔬菜总产量

单位:万吨

地　区	2001 年	2002 年	2003 年	2004 年
全国总计	**48422.4**	**52860.6**	**54032.3**	**55064.7**
北　京	522.9	545.6	527.3	489.2
天　津	564.5	584.3	602.8	585.4
河　北	4892.6	5477.2	5903.4	6187.5
山　西	863.3	1072.0	1033.8	916.2
内蒙古	768.7	755.3	846.8	875.5
辽　宁	1861.2	2124.9	2148.2	2034.6
吉　林	777.8	859.4	881.0	699.9
黑龙江	1250.2	1324.7	1198.3	1068.0
上　海	424.0	476.6	460.5	440.0
江　苏	3562.4	3951.6	3722.8	3678.7
浙　江	1634.1	1781.5	1798.2	1769.0
安　徽	1439.7	1618.2	1513.5	1656.5
福　建	1161.0	1280.1	1338.2	1369.8
江　西	1160.3	1208.9	1100.0	1118.7
山　东	7556.4	8335.4	8729.3	8883.7
河　南	4310.9	4690.8	4510.4	5237.5
湖　北	2990.0	3052.3	3141.8	2996.2
湖　南	1983.4	2186.2	2295.9	2305.3
广　东	2377.6	2442.5	2584.2	2557.7
广　西	1709.8	1788.8	1871.0	1946.7
海　南	275.8	279.4	298.4	314.0
重　庆	780.0	808.3	840.2	858.9
四　川	2351.8	2565.7	2639.6	2623.9
贵　州	625.2	667.5	712.2	774.7
云　南	653.2	750.3	839.1	885.1
西　藏	20.3	23.3	25.8	30.0
陕　西	604.9	666.4	725.2	785.3
甘　肃	599.0	641.5	732.6	812.6
青　海	63.7	67.8	77.1	78.4
宁　夏	151.1	158.9	173.7	166.4
新　疆	486.7	675.0	761.0	919.1

3—41—3 各地区蔬菜单位面积产量

单位:公斤/公顷

地 区	2001年	2002年	2003年	2004年
全国总计	**29521.4**	**30462.0**	**30095.3**	**31357.3**
北 京	43608.6	44687.4	45347.1	49013.3
天 津	43590.5	45514.1	44769.5	44397.7
河 北	52850.2	53235.5	55249.6	57174.9
山 西	34948.1	39561.4	37115.3	36847.5
内蒙古	42171.4	36363.0	44076.8	42975.0
辽 宁	45078.2	44177.6	45850.4	47974.1
吉 林	29937.7	29522.9	32739.0	29706.7
黑龙江	29280.5	30668.9	29987.8	36626.5
上 海	28388.2	29665.1	30627.2	31464.2
江 苏	30184.2	30613.3	27746.4	30216.2
浙 江	26022.8	25560.0	25660.8	26761.4
安 徽	25511.6	26959.1	23109.1	25495.0
福 建	20635.8	21470.6	21802.5	22006.9
江 西	19179.3	19343.0	20062.5	20234.4
山 东	40844.9	42292.0	43062.2	45092.0
河 南	33054.2	34098.8	29553.9	32918.0
湖 北	27514.8	28549.1	28906.1	29342.1
湖 南	23936.9	24303.4	23810.4	23950.1
广 东	21157.0	21653.7	21627.8	22305.1
广 西	18358.9	18481.8	18583.4	18971.9
海 南	17130.0	17389.0	18435.0	19505.8
重 庆	22029.6	22473.7	21710.4	22044.2
四 川	25203.7	25992.4	26234.1	27033.2
贵 州	16792.6	17108.2	17166.4	17474.4
云 南	16726.0	18630.9	19168.4	19245.9
西 藏	22976.6	25104.0	18909.8	19792.6
陕 西	21118.7	25272.6	26199.8	26065.5
甘 肃	32059.9	31964.5	27261.2	28673.1
青 海	35777.8	33286.4	31982.1	31312.0
宁 夏	31801.2	31058.3	31162.9	35518.8
新 疆	38657.9	41103.4	46447.6	49522.2

3－42 各地区年末实有茶园面积

单位：千公顷

地 区	1978 年	1980 年	1985 年	1990 年	1995 年	1996 年	1997 年
全国总计	**1047.5**	**1040.8**	**1044.9**	**1061.3**	**1115.3**	**1103.0**	**1076.2**
北 京							
天 津							
河 北							
山 西							
内蒙古							
辽 宁							
吉 林							
黑龙江							
上 海							
江 苏	10.7	11.9	14.3	13.2	19.3	18.1	19.1
浙 江	159.9	169.3	177.9	162.9	139.3	134.6	130.1
安 徽	92.9	99.7	118.6	118.7	121.9	121.4	118.7
福 建	94.1	109.9	122.3	116.7	132.0	130.4	126.6
江 西	53.5	62.7	63.8	57.9	55.2	58.1	57.5
山 东	5.6	4.5	2.4	1.2	3.3	3.4	3.4
河 南	13.1	10.9	15.9	14.7	17.9	18.5	19.8
湖 北	85.5	79.4	69.7	76.4	113.4	112.6	112.9
湖 南	174.4	157.8	114.9	95.9	90.6	85.5	77.8
广 东	41.9	42.1	46.0	42.9	45.8	49.7	44.9
广 西	30.0	25.0	20.7	23.6	25.0	25.8	24.8
海 南				7.6	5.8	6.1	5.1
重 庆							25.0
四 川	113.0	114.1	108.9	106.3	100.4	101.0	74.6
贵 州	42.3	36.2	28.4	33.1	47.4	38.5	42.5
云 南	99.4	93.0	114.1	160.4	166.2	164.5	161.2
西 藏		0.1	0.2	0.1		3.0	3.4
陕 西	31.1	24.0	26.2	29.2	31.0	31.0	28.0
甘 肃	0.4	0.3	0.5	0.5	0.8	0.8	0.8
青 海							
宁 夏							
新 疆							

3—42续表

单位:千公顷

地　区	1998年	1999年	2000年	2001年	2002年	2003年	2004年
全国总计	**1056.5**	**1130.3**	**1089.0**	**1140.7**	**1134.2**	**1207.2**	**1262.3**
北　京							
天　津							
河　北							
山　西							
内蒙古							
辽　宁							
吉　林							
黑龙江							
上　海							
江　苏	18.9	19.5	19.9	20.7	21.0	22.7	23.6
浙　江	127.3	126.8	128.9	131.0	134.8	142.8	147.9
安　徽	116.9	111.0	108.4	111.9	110.1	113.1	113.3
福　建	124.2	128.9	129.2	130.6	133.4	138.6	145.1
江　西	48.2	47.1	50.1	39.4	35.7	34.0	34.3
山　东	4.0	6.0	8.8	10.1	11.4	11.8	13.3
河　南	20.9	19.5	20.7	21.0	22.7	24.6	26.4
湖　北	116.6	187.0	121.0	155.6	115.2	119.4	126.3
湖　南	75.5	73.6	74.1	74.1	72.4	74.0	77.4
广　东	43.4	44.0	43.2	43.1	40.5	38.7	39.0
广　西	24.8	24.6	26.1	27.8	30.0	42.9	34.0
海　南	4.8	3.4	3.3	3.0	3.0	1.9	1.9
重　庆	23.1	23.1	23.8	23.2	24.1	23.4	24.0
四　川	76.9	79.6	82.8	88.6	102.7	124.7	139.8
贵　州	41.9	42.0	44.8	47.1	47.3	48.1	52.3
云　南	159.4	163.0	167.4	173.7	184.9	192.2	201.9
西　藏	0.3	0.1		0.1	0.2	0.2	0.1
陕　西	28.5	30.3	35.3	38.2	43.3	50.9	56.3
甘　肃	0.9	0.9	1.3	1.5	1.8	3.3	5.5
青　海							
宁　夏							
新　疆							

3—43 各地区茶叶产量

单位:吨

地　区	1978年	1980年	1985年	1990年	1995年	1996年	1997年
全国总计	**268000**	**303700**	**432337**	**540070**	**588423**	**593386**	**613366**
北　京							
天　津							
河　北							
山　西							
内蒙古							
辽　宁							
吉　林							
黑龙江							
上　海							
江　苏	4600	5250	9219	14054	10647	11023	11852
浙　江	58700	75400	93125	116972	102074	98999	101716
安　徽	29950	32000	42553	53581	45881	46674	45842
福　建	20300	25850	40531	58221	94532	101766	109887
江　西	9250	10400	14291	19415	20341	20543	19215
山　东	900	650	695	657	1089	1539	1286
河　南	1050	1350	1804	3567	4521	5322	6776
湖　北	17350	17350	22732	28443	39049	43674	47692
湖　南	55050	60850	77710	73897	61438	54854	55493
广　东	10900	11850	22643	25869	39601	36162	36640
广　西	7150	7250	9929	16410	19392	19448	19734
海　南				7782	3769	3776	3122
重　庆							14996
四　川	27050	29100	52503	58093	60955	59425	45217
贵　州	6550	7050	10585	13522	15597	15931	16489
云　南	17800	17850	31077	44828	64066	68169	70800
西　藏			33	66	40	77	89
陕　西	1400	1450	2822	4548	5252	5831	6316
甘　肃		50	86	145	179	173	204
青　海							
宁　夏							
新　疆							

3—43续表

单位:吨

地区	1998年	1999年	2000年	2001年	2002年	2003年	2004年
全国总计	**665034**	**675871**	**683324**	**701699**	**745374**	**768140**	**835231**
北京							
天津							
河北							
山西							
内蒙古							
辽宁							
吉林							
黑龙江							
上海							
江苏	12045	12134	12029	11851	11949	11897	11243
浙江	113221	117716	116352	120596	138478	132676	138700
安徽	49507	48920	45376	47045	48262	50747	55760
福建	118911	123513	125969	133928	143293	150223	164396
江西	17469	17125	15703	13792	13236	12539	13451
山东	1561	1974	2254	2752	3579	4402	4956
河南	7979	8425	9163	8260	9836	10451	12132
湖北	56265	61244	63703	64370	67178	72225	76235
湖南	58496	56275	57294	58435	61012	60573	66632
广东	38889	40607	42124	41516	42370	41390	40400
广西	19717	18158	17923	18896	19598	21321	22351
海南	3001	2353	2239	1945	1359	1275	1338
重庆	15299	14441	14526	14142	14093	14320	16064
四川	50859	52930	54513	58425	62765	72129	86464
贵州	17780	18391	18376	18504	17399	17709	19363
云南	77487	75137	79396	80724	83594	85929	95080
西藏	41	115	1	1	6	8	1
陕西	6288	6215	6126	6273	7003	7952	10239
甘肃	219	198	257	244	364	374	426
青海							
宁夏							
新疆							

3—44 各地区年末实有果园面积

单位：千公顷

地 区	1978 年	1980 年	1985 年	1990 年	1995 年	1996 年	1997 年
全国总计	**1656.7**	**1782.7**	**2736.3**	**5178.7**	**8091.1**	**8553.0**	**8648.4**
北 京	9.0	11.9	27.9	47.5	59.7	57.6	58.8
天 津	8.7	10.0	16.9	29.3	34.3	33.4	32.3
河 北	179.5	205.0	352.5	626.7	982.8	998	1000.2
山 西	64.0	68.2	111.5	184.7	286.3	292.3	307.5
内蒙古	11.6	27.7	24.5	35.6	71	86.9	86.3
辽 宁	229.2	244.8	289.4	389.8	449.7	455.8	409.5
吉 林	27.9	21.9	21.5	55.3	93.7	98.4	98.3
黑龙江	18.2	17.3	14.7	19.0	55.5	60.2	60.4
上 海	3.0	3.3	5.3	8.9	13.4	12.1	11.3
江 苏	32.1	32.6	46.7	104.9	157.6	149.2	140.5
浙 江	47.3	59.9	123.7	221.6	237.2	242.1	241
安 徽	26.3	26.3	28.6	78.4	97.6	93.6	102.3
福 建	70.9	83.1	141.4	298.4	532.4	556.6	576.3
江 西	22.5	30.0	43.4	87.6	238.2	292.3	310.7
山 东	272.1	253.9	372.5	640.9	935.2	962.1	891.4
河 南	149.4	143.2	159.5	233.6	440	447.5	393.1
湖 北	43.9	53.1	65.7	118.1	199.8	219.6	234.8
湖 南	67.5	84.4	95.8	191.1	286.2	305.5	317.2
广 东	33.3	40.1	281.5	644.7	735.6	797.3	862
广 西	49.2	45.7	64.9	154.0	468.3	560.4	668
海 南				36.7	81.2	89.9	100.5
重 庆							75
四 川	68.8	83.7	147.5	238.0	296.4	313	242.7
贵 州	6.1	6.5	7.6	23.5	41.1	40.3	52.1
云 南	32.1	31.3	44.9	77.3	143.8	185.1	181.7
西 藏		0.8	0.8	0.6		1.5	1.4
陕 西	98.5	104.3	109.9	304.8	685	702	691
甘 肃	35.1	34.2	45.9	164.6	280.9	303	307.5
青 海	2.1	2.5	3.5	6.3	38.3	5.7	5.7
宁 夏	8.3	8.3	8.3	26.7	149.9	40.3	40.2
新 疆	40.0	49.0	80.2	130.2		151.3	148.7

3—44 续表

单位:千公顷

地　区	1998 年	1999 年	2000 年	2001 年	2002 年	2003 年	2004 年
全国总计	**8535.0**	**8667.4**	**8931.6**	**9042.6**	**9097.9**	**9436.5**	**9768.2**
北　京	60.2	64.0	85.3	85.3	89.9	87.5	81.4
天　津	31.5	35.8	37.7	41.8	43.7	41.1	36.4
河　北	1005.0	1022.8	1041.8	1054.8	1062.1	1075.0	1106.4
山　西	297.0	288.7	288.9	269.1	281.6	278.2	279.1
内蒙古	72.2	69.4	70.5	61.5	43.8	48.3	50.8
辽　宁	391.7	391.6	392.8	361.9	331.2	318.2	316.8
吉　林	101.7	102.8	115.4	161.6	105.9	95.3	74.0
黑龙江	59.6	52.1	48.4	40.7	48.7	41.4	39.5
上　海	11.4	12.0	12.1	12.8	18.2	24.8	28.5
江　苏	134.1	152.8	153.3	178.5	182.9	178.3	184.9
浙　江	240.6	244.7	249.0	261.2	275.6	286.7	294.4
安　徽	88.5	82.2	90.9	95.1	93.8	100.5	109.8
福　建	568.6	567.1	559.1	558.2	553.8	554.4	547.7
江　西	295.6	289.9	283.7	247.6	248.2	262.4	294.0
山　东	819.9	782.6	764.3	745.7	753.0	797.1	756.3
河　南	385.8	373.4	355.8	343.3	352.8	374.1	400.0
湖　北	226.9	233.5	233.9	235.2	229.4	227.9	250.4
湖　南	319.5	324.7	330.3	353.1	364.0	378.3	406.2
广　东	922.8	946.5	1001.6	991.7	875.4	917.1	986.7
广　西	712.4	768.6	785.0	814.0	819.7	821.3	844.1
海　南	47.3	66.7	141.9	148.1	157.4	159.2	163.8
重　庆	89.0	90.2	97.6	111.3	147.4	164.8	164.7
四　川	240.4	270.2	306.1	323.1	370.2	418.2	444.1
贵　州	58.8	70.4	75.5	90.3	98.3	103.1	110.3
云　南	195.2	199.8	229.3	219.9	212.1	217.8	225.7
西　藏	1.1	1.5	1.2	1.0	1.1	0.8	0.8
陕　西	663.8	649.3	664.8	680.1	703.8	750.5	788.5
甘　肃	299.9	305.0	273.4	281.9	294.8	320.1	335.1
青　海	5.6	5.3	5.2	5.1	5.1	5.1	7.1
宁　夏	37.2	41.6	43.9	43.5	42.1	44.9	44.9
新　疆	151.8	162.4	193.1	225.5	292.1	344.2	396.2

3—45 各地区园林水果产量

单位:吨

地区	1978年	1980年	1985年	1990年	1995年	1996年	1997年
全国总计	**6569700**	**6792550**	**11639456**	**18744222**	**42146267**	**46528224**	**50893223**
北京	165500	148600	178640	263837	452400	494626	506785
天津	29250	33600	67737	101032	199227	212078	237836
河北	795100	801200	1601587	1754709	4319652	5031989	5561208
山西	307600	273400	452273	405699	1025814	1210037	1464408
内蒙古	11600	31000	68388	69180	181500	198456	199543
辽宁	948550	782700	806799	1112886	2199889	2480339	2641058
吉林	66250	44550	64461	133338	279717	310614	374949
黑龙江	32400	27950	31008	49451	127005	144632	154949
上海	29900	36950	40571	94176	217140	268273	239188
江苏	154750	206350	340976	493343	1013458	1232903	1403961
浙江	146150	225000	446059	1070117	2146168	2276300	2693751
安徽	91450	100250	139386	269937	526557	598176	743611
福建	101000	126600	294128	757804	2393267	2838125	3343393
江西	29250	55650	107543	232983	427637	503928	676384
山东	1515550	1514700	2127830	2462977	7176857	8439096	7865695
河南	471100	435550	573915	639175	2116560	2472601	2692597
湖北	102650	113900	217327	268937	1146971	1296999	1790764
湖南	57700	107400	256490	566142	1169429	1050100	1532102
广东	314150	322350	1219441	3285814	4145073	3811727	4144783
广西	159550	209050	388175	916094	2665994	2399293	3155219
海南				152831	360496	361641	398893
重庆							607242
四川	257150	431750	817210	1270627	2153153	2251003	1851311
贵州	48200	49700	101391	166755	209708	194637	251408
云南	116200	118850	211803	319719	557139	590057	660198
西藏	3100	3750	4146	5445	5594	5077	7742
陕西	334050	279950	335312	620282	2839552	3621473	3265529
甘肃	116850	127550	199121	384879	803625	908948	1002458
青海	6450	7450	19825	22019	26831	29062	27179
宁夏	18450	20600	35425	55208	116424	136182	162349
新疆	139800	156200	492489	798826	1143430	1159852	1236730

3—45 续表 单位:吨

地区	1998 年	1999 年	2000 年	2001 年	2002 年	2003 年	2004 年
全国总计	**54528533**	**62376432**	**62251470**	**66579966**	**69519803**	**75515217**	**83941334**
北京	541057	540577	585907	617851	669097	701240	744069
天津	250654	255187	282801	292950	298686	316429	295819
河北	6296892	6437654	6773066	6697927	7485270	7969744	8769525
山西	1773119	2102476	2044859	1965790	2213312	2354265	2722110
内蒙古	201176	208067	214463	194739	176919	200875	197762
辽宁	2985505	2566685	2499660	2416697	2344015	2678104	3076521
吉林	455399	496192	485585	346604	802758	593805	682977
黑龙江	184918	171960	192079	213024	319708	401839	424322
上海	201325	251084	225413	267362	277178	333091	337404
江苏	1443649	1630878	1764369	1952772	1946214	1829055	2004839
浙江	2064155	2791878	1703691	2506483	2512490	2862887	3302099
安徽	825029	961726	1106071	1470565	1738834	1339426	1426932
福建	3430433	3941037	3564358	4011935	4249325	4416803	4689002
江西	454628	703877	423403	577314	652276	777691	1023742
山东	8396986	9203185	9666284	9714071	8642046	10599449	11556164
河南	3125976	3494215	3647279	3991239	4270092	4303813	5070662
湖北	1828374	2085010	2156788	2336355	2231131	2397212	2459921
湖南	1090657	1730080	1505029	1850883	1831578	2103996	2310498
广东	4531223	6226758	6435174	6861916	6989083	7185869	7878494
广西	3247332	4051851	3601420	4062763	4557821	4622358	5264394
海南	532680	759555	1055207	1436349	1390840	1480544	1434490
重庆	740977	717046	816841	826121	910111	1058367	1128333
四川	2129157	2345280	2525654	2729028	3066858	3482104	3854471
贵州	274973	325724	310986	364269	396621	437820	471787
云南	680702	738302	769537	984346	856255	965270	1155194
西藏	6316	7154	7418	6989	6453	8600	8433
陕西	4307699	4934916	4937906	4937300	5146996	6211394	7356140
甘肃	1131716	1107397	1215921	1217141	1370465	1453675	1409801
青海	24766	24144	22415	17252	16301	14603	14686
宁夏	156271	202343	193155	169474	169028	231496	228525
新疆	1214789	1364194	1518732	1542457	1982042	2183393	2642218

五、各地区林业生产情况

3-46 各地区造林面积

单位:千公顷

地 区	1978年	1980年	1985年	1990年	1995年	1996年	1997年
全国总计	**4496.3**	**4552.0**	**8336.8**	**5208.5**	**4967.2**	**4915.8**	**4354.9**
北 京	13.7	24.3	29.7	41.3	28.6	39.9	37.6
天 津	0.7	1.3	2.8	7.3	4.8	6.2	9.0
河 北	203.9	185.9	400.1	276.7	329.1	407.1	386.2
山 西	173.7	221.6	243.3	191.1	405.2	418.2	430.6
内蒙古	127.2	298.0	704.1	297.5	402.5	451.2	464.4
辽 宁	387.5	310.9	320.5	192.9	201.1	187.9	154.8
吉 林	227.6	170.9	291.7	120.0	66.2	64.5	62.9
黑龙江	295.4	231.5	497.1	201.1	289.8	298.5	285.5
上 海	0.3	0.1	0.2	0.4	1.4	0.5	2.1
江 苏	26.5	28.5	28.3	19.7	27.2	21.6	19.2
浙 江	116.7	137.4	142.5	86.5	41.3	35.0	37.2
安 徽	76.7	104.2	138.2	123.7	76.6	73.1	86.9
福 建	194.7	175.1	282.8	303.9	41.7	34.5	30.0
江 西	241.7	225.9	409.1	276.2	250.1	191.4	81.0
山 东	76.7	79.1	169.3	123.3	308.0	229.0	174.2
河 南	138.3	160.0	162.3	163.3	292.7	336.6	139.8
湖 北	192.3	202.6	327.9	220.7	271.6	231.6	223.6
湖 南	268.1	245.2	344.0	375.9	109.5	52.9	42.9
广 东	325.9	382.9	648.6	311.9	20.7	15.4	5.0
广 西	389.3	247.1	431.9	424.5	130.2	124.8	112.8
海 南				27.5	17.9	13.5	15.2
重 庆							109.0
四 川	291.9	283.5	648.4	366.3	359.3	372.9	281.5
贵 州	151.0	223.3	449.7	236.5	285.1	255.8	235.5
云 南	233.0	185.1	605.7	283.5	391.4	398.8	376.4
西 藏	1.9	2.1	1.1	0.9	23.1	12.1	13.0
陕 西	248.3	317.5	570.9	311.9	337.4	373.3	271.6
甘 肃	50.4	57.1	286.4	140.2	145.8	163.5	156.8
青 海	6.3	7.5	52.9	36.2	28.0	29.7	35.6
宁 夏	22.7	17.7	64.4	9.4	25.9	26.6	24.1
新 疆	14.1	25.7	83.0	38.1	55.0	49.7	50.5

3—46 续表

单位:千公顷

地区	1998年	1999年	2000年	2001年	2002年	2003年	2004年
全国总计	**4811.1**	**4900.7**	**5105.1**	**4946.9**	**7467.9**	**9097.3**	**5598.1**
北京	36.9	30.2	26.1	31.8	47.9	47.2	31.5
天津	9.1	9.4	9.3	4.8	8.5	6.9	4.8
河北	358.4	346.9	365.2	356.1	480.0	624.2	414.1
山西	448.2	403.4	404.9	356.4	680.7	507.7	317.5
内蒙古	477.8	533.9	590.0	731.9	907.4	836.1	630.9
辽宁	216.2	122.0	144.0	141.1	237.6	195.2	135.9
吉林	90.0	191.8	156.7	94.3	142.1	167.9	57.2
黑龙江	305.1	334.6	328.7	212.7	245.1	283.8	156.2
上海	1.6	2.6	4.1	8.1	15.2	16.5	11.3
江苏	15.1	40.4	51.3	58.3	72.8	120.5	64.4
浙江	41.2	33.0	33.3	21.4	21.2	22.1	20.9
安徽	82.6	70.1	75.7	73.3	160.2	180.2	54.4
福建	25.1	23.9	24.5	21.0	17.5	16.7	16.3
江西	53.1	36.7	35.2	37.1	162.3	219.8	58.1
山东	166.0	177.6	153.4	135.3	152.6	344.1	262.7
河南	233.1	235.2	160.5	151.0	266.9	320.1	273.9
湖北	241.7	223.2	196.9	146.5	251.3	318.9	162.5
湖南	28.6	27.4	51.5	75.6	100.9	409.6	333.8
广东	7.4	4.5	17.2	32.3	57.6	47.1	40.0
广西	75.3	64.0	65.7	82.2	174.7	278.0	170.7
海南	12.0	15.9	17.7	35.8	21.4	75.2	35.4
重庆	146.5	127.3	129.0	99.7	175.5	352.0	107.2
四川	385.1	404.6	489.1	516.6	694.6	723.2	370.1
贵州	211.9	238.5	293.7	240.7	374.3	378.1	177.1
云南	424.4	387.5	430.6	335.0	402.3	495.1	228.2
西藏	13.0	12.4	12.4	7.1	12.4	23.2	24.8
陕西	377.0	435.7	417.9	436.6	682.0	732.1	564.9
甘肃	190.6	189.3	206.3	215.5	371.9	586.6	367.9
青海	35.4	54.8	45.3	55.8	133.4	96.9	52.5
宁夏	38.7	48.5	81.9	98.9	182.5	320.0	162.6
新疆	64.0	75.6	87.0	133.9	215.3	352.3	206.0

3—47 各地区人工造林面积

单位：千公顷

地　　区	1978年	1980年	1985年	1990年	1995年	1996年	1997年
全国总计	**4097.8**	**3966.9**	**6948.8**	**4353.3**	**4405.4**	**4313.9**	**3737.7**
北　　京	13.7	24.3	29.7	12.9	23.2	16.9	9.7
天　　津	0.7	1.3	2.8	5.9	4.8	6.2	9.0
河　　北	167.3	185.9	343.9	221.3	238.2	311.5	292.4
山　　西	173.7	213.4	236.9	183.7	341.6	362.3	322.7
内 蒙 古	127.2	297.9	692.3	286.0	351.0	405.4	391.0
辽　　宁	387.5	310.9	289.6	161.3	164.3	143.5	125.6
吉　　林	226.0	170.9	289.8	119.8	63.3	64.0	62.5
黑 龙 江	295.4	231.5	495.6	201.1	289.8	291.5	278.4
上　　海	0.3	0.1	0.2	0.4	1.4	0.5	2.1
江　　苏	26.5	28.5	28.3	19.7	27.2	21.6	19.2
浙　　江	116.7	120.3	142.5	68.2	41.3	35.0	37.2
安　　徽	76.7	88.2	136.8	117.1	76.6	73.1	86.9
福　　建	194.7	175.1	274.1	292.0	31.5	27.4	24.2
江　　西	241.7	199.8	301.4	200.7	227.1	171.5	68.6
山　　东	76.7	79.1	169.3	123.3	308.0	229.0	174.2
河　　南	138.3	138.7	112.3	126.6	255.8	306.6	108.5
湖　　北	178.2	181.3	200.8	167.3	269.2	231.5	223.6
湖　　南	268.1	245.2	272.4	284.2	109.5	52.9	42.9
广　　东	325.9	213.0	389.1	258.8	20.7	15.4	5.0
广　　西	194.9	175.4	258.5	310.3	130.2	121.4	107.5
海　　南				27.5	17.9	13.5	15.2
重　　庆							108.6
四　　川	155.7	217.2	559.9	297.5	295.4	310.9	229.7
贵　　州	151.0	94.7	351.5	187.0	243.0	219.3	208.6
云　　南	233.0	185.1	414.7	214.7	324.7	325.8	324.7
西　　藏	1.9	2.1	1.1	0.9	23.1	12.1	13.0
陕　　西	232.7	280.6	471.9	246.7	285.5	287.9	195.6
甘　　肃	50.4	55.4	283.1	134.8	138.9	158.0	147.1
青　　海	6.3	7.5	52.9	36.2	28.0	29.7	35.6
宁　　夏	22.7	17.7	64.4	9.4	19.2	20.2	17.9
新　　疆	14.1	25.7	83.0	38.1	55.0	49.3	50.5

3—47 续表

单位:千公顷

地　区	1998 年	1999 年	2000 年	2001 年	2002 年	2003 年	2004 年
全国总计	**4086.0**	**4276.9**	**4345.0**	**3971.2**	**6607.1**	**8419.2**	**5018.9**
北　京	11.4	10.0	19.0	24.7	37.0	35.6	23.5
天　津	9.1	9.4	9.3	4.8	5.8	6.9	4.8
河　北	297.5	293.1	276.8	279.5	426.4	560.9	380.1
山　西	329.6	336.3	368.2	280.1	618.6	418.5	236.8
内蒙古	393.9	426.7	478.0	474.4	697.1	699.4	519.1
辽　宁	141.7	115.6	77.9	103.7	227.0	195.2	135.9
吉　林	90.0	190.6	153.9	93.7	134.2	167.9	57.2
黑龙江	301.5	330.6	323.0	208.6	244.5	283.8	156.2
上　海	1.6	2.6	4.1	8.1	15.2	16.5	11.3
江　苏	15.1	40.4	51.3	58.3	72.8	120.5	64.4
浙　江	41.2	33.0	33.3	21.4	21.2	22.1	20.9
安　徽	82.6	70.1	75.7	73.3	160.2	180.2	54.4
福　建	19.2	17.2	19.3	15.9	17.5	16.7	16.3
江　西	47.7	30.8	28.2	28.3	162.3	219.8	58.1
山　东	166.0	177.6	153.4	134.7	152.6	343.4	262.7
河　南	179.4	201.8	125.7	117.6	238.8	300.2	260.4
湖　北	241.7	223.2	196.9	144.0	251.3	318.9	162.5
湖　南	28.6	27.4	51.5	75.6	100.9	409.6	333.8
广　东	7.4	4.5	17.2	32.3	57.6	47.1	40.0
广　西	75.3	46.8	58.0	79.8	174.7	278.0	170.7
海　南		15.9	17.7	35.8	21.4	75.2	35.4
重　庆	141.5	114.6	97.6	68.6	154.8	331.4	107.2
四　川	320.3	321.8	396.5	339.8	570.4	601.1	226.6
贵　州	173.3	199.0	263.6	203.2	342.1	360.4	170.2
云　南	346.3	322.7	330.9	279.8	307.9	431.4	174.3
西　藏	13.0	12.4	12.4	7.1	12.4	23.2	24.8
陕　西	318.6	365.7	309.1	318.7	544.3	627.3	461.0
甘　肃	167.9	165.9	199.2	184.8	348.1	571.0	350.8
青　海	35.4	54.8	45.3	55.8	105.7	96.9	52.5
宁　夏	25.3	41.2	65.4	84.7	169.1	308.0	156.9
新　疆	64.0	75.3	86.8	133.6	215.3	352.3	206.0

3—48 各地区迹地更新面积

单位：千公顷

地　区	1978年	1980年	1985年	1990年	1995年	1996年	1997年
全国总计	**458.4**	**421.9**	**638.3**	**671.5**	**729.7**	**790.5**	**793.6**
北　京		0.1	0.6	0.1	0.2	0.5	0.2
天　津		0.4	0.8				
河　北	4.7	6.5	14.7	17.7	19.4	18.9	23.8
山　西	2.4	2.3	0.1	0.1	0.2	0.3	0.2
内蒙古	2.5	22.6	27.9	44.8	29.9	49.7	44.7
辽　宁	11.2	9.6	12.7	13.1	16.4	22.5	18.9
吉　林	58.2	50.9	65.7	51.1	31.8	44.4	39.6
黑龙江	137.7	83.1	183.1	203.6	173.4	138.0	138.1
上　海	0.1						
江　苏	0.5	0.3	0.9	0.7	1.1	1.7	1.1
浙　江	5.3	5.1	6.7	9.5	25.8	28.7	26.9
安　徽	5.5	3.5	3.1	2.9	4.0	4.3	
福　建	8.4	9.1	48.9	61.0	55.6	64.3	62.8
江　西	18.1	17.9	30.5	31.9	30.2	33.6	39.8
山　东	3.9	4.9	11.5	11.7	16.4	16.3	14.8
河　南	6.1	5.3	5.1	9.9	18.2	14.0	18.9
湖　北	11.4	13.1	15.1	14.7	29.8	31.3	45.2
湖　南	27.0	29.5	28.5	29.0	43.6	39.8	43.8
广　东	43.7	47.1	78.6	52.5	86.7	101.8	87.7
广　西	12.8	19.7	19.1	35.2	69.6	85.5	88.7
海　南				1.5	3.5	8.3	7.6
重　庆							3.2
四　川	36.3	26.7	23.9	16.5	19.0	28.1	21.9
贵　州	11.8	5.7	7.0	5.8	4.4	5.5	7.1
云　南	35.1	39.2	28.6	30.2	24.2	27.2	29.3
西　藏	0.1	0.3	1.1	0.5	0.8	0.4	1.0
陕　西	4.6	8.9	10.3	19.9	19.1	19.3	18.5
甘　肃	7.6	6.9	6.3	2.2	3.3	3.8	5.3
青　海	0.9	0.9	1.1	1.3	0.4	0.3	0.4
宁　夏	1.0	0.9	0.2	0.1			
新　疆	1.6	1.7	6.3	3.9	2.7	2.0	4.1

3—48 续表　　　　单位：千公顷

地　区	1998 年	1999 年	2000 年	2001 年	2002 年	2003 年	2004 年
全国总计	**805.0**	**1042.8**	**919.8**	**515.3**	**403.2**	**310.6**	**319.3**
北　京	0.4	0.4	0.5	0.2	0.4	0.9	0.8
天　津					0.3		
河　北	21.4	16.6	19.6	14.5	6.7	7.6	5.6
山　西	1.1	0.4	1.0	0.5	0.1		
内蒙古	54.7	64.3	33.6	19.7	19.3	9.8	16.2
辽　宁	22.0	26.5	26.6	17.0	9.7		
吉　林	49.5	39.7	37.3	33.1	29.3	27.7	23.5
黑龙江	134.8	181.4	47.3	69.2	22.6	14.0	15.8
上　海							
江　苏	2.0	2.2	3.2	5.8	5.5	5.4	3.3
浙　江	21.2	21.5	24.2	26.6	10.1	5.3	4.5
安　徽	3.2	7.5	6.6			3.2	
福　建	62.6	49.7	54.9	56.5	50.3	34.1	56.4
江　西	32.9	25.0	22.6	17.1	10.5	1.1	1.4
山　东	17.3	20.9	16.3	10.0	9.8	8.5	6.1
河　南	16.2	18.0	10.5	3.8	3.2	3.1	3.0
湖　北	63.2	61.2	51.3	7.7	28.3	29.8	2.1
湖　南	36.2	30.0	31.8	30.6	13.6	13.9	14.0
广　东	86.0	104.8	115.2	90.1	68.9	69.7	87.7
广　西	77.5	89.4	100.7	72.4	60.1	33.8	47.4
海　南	13.6	17.4	28.5	6.0	5.8	1.5	5.0
重　庆	2.1	1.4	0.2				0.2
四　川	19.6	26.7	8.8	1.4	4.3	2.2	2.9
贵　州	8.0	14.1	103.8	3.9	0.7	1.1	0.4
云　南	33.7	158.4	151.8	8.4	18.0	21.9	13.0
西　藏	1.7	1.4	2.2	4.9	6.3	5.0	0.4
陕　西	17.7	16.1	12.7	8.4	1.9	1.1	1.4
甘　肃	4.0	8.7	4.8	1.1	4.6	7.0	
青　海	0.2	29.9	0.1	2.1			
宁　夏					0.5	0.1	
新　疆	2.4	9.4	3.7	4.1	12.6	2.9	1.9

3—49 各地区四旁零星植树

单位:万株

地 区	1978 年	1980 年	1985 年	1990 年	1995 年	1996 年	1997 年
全国总计	**472134**	**467212**	**730372**	**337596**	**326378**	**330940**	**337868**
北 京	1305	1799	1988	1292	1041	952	954
天 津	1603	1240	1164	886	944	583	525
河 北	24739	18502	17852	13009	13950	13809	12693
山 西	21992	23129	28764	21057	21418	21673	21477
内 蒙 古	4876	10285	8117	4585	4686	4955	6026
辽 宁	17191	18731	9573	6110	6033	6089	6696
吉 林	13094	13770	7083	4346	3213	2745	2542
黑 龙 江	9271	3633	6317	3081	3209	3709	2465
上 海	981	433	793	655	665	689	816
江 苏	33098	28751	17640	14901	14633	13953	13834
浙 江	5036	4844	5964	4733	3531	3642	3382
安 徽	23981	20525	25205	22613	21099	23108	22074
福 建	1703	1814	3221	4372	4859	5350	4176
江 西	3596	3565	5165	5725	6662	7089	9929
山 东	50363	27983	27022	17294	19703	17096	17489
河 南	31051	28380	36776	15215	25038	28435	34536
湖 北	29785	31221	27373	16762	27899	29472	30792
湖 南	15007	19651	19225	19867	19083	16728	17479
广 东	9482	9083	10444	8834	8232	9162	6399
广 西	1231	1202	2721	3052	3519	3890	3767
海 南				1576	427	510	653
重 庆							15640
四 川	79800	129424	376812	84640	55287	57674	44348
贵 州	10186	6805	10221	6486	5231	5477	5114
云 南	16317	9015	19766	12743	15259	15240	15821
西 藏	872	945	259	425		16	
陕 西	27607	20128	22255	19687	21439	21048	20190
甘 肃	20501	15594	16385	11469	9817	9410	9225
青 海	1786	1993	3025	2557	2268	2175	2248
宁 夏	2206	2607	9067	2462	1668	1197	1496
新 疆	13474	12159	10175	7163	5564	5064	5082

3—49 续表

单位：万株

地　区	1998年	1999年	2000年	2001年	2002年	2003年	2004年
全国总计	**329383**	**298391**	**300504**	**280448**	**269084**	**303230**	**271139**
北　京	828	774	758	713	728	699	686
天　津	365	319	493	3578	362	719	190
河　北	12145	12754	12748	11499	13125	12208	11736
山　西	20693	18989	17176	16175	18391	14053	13203
内蒙古	4944	5493	4481	4408	3778	3751	3953
辽　宁	6037	6259	9464	7691	7678	8422	8287
吉　林	3220	1610	1387	1306	1270	1739	1484
黑龙江	6094	3327	2608	5720	3685	6788	3899
上　海	942	1089	1036	794	572	328	387
江　苏	12267	12503	12435	14248	13497	14255	14131
浙　江	3396	3778	3413	3270	2940	2448	2348
安　徽	37831	21266	20966	18378	19918	18521	19221
福　建	3691	3519	3559	3265	3120	2703	2685
江　西	7770	8201	7739	6738	6254	6744	7422
山　东	15853	15641	15311	14410	15069	17780	18684
河　南	28621	27809	25806	26457	23821	23957	28450
湖　北	32504	31021	29933	24520	22904	12011	13948
湖　南	15303	13923	27187	16202	14801	13583	27067
广　东	6015	7689	6654	7658	5459	6769	7030
广　西	3818	3916	3355	3367	3609	3277	2934
海　南	436	359	481	761	1298	439	369
重　庆	13665	10484	9334	7701	9564	8289	8415
四　川	35096	28729	31792	31859	31375	78420	27824
贵　州	5465	5445	4265	3623	3326	2453	1541
云　南	15245	14934	13433	13151	11226	11972	10990
西　藏	706	788	654	706	1459	1276	
陕　西	19642	18533	16953	15993	15647	16530	13828
甘　肃	9085	11710	9766	8246	7406	7064	5945
青　海	2246	2329	2183	3598	1303	1342	1279
宁　夏	981	1151	1480	1500	1521	1559	1169
新　疆	4477	4050	3654	2913	3978	3131	11842

3—50 各地区育苗面积

单位:千公顷

地区	1978年	1980年	1985年	1990年	1995年	1996年	1997年
全国总计	**413.5**	**392.9**	**459.4**	**213.5**	**206.3**	**205.2**	**199.2**
北京	2.8	4.7	4.9	4.0	4.5	4.3	4.4
天津	1.4	2.2	4.5	2.3	0.7	1.5	2.0
河北	35.0	30.3	32.7	19.2	10.5	17.5	18.5
山西	28.1	28.3	45.0	18.1	19.2	20.3	19.2
内蒙古	17.9	25.1	13.7	6.4	7.1	7.6	7.2
辽宁	28.5	25.7	19.8	11.9	11.4	9.9	9.3
吉林	17.9	19.9	14.5	5.2	11.5	4.0	2.2
黑龙江	39.7	31.5	44.2	13.8	12.3	12.6	15.6
上海	0.5	0.5	0.9	0.7	0.9	0.9	1.8
江苏	9.5	9.5	11.9	7.3	9.0	9.0	9.9
浙江	2.3	1.9	3.0	1.3	2.0	1.7	2.0
安徽	5.2	10.9	19.3	10.1	7.1	6.4	6.2
福建	2.7	2.5	2.3	2.6	0.4	0.4	0.4
江西	2.4	2.3	4.1	2.4	1.4	0.9	0.2
山东	55.8	38.2	44.9	17.1	26.3	22.2	22.7
河南	51.4	54.7	58.0	23.7	24.2	33.4	23.0
湖北	9.6	9.5	8.3	8.1	7.5	6.4	8.8
湖南	7.1	6.5	5.7	4.3	4.9	4.5	4.7
广东	3.9	2.8	5.3	5.5	2.3	2.9	2.9
广西	2.3	1.6	3.3	3.1	2.1	1.9	1.9
海南				0.9	0.4	0.5	0.4
重庆							1.4
四川	19.1	16.1	26.6	10.7	6.6	5.6	4.3
贵州	4.0	1.7	3.9	2.8	2.2	1.9	1.5
云南	2.6	1.3	3.5	1.6	2.2	2.1	2.0
西藏	0.3	0.7	0.2	0.2	0.1		
陕西	20.4	20.0	23.0	11.1	11.4	12.0	9.5
甘肃	17.9	17.8	31.1	7.9	6.5	6.2	8.3
青海	3.5	3.5	3.9	2.7	3.3	2.9	2.8
宁夏	8.0	7.9	4.8	1.1	0.6	0.7	1.3
新疆	13.7	15.0	15.9	7.5	7.7	5.0	4.8

3—50 续表

单位:千公顷

地　　区	1998 年	1999 年	2000 年	2001 年	2002 年	2003 年	2004 年
全国总计	**204.1**	**220.2**	**278.6**	**381.1**	**481.9**	**564.6**	**558.8**
北　　京	4.4	4.9	7.3	19.6	23.9	23.8	19.9
天　　津	1.2	1.8	2.5	4.2	4.7	7.9	4.4
河　　北	19.3	20.3	29.9	58.5	74.9	67.6	60.8
山　　西	19.0	19.3	26.1	25.5	30.5	34.2	33.0
内 蒙 古	7.5	9.2	10.3	12.2	12.5	12.7	9.9
辽　　宁	9.7	9.4	12.2	19.7	26.5	26.4	20.5
吉　　林	12.8	2.5	4.1	3.8	5.8	6.5	3.8
黑 龙 江	13.3	16.1	18.4	18.4	19.6	21.7	17.7
上　　海	1.8	2.3	4.0	5.9	10.0	18.6	19.7
江　　苏	11.4	14.0	16.6	27.9	39.2	38.3	68.7
浙　　江	2.2	2.8	5.5	12.4	21.8	45.1	56.4
安　　徽	5.4	5.6	5.9	7.8	13.5	18.1	27.1
福　　建	0.3	0.3	0.3	0.3	0.4	0.4	0.5
江　　西	1.5	1.0	1.0	1.8	4.0	9.0	9.0
山　　东	17.2	24.2	26.8	38.2	53.0	70.2	70.3
河　　南	19.9	15.8	18.2	21.8	33.0	34.4	33.1
湖　　北	6.6	10.1	11.0	21.7	11.7	16.0	22.3
湖　　南	4.7	4.6	2.9	8.1	8.7	10.6	6.8
广　　东	2.0	2.2	2.2	2.6	3.2	3.8	2.9
广　　西	1.7	1.6	1.4	2.1	3.1	3.2	2.5
海　　南	0.4	0.4	4.0	0.5	0.5	0.8	1.1
重　　庆	1.8	3.4	2.6	2.7	4.4	5.3	5.3
四　　川	11.5	10.0	6.7	7.6	13.7	13.7	7.1
贵　　州	1.5	1.5	1.9	2.2	4.1	5.4	2.9
云　　南	2.6	1.9	1.9	2.6	2.6	3.3	3.1
西　　藏		0.1	0.2	0.3	0.2	0.5	
陕　　西	9.6	16.0	20.6	19.6	19.2	21.9	16.0
甘　　肃	6.1	7.3	17.2	15.1	15.7	25.0	17.4
青　　海	2.8	2.9	3.1	2.7	3.0	3.2	3.7
宁　　夏	1.3	3.0	7.4	7.4	7.2	6.7	4.5
新　　疆	4.7	5.7	6.4	8.0	11.8	10.5	8.3

3-51 各地区幼林抚育作业面积

单位:千公顷

地区	1978年	1980年	1985年	1990年	1995年	1996年	1997年
全国总计	**6359.9**	**6506.4**	**11324.7**	**13033.3**	**15834.4**	**20678.4**	**13721.9**
北京	9.1	17.3	38.5	44.1	41.8	36.2	38.7
天津	1.6	2.2	4.9	19.7	19.6	23.4	28.6
河北	186.4	204.0	270.5	268.7	656.0	682.3	730.4
山西	79.9	123.7	243.2	223.0	223.2	220.9	244.6
内蒙古	92.9	333.1	876.0	682.6	782.8	681.6	780.5
辽宁	201.7	168.9	236.3	295.7	319.1	529.3	307.1
吉林	711.4	640.9	1067.1	1225.7	967.7	6766.4	856.8
黑龙江	1036.3	1206.4	2559.3	1829.0	2033.7	2186.4	1934.8
上海	0.5	0.5	5.0	2.3	4.6	7.6	7.6
江苏	78.8	72.1	94.7	95.0	61.9	117.0	112.2
浙江	163.1	177.1	250.8	265.6	256.8	256.4	230.4
安徽	175.4	180.8	327.1	469.4	670.2	679.6	717.6
福建	401.2	456.7	537.2	716.1	507.7	404.2	318.4
江西	517.1	586.1	662.6	787.8	2021.9	1374.8	815.9
山东	185.0	195.0	384.4	854.7	1739.8	1688.3	1608.0
河南	193.9	231.3	303.9	408.5	852.0	784.9	637.9
湖北	130.7	121.7	202.7	281.3	444.8	395.1	384.0
湖南	725.7	526.4	474.9	921.0	584.5	472.8	424.7
广东	230.7	320.0	432.1	652.1	453.1	406.3	370.2
广西	516.7	168.5	213.3	378.3	623.3	507.2	546.8
海南				39.5	22.3	16.7	13.8
重庆							81.7
四川	258.5	297.3	729.9	799.5	658.0	601.2	444.9
贵州	127.5	107.3	228.1	222.4	277.3	241.3	316.7
云南	89.3	80.8	61.3	81.9	202.0	211.5	224.4
西藏	0.2	0.9	6.2	1.0			
陕西	115.8	142.7	274.3	406.1	400.1	412.1	450.2
甘肃	76.5	67.3	218.6	198.0	206.2	198.2	190.2
青海	4.8	4.5	52.1	92.9	85.8	57.8	85.7
宁夏	17.8	16.7	116.5	109.3	128.9	146.4	120.1
新疆	31.5	56.3	453.1	662.1	589.3	572.5	699.0

注:2004年将大兴安岭和军事管理区单列,全国数据含上述两区。

3—51续表　　　　单位:千公顷

地　　区	1998年	1999年	2000年	2001年	2002年	2003年	2004年
全国总计	**12329.0**	**11526.0**	**11825.3**	**15955.3**	**11564.2**	**13941.2**	**14778.9**
北　　京	48.0	40.0	50.5	45.1	55.1	56.9	63.2
天　　津	22.2	35.6	40.2	60.3	63.9	56.6	54.4
河　　北	780.3	725.0	663.2	779.1	480.4	691.5	780.8
山　　西	233.5	144.3	136.2	179.4	172.3	169.9	142.8
内 蒙 古	660.8	566.7	657.3	692.4	744.1	1225.5	1191.5
辽　　宁	334.2	286.3	291.6	1024.5	458.8		
吉　　林	671.1	771.3	732.0	681.6	684.9	666.2	555.2
黑 龙 江	1783.4	1795.7	1625.0	1522.2	1088.3	1184.1	957.9
上　　海	11.1	13.9	13.3	13.7	22.1	40.5	83.6
江　　苏	131.7	117.1	103.6	137.0	161.6	222.7	275.0
浙　　江	200.4	194.4	198.4	152.7	132.2	121.1	82.6
安　　徽	676.4	727.5	750.5	663.7	772.0	960.6	995.0
福　　建	267.5	238.5	232.0	224.6	212.1	195.8	210.7
江　　西	649.3	411.8	344.8	293.5	301.9	321.2	497.7
山　　东	1448.4	1233.1	1333.4	2105.6	1140.8	1487.5	1307.6
河　　南	488.7	538.5	978.0	989.7	1059.9	1139.2	1033.5
湖　　北	407.3	375.8	341.8	288.8	306.6	353.7	454.4
湖　　南	398.7	325.3	274.3	458.4	326.3	475.8	670.4
广　　东	330.0	311.9	314.3	249.6	230.3	201.5	178.0
广　　西	462.1	427.4	390.5	380.9	416.9	414.7	485.8
海　　南	14.6	12.0	32.4	19.5	33.9	12.9	39.3
重　　庆	84.7	57.3	53.2	38.5	41.2	128.0	319.7
四　　川	464.4	604.0	366.4	356.4	385.1	498.4	545.2
贵　　州	241.0	232.9	292.3	321.3	232.0	236.8	316.1
云　　南	181.0	128.7	168.0	115.9	95.9	92.5	131.6
西　　藏	3.7	0.5	2.5	2.5	2.2	8.7	
陕　　西	347.6	234.6	295.4	311.7	341.8	420.3	575.6
甘　　肃	193.5	153.9	180.4	209.3	216.9	297.1	444.8
青　　海	88.3	100.6	91.5	101.8	108.2	80.8	86.0
宁　　夏	84.7	128.7	162.6	221.1	308.6	447.3	523.0
新　　疆	620.4	592.7	710.0	3314.6	968.0	1733.3	1749.6

3—52 各地区成林抚育面积

单位:千公顷

地 区	1985 年	1990 年	1995 年	1996 年	1997 年	1998 年
全国总计	**2635.8**	**4089.9**	**6563.4**	**6492.6**	**6750.1**	**7100.9**
北 京	16.3	14.7	15.3	16.0	12.8	12.9
天 津	4.8	14.6	19.6	19.2	21.7	21.2
河 北	141.4	166.5	381.2	373.1	381.7	343.6
山 西	87.0	74.9	120.9	140.5	129.2	118.3
内蒙古	244.4	278.3	987.0	430.4	468.2	500.5
辽 宁	38.7	34.6	37.6	50.5	57.6	49.3
吉 林	167.4	192.7	203.1	183.3	229.6	226.5
黑龙江	252.2	384.6	459.5	451.5	444.0	643.2
上 海		0.3	0.6	2.2	0.4	0.7
江 苏	45.5	58.5	89.9	82.8	89.5	101.4
浙 江	250.9	345.4	370.6	365.8	351.6	362.5
安 徽	51.9	81.8	168.5	280.2	326.0	373.0
福 建	102.5	127.9	180.2	185.5	201.3	206.0
江 西	172.8	146.9	229.3	235.3	363.6	359.5
山 东	196.2	359.9	683.3	940.9	740.4	812.5
河 南	70.1	200.9	422.7	429.5	534.8	593.1
湖 北	93.6	130.9	353.2	464.1	445.2	425.6
湖 南	92.7	306.2	267.9	279.2	269.8	214.4
广 东	65.4	268.0	274.0	284.0	313.0	311.2
广 西	135.3	150.7	310.2	257.4	302.3	291.2
海 南		7.5	4.4	3.6	2.0	8.8
重 庆					26.4	17.6
四 川	67.7	112.0	179.6	165.5	149.7	297.2
贵 州	43.7	61.8	51.2	46.9	45.4	69.1
云 南	27.1	42.6	67.4	49.4	94.8	79.0
西 藏		2.7				4.8
陕 西	80.1	135.4	250.3	300.4	264.0	204.8
甘 肃	52.0	65.3	64.7	68.7	83.2	94.0
青 海	3.8	4.0	3.5	4.1	3.7	2.5
宁 夏	14.3	28.5	25.0	31.0	25.4	23.9
新 疆	118.2	291.9	342.7	351.6	372.8	332.6

注:2004 年将大兴安岭和军事管理区单列,全国数据含上述两区。

3—52 续表 单位：千公顷

地　区	1999 年	2000 年	2001 年	2002 年	2003 年	2004 年
全国总计	**8489.2**	**7528.9**	**6672.2**	**6915.1**	**6904.2**	**7713.0**
北　京	21.8	17.1	25.5	76.3	94.7	102.5
天　津	36.4	44.1	49.2	49.3	48.2	47.6
河　北	449.5	419.9	477.4	367.8	404.8	365.0
山　西	111.4	100.4	73.1	90.1	66.8	57.2
内蒙古	846.4	456.4	445.7	573.4	677.3	611.8
辽　宁	68.5	96.2	41.5	32.3		
吉　林	293.2	224.6	177.1	178.6	185.9	185.0
黑龙江	684.2	277.5	223.0	230.9	231.7	204.0
上　海	2.3	2.5	4.0	10.0	24.0	35.1
江　苏	110.7	117.4	120.4	150.2	179.1	253.0
浙　江	369.4	358.8	332.5	348.2	254.2	237.3
安　徽	438.9	431.7	345.4	585.3	430.0	468.1
福　建	175.1	188.1	201.3	185.3	129.5	134.1
江　西	357.7	298.3	237.9	146.7	86.3	87.1
山　东	757.5	711.3	746.3	721.7	721.9	769.4
河　南	573.6	694.8	647.8	751.9	850.7	874.5
湖　北	520.0	474.3	370.5	344.0	354.7	471.8
湖　南	220.8	346.2	146.9	214.8	203.8	209.5
广　东	267.4	289.4	305.9	240.8	189.2	193.9
广　西	290.9	280.3	337.4	295.2	223.7	217.7
海　南	9.1	36.6	13.1	23.6	18.9	29.8
重　庆	94.5	21.6	13.0	40.4	27.2	207.4
四　川	645.4	246.4	218.7	167.5	180.4	211.5
贵　州	84.5	96.7	87.6	90.8	92.6	41.7
云　南	174.2	181.4	67.7	56.4	31.2	30.2
西　藏	8.3	6.2	8.2	9.3	10.8	
陕　西	285.7	289.8	214.0	172.6	173.0	284.3
甘　肃	118.3	117.4	138.0	136.7	184.2	161.9
青　海	2.2		18.6		10.8	1.8
宁　夏	60.2	56.9	57.5	92.2	159.1	362.4
新　疆	411.1	646.6	527.3	532.8	659.5	820.5

六、各地区畜牧业生产情况

3－53 各地区猪出栏量

单位:万头

地区	1978年	1980年	1985年	1990年	1995年	1996年	1997年
全国总计	**16109.5**	**19860.7**	**23875.2**	**30991.0**	**48051.0**	**41225.2**	**46483.7**
北京	183.8	229.0	209.3	281.0	340.2	340.3	353.5
天津	72.6	89.4	77.4	123.7	162.9	136.5	155.9
河北	570.5	716.9	1018.5	1395.5	2409.6	2466.3	2653.2
山西	274.1	277.3	270.6	308.6	569.4	445.6	500.4
内蒙古	135.4	257.0	279.0	308.6	491.6	639.9	746.1
辽宁	600.8	656.3	647.4	797.2	1461.6	1049.2	1131.0
吉林	305.0	317.7	322.6	419.6	837.8	529.7	1058.4
黑龙江	423.6	446.0	383.3	458.6	1000.8	882.5	936.5
上海	299.1	350.7	307.3	411.8	452.6	429.3	450.0
江苏	1326.1	2068.4	2024.4	2116.6	2754.9	2110.1	2229.7
浙江	875.7	1423.8	1185.2	1287.9	1384.6	988.3	1126.1
安徽	693.9	692.4	879.0	1032.7	1674.6	1638.0	1835.3
福建	321.9	401.5	578.1	799.8	1284.1	1047.5	1295.8
江西	574.0	700.0	881.3	1313.2	2365.8	1950.0	2040.0
山东	901.2	1241.6	1482.6	1936.2	3328.3	1926.7	2801.1
河南	721.4	684.6	785.9	1182.4	2614.2	2751.6	3123.4
湖北	919.3	1048.6	1393.8	1714.3	2981.5	2348.9	2513.3
湖南	1494.1	1725.2	2296.6	3092.1	5001.7	4387.5	5127.0
广东	996.6	1091.6	1392.1	1792.9	2395.2	2042.6	2221.1
广西	650.7	564.7	693.4	1063.9	2424.2	2187.0	2378.4
海南				134.3	212.5	195.9	220.6
重庆						1637.5	1699.7
四川	2155.5	3127.3	4469.1	6108.5	7778.9	4954.3	5443.4
贵州	352.8	425.5	630.0	800.0	1044.8	973.5	1013.8
云南	515.4	524.0	740.7	897.4	1368.1	1603.0	1764.9
西藏	5.7	6.5	5.7	7.8	9.5	12.2	13.2
陕西	391.1	400.7	424.3	539.4	799.0	753.3	786.5
甘肃	243.9	258.3	373.7	467.4	611.3	472.9	495.1
青海	28.5	35.7	42.4	61.6	80.7	85.2	98.3
宁夏	26.0	32.7	39.1	59.1	88.4	86.1	98.8
新疆	50.8	67.3	42.4	78.9	122.3	153.8	173.1

3—53 续表

单位:万头

地区	1998年	1999年	2000年	2001年	2002年	2003年	2004年
全国总计	**50215.1**	**51977.2**	**52673.3**	**54936.8**	**56684.3**	**59200.5**	**61800.7**
北京	374.8	400.9	415.6	453.1	483.2	467.0	460.5
天津	188.2	198.4	235.8	306.2	362.4	412.9	446.6
河北	2902.6	3000.2	3239.1	3470.1	3541.1	3875.1	4160.1
山西	545.5	570.2	567.5	575.4	592.0	610.2	610.5
内蒙古	791.2	869.1	851.3	878.0	838.5	791.9	875.8
辽宁	1223.9	1320.3	1320.1	1397.3	1539.8	1712.8	2102.2
吉林	1166.4	1235.0	1153.9	1197.8	1008.6	1127.1	1159.1
黑龙江	1063.1	1123.2	1101.8	1006.7	1131.3	1174.2	1295.5
上海	460.0	470.6	473.0	480.0	450.0	410.0	106.5
江苏	2531.2	2647.9	2780.0	2919.5	2955.7	3009.1	2988.6
浙江	1271.8	1289.9	1359.8	1669.3	1719.2	1792.0	1893.1
安徽	2239.6	2316.1	2226.8	2408.0	2453.9	2557.2	2531.3
福建	1365.1	1453.4	1347.7	1438.0	1488.3	1603.1	1725.9
江西	2271.1	2064.0	1863.0	1998.3	1957.0	1858.8	2051.1
山东	3123.2	3248.1	3426.8	3594.7	3803.2	4016.2	4330.2
河南	3592.9	3880.3	3930.0	4219.0	4498.0	4850.0	5189.0
湖北	2492.1	2604.2	2418.6	2506.0	2752.0	3000.7	3126.2
湖南	5467.3	5385.3	5491.3	5540.5	5653.1	5905.8	6088.7
广东	2425.8	2919.9	2955.0	3052.2	3162.2	3269.7	3309.0
广西	2424.5	2547.0	2749.9	2768.4	2656.5	2555.1	2462.5
海南	234.7	258.3	256.5	259.2	273.2	346.3	392.8
重庆	1720.1	1703.2	1821.0	1702.3	1749.0	1818.4	1900.2
四川	5589.8	5622.5	5774.9	5964.0	6202.6	6236.9	6489.8
贵州	1073.8	1106.0	1164.5	1223.9	1285.0	1398.2	1328.2
云南	1926.0	1944.9	2033.3	2135.9	2259.9	2384.5	2585.9
西藏	12.6	13.0	13.6	12.7	14.4	13.9	15.3
陕西	794.5	792.5	752.4	758.7	770.1	816.4	932.4
甘肃	524.0	547.0	562.6	613.9	639.0	675.9	669.4
青海	107.8	114.2	112.0	101.4	104.6	105.4	114.5
宁夏	114.2	127.9	133.5	120.2	138.2	165.1	155.7
新疆	197.4	203.9	142.0	166.1	202.3	240.7	304.2

3—54 各地区牛出栏量

单位:万头

地区	1978年	1980年	1985年	1990年	1995年	1996年	1997年
全国总计	**240.3**	**332.2**	**456.5**	**1088.3**	**3049.0**	**2685.9**	**3283.9**
北京	0.5	0.4	0.8	5.4	11.0	9.3	10.9
天津	0.1	0.3	0.7	2.7	17.0	13.4	14.6
河北	4.0	5.4	15.2	45.0	333.3	322.3	345.8
山西	1.5	2.1	8.2	20.6	51.2	39.5	45.8
内蒙古	12.0	50.6	39.7	66.2	70.0	88.0	124.1
辽宁	7.6	5.3	5.6	22.1	179.3	124.6	136.6
吉林	13.2	8.5	9.1	34.0	147.5	100.2	208.1
黑龙江	8.2	11.8	7.5	33.8	150.1	160.6	157.4
上海		0.7	0.7		0.1	0.3	
江苏	4.6	4.5	5.5	12.9	35.6	25.9	30.8
浙江	2.4	4.9	4.0	4.1	7.2	6.6	7.2
安徽	5.2	7.8	22.9	87.6	193.2	180.2	226.4
福建	2.4	3.2	3.4	6.8	19.3	13.6	21.0
江西	1.4	11.0	5.6	13.4	51.0	56.9	66.7
山东	4.6	8.8	27.6	110.1	381.8	213.2	334.5
河南	11.9	9.8	29.9	167.9	440.3	427.7	465.4
湖北	9.1	7.5	5.2	12.4	67.4	86.6	102.1
湖南	4.1	8.3	9.3	16.3	58.0	87.0	96.5
广东	8.6	11.3	24.5	28.2	51.9	17.4	23.4
广西	7.4	5.0	12.5	34.9	93.8	83.2	96.9
海南				10.1	20.8	17.0	17.2
重庆						27.7	31.6
四川	30.8	48.7	45.1	70.2	171.5	85.3	168.9
贵州	5.3	6.9	10.1	23.5	58.9	39.6	41.5
云南	15.8	13.9	16.0	27.9	64.9	73.5	86.8
西藏	19.8	23.3	34.3	43.6	61.2	62.5	66.6
陕西	3.0	4.6	7.0	23.9	52.1	53.7	59.7
甘肃	6.0	7.3	14.9	36.1	63.0	60.3	65.5
青海	31.2	35.6	47.9	54.1	81.2	81.2	91.6
宁夏	0.8	0.5	1.0	4.4	15.4	12.3	14.6
新疆	18.8	24.2	42.3	70.1	101.2	116.3	125.7

3—54 续表 单位:万头

地 区	1998年	1999年	2000年	2001年	2002年	2003年	2004年
全国总计	**3587.1**	**3766.2**	**3964.8**	**4118.4**	**4401.1**	**4703.0**	**5018.9**
北 京	11.6	13.5	17.3	22.9	26.8	29.8	29.0
天 津	15.0	17.7	18.3	21.6	27.9	32.8	33.8
河 北	381.1	406.6	430.0	453.0	480.0	526.7	557.9
山 西	50.0	52.0	53.7	55.7	50.2	49.8	49.9
内蒙古	129.1	129.1	158.4	161.8	129.6	149.1	186.3
辽 宁	148.6	162.0	171.7	181.9	198.6	224.6	247.9
吉 林	234.3	254.3	268.1	282.1	295.9	322.0	335.0
黑龙江	175.7	184.5	182.5	159.2	192.3	203.5	214.3
上 海	0.3	0.3	0.3	0.3	0.4	0.2	0.1
江 苏	28.4	28.0	27.4	26.8	28.5	29.9	28.4
浙 江	7.2	7.0	7.0	8.1	9.0	9.6	9.9
安 徽	240.5	245.9	244.2	205.0	252.3	249.0	254.0
福 建	20.3	20.8	21.3	22.4	23.9	25.6	28.8
江 西	68.9	56.6	57.5	59.6	67.1	72.5	90.0
山 东	354.9	391.1	413.8	461.8	488.1	509.1	530.6
河 南	551.8	573.5	578.0	621.3	640.0	652.8	672.4
湖 北	104.2	100.0	104.3	101.8	102.8	104.5	111.8
湖 南	109.0	118.8	128.1	125.0	146.8	148.3	154.6
广 东	27.8	41.5	47.6	47.4	46.7	53.3	58.8
广 西	105.8	99.9	108.9	115.5	129.1	144.4	163.5
海 南	18.1	21.2	22.8	19.9	28.6	30.5	31.9
重 庆	32.2	36.3	38.5	41.2	43.6	46.0	52.7
四 川	183.5	187.9	209.0	207.0	218.8	236.5	250.0
贵 州	43.9	47.0	51.4	55.9	67.0	80.4	91.4
云 南	104.8	124.1	124.2	137.1	153.8	170.7	190.2
西 藏	69.6	77.5	80.1	85.3	89.5	96.3	105.1
陕 西	51.5	57.2	62.9	64.1	71.1	78.6	83.7
甘 肃	69.8	73.0	79.9	87.6	89.5	100.5	104.4
青 海	91.9	73.1	75.0	89.3	91.3	93.5	97.2
宁 夏	16.6	20.1	28.2	18.6	23.3	30.6	34.5
新 疆	140.8	146.0	154.5	179.3	188.7	202.2	220.8

3—55 各地区羊出栏量

单位:万只

地 区	1978年	1980年	1985年	1990年	1995年	1996年	1997年
全国总计	**2621.9**	**4241.9**	**5081.0**	**8931.4**	**16537.4**	**13412.5**	**15945.5**
北 京	12.4	13.8	24.9	58.8	71.3	71.4	70.5
天 津	3.8	6.3	31.6	55.9	81.4	60.9	62.7
河 北	135.7	174.9	325.9	644.4	1200.7	1393.1	1535.8
山 西	92.5	100.4	193.8	286.3	379.7	337.2	381.8
内蒙古	287.3	768.6	646.4	933.4	1103.2	1406.5	1750.0
辽 宁	57.0	21.0	50.5	109.4	185.1	155.6	179.1
吉 林	43.2	15.6	27.8	62.9	136.6	84.4	192.2
黑龙江	71.9	48.0	57.6	84.5	183.3	171.5	184.7
上 海	10.4	14.4	8.2	21.8	32.8	26.2	46.4
江 苏	189.7	354.0	326.1	831.8	1724.4	939.2	1051.9
浙 江	36.1	51.3	47.2	67.9	113.4	119.2	118.6
安 徽	128.1	228.1	244.1	349.1	592.8	552.7	696.6
福 建	13.0	21.1	31.2	39.6	75.3	50.5	74.6
江 西	2.0	4.1	4.5	8.7	34.7	49.6	65.4
山 东	142.4	377.5	558.3	1764.2	4387.6	1497.1	2269.3
河 南	147.3	289.1	342.5	834.0	1916.8	1889.1	2194.1
湖 北	39.1	58.7	58.3	78.7	197.5	110.3	135.7
湖 南	27.3	40.5	30.1	35.3	157.9	319.1	291.1
广 东	5.9	9.3	13.2	8.7	15.3	11.6	18.7
广 西	17.8	15.1	14.3	21.5	58.0	66.3	102.8
海 南				13.8	37.6	35.6	43.8
重 庆						97.8	113.7
四 川	180.6	372.0	283.3	247.8	592.3	549.7	568.7
贵 州	20.2	51.4	48.6	56.5	101.5	95.2	115.6
云 南	72.9	52.7	75.2	79.5	151.7	191.3	229.5
西 藏	138.3	225.0	283.3	317.5	388.6	382.8	403.3
陕 西	61.6	66.1	125.0	166.8	289.5	304.3	346.1
甘 肃	91.6	94.1	150.4	269.1	375.2	398.1	435.7
青 海	168.5	248.1	294.6	308.4	397.2	399.5	407.1
宁 夏	42.5	42.9	60.6	104.7	107.4	96.0	106.2
新 疆	382.8	477.8	723.5	1070.4	1448.7	1550.7	1753.9

3—55 续表

单位:万只

地　区	1998 年	1999 年	2000 年	2001 年	2002 年	2003 年	2004 年
全国总计	**17279.5**	**18820.4**	**20472.7**	**21722.5**	**23280.8**	**25958.3**	**28343.0**
北　京	80.0	88.2	103.9	201.2	263.9	301.0	315.9
天　津	74.7	81.3	95.1	108.6	124.7	142.5	144.0
河　北	1660.2	1781.4	1868.4	1934.7	2030.7	2179.5	2346.4
山　西	419.4	446.8	478.8	483.6	484.1	497.0	497.6
内蒙古	1797.5	1948.4	2081.2	2146.5	2156.0	2867.7	3783.0
辽　宁	193.8	211.7	239.2	267.3	319.8	403.1	483.7
吉　林	218.9	241.5	256.9	272.8	284.8	303.0	320.0
黑龙江	205.8	221.6	235.7	266.6	319.6	422.7	582.9
上　海	58.7	58.1	61.9	66.8	72.0	72.0	53.6
江　苏	1112.8	1206.3	1372.4	1433.6	1504.3	1548.0	1523.5
浙　江	131.8	145.6	159.3	162.4	181.1	200.2	212.2
安　徽	794.3	857.4	935.8	906.7	852.2	1077.9	1173.6
福　建	81.2	87.4	97.8	104.0	107.8	118.7	131.8
江　西	55.8	58.7	61.6	65.8	74.4	87.0	97.0
山　东	2518.9	2838.8	3014.9	3210.9	3358.6	3466.1	3641.4
河　南	2368.1	2665.3	2903.8	3132.0	3437.2	3780.0	3953.9
湖　北	145.9	164.8	205.3	220.3	279.1	319.7	356.6
湖　南	331.3	354.2	397.1	435.2	526.0	604.9	662.1
广　东	24.4	28.1	22.0	23.8	25.2	28.7	34.0
广　西	133.1	150.9	165.0	173.8	181.5	194.4	217.7
海　南	53.1	54.8	72.1	84.0	90.2	92.4	95.0
重　庆	131.0	151.3	167.9	182.6	207.1	235.3	285.6
四　川	698.3	837.9	1038.3	1060.0	1094.0	1133.4	1224.0
贵　州	136.6	153.0	165.5	179.2	200.6	223.7	248.8
云　南	279.8	311.2	330.3	368.6	417.6	470.6	512.5
西　藏	411.3	439.2	437.5	467.7	530.4	516.2	475.9
陕　西	347.8	410.2	347.7	378.0	447.0	518.9	571.3
甘　肃	434.0	436.8	478.5	529.7	583.7	660.8	701.8
青　海	415.3	423.3	441.0	485.9	475.4	508.6	536.0
宁　夏	128.2	145.7	220.5	223.0	288.7	357.5	370.7
新　疆	1837.6	1820.7	2017.4	2147.3	2363.0	2626.9	2790.5

3—56 各地区肉类总产量

单位:万吨

地区	1985年	1990年	1995年	1996年	1997年	1998年
全国总计	**1926.5**	**2857.0**	**5260.1**	**4584.0**	**5268.8**	**5723.8**
北京	15.5	26.8	37.6	35.3	40.1	44.8
天津	7.1	11.8	21.2	16.9	18.7	21.7
河北	85.9	130.1	310.7	319.2	334.7	376.7
山西	22.4	31.9	61.0	50.0	54.9	61.0
内蒙古	35.9	53.6	81.9	100.6	120.2	129.4
辽宁	61.4	90.4	222.4	183.4	200.7	216.6
吉林	32.0	51.8	134.5	118.4	197.5	223.7
黑龙江	34.9	55.9	135.8	121.5	127.5	142.7
上海	19.7	37.5	57.8	22.5	59.9	58.6
江苏	160.3	194.0	305.9	241.1	266.6	296.8
浙江	83.6	96.1	121.2	92.6	100.8	104.0
安徽	86.6	118.9	197.3	214.5	250.8	288.0
福建	49.7	74.2	126.6	107.5	128.7	135.2
江西	64.3	111.7	219.4	188.0	198.8	214.7
山东	128.6	221.6	585.9	312.5	460.6	497.9
河南	71.8	134.9	333.0	347.7	403.0	461.6
湖北	101.6	146.9	279.4	235.4	260.7	261.0
湖南	147.8	203.5	345.5	338.2	392.2	422.5
广东	139.5	202.5	305.1	252.0	275.6	297.2
广西	72.3	104.2	250.2	239.3	243.5	250.8
海南		15.1	31.9	25.7	28.6	31.0
重庆				133.2	137.4	140.1
四川	301.2	442.8	625.7	420.9	460.4	491.8
贵州	50.5	74.4	105.5	103.7	106.7	113.3
云南	59.4	78.6	128.2	141.7	158.4	177.0
西藏	7.1	8.8	11.6	11.9	12.2	14.1
陕西	30.2	46.8	79.1	77.1	82.1	84.6
甘肃	24.8	39.5	62.7	46.4	52.6	55.6
青海	11.2	15.3	18.4	18.7	19.8	20.5
宁夏	3.4	6.9	12.1	13.1	14.0	15.6
新疆	17.8	30.5	52.4	55.0	60.9	75.2

3—56 续表 单位:万吨

地　　区	1999 年	2000 年	2001 年	2002 年	2003 年	2004 年
全国总计	**5949.0**	**6125.4**	**6333.9**	**6586.5**	**6932.9**	**7244.8**
北　京	49.3	55.9	69.1	70.7	70.3	70.8
天　津	23.5	28.9	36.4	44.8	53.4	53.7
河　北	393.9	419.4	445.7	458.2	502.4	534.0
山　西	62.3	63.7	63.5	64.9	66.5	66.6
内蒙古	140.6	143.4	149.6	145.8	162.7	201.3
辽　宁	224.7	225.7	234.7	253.9	280.1	318.4
吉　林	236.4	216.3	192.9	204.3	218.5	243.5
黑龙江	150.9	151.6	137.5	144.0	151.5	165.3
上　海	54.1	55.0	56.1	51.6	50.8	12.5
江　苏	306.9	328.0	343.1	349.4	354.8	346.8
浙　江	107.5	117.6	136.1	147.8	153.9	161.8
安　徽	298.6	297.8	306.7	317.0	329.6	333.7
福　建	138.8	137.6	140.0	142.5	146.2	151.3
江　西	198.3	184.4	193.8	195.5	195.2	217.7
山　东	524.5	560.2	595.4	627.0	662.1	696.5
河　南	485.1	502.0	537.9	570.0	603.6	641.5
湖　北	265.8	248.8	264.3	278.2	301.1	309.3
湖　南	426.1	434.7	456.8	472.5	503.8	517.1
广　东	315.9	322.2	333.3	348.5	359.6	360.5
广　西	262.9	276.2	266.1	248.5	227.1	210.5
海　南	33.8	38.0	39.7	39.7	47.0	52.3
重　庆	140.5	153.6	146.3	153.0	160.6	168.4
四　川	523.4	555.5	541.3	568.0	581.8	609.1
贵　州	117.1	123.8	131.7	138.6	152.5	148.0
云　南	192.1	204.9	219.5	235.8	253.7	277.8
西　藏	14.7	14.9	16.0	17.2	19.0	20.8
陕　西	85.8	83.2	85.5	87.0	92.1	101.6
甘　肃	57.7	58.9	65.1	70.1	75.9	76.6
青　海	20.1	20.8	22.2	22.8	23.7	24.8
宁　夏	17.1	18.5	16.3	18.9	23.4	24.4
新　疆	80.4	83.6	90.8	100.2	110.0	128.1

3—57 各地区猪肉产量

单位:万吨

地　区	1980 年	1985 年	1990 年	1995 年	1996 年	1997 年	1998 年
全国总计	**1134.1**	**1654.7**	**2281.1**	**3648.4**	**3158.0**	**3596.3**	**3883.7**
北　京	12.9	13.2	18.6	23.9	21.7	24.7	27.9
天　津	6.0	5.9	8.9	12.2	10.5	11.8	13.9
河　北	40.4	76.3	107.7	187.4	187.0	200.3	219.1
山　西	16.2	17.7	22.5	43.4	35.3	39.7	42.8
内蒙古	11.6	21.8	28.8	47.7	59.1	68.8	73.3
辽　宁	42.3	55.7	74.1	141.6	97.6	102.9	112.8
吉　林	23.6	28.5	38.9	77.3	51.0	110.7	117.2
黑龙江	34.8	29.7	39.5	80.1	71.1	74.1	83.5
上　海	16.4	16.9	23.3	23.9	22.2	23.7	25.3
江　苏	103.8	136.3	149.2	195.9	158.3	167.2	190.8
浙　江	68.8	75.6	84.1	100.0	71.1	78.4	81.4
安　徽	49.4	66.9	84.8	136.7	141.5	158.6	183.7
福　建	23.7	43.5	62.9	102.8	84.9	103.7	107.3
江　西	36.2	59.7	101.2	188.5	156.0	162.8	176.9
山　东	86.2	109.6	153.7	267.7	156.5	238.9	266.6
河　南	49.4	61.1	97.5	210.4	225.6	256.1	297.9
湖　北	54.1	96.7	135.1	239.6	189.3	204.1	202.9
湖　南	91.4	137.5	187.7	310.1	286.9	343.5	365.0
广　东	66.8	106.3	145.3	188.8	162.0	176.6	189.3
广　西	39.7	60.8	87.2	195.7	175.8	190.0	194.0
海　南			11.1	18.4	16.8	18.5	19.9
重　庆					114.2	119.7	121.6
四　川	164.3	276.6	396.7	526.3	336.4	370.6	390.4
贵　州	25.5	47.3	68.0	93.2	90.5	92.4	97.6
云　南	29.2	54.4	71.1	111.6	122.6	136.2	150.5
西　藏	0.2	0.3	0.5	0.6	0.7	0.7	0.7
陕　西	22.3	27.3	39.1	60.2	57.8	61.6	64.9
甘　肃	12.3	20.8	30.2	44.3	33.7	35.1	38.0
青　海	2.0	2.8	4.4	5.6	5.9	6.4	6.8
宁　夏	1.5	2.4	4.1	6.3	6.6	7.2	8.2
新　疆	3.3	3.1	4.9	8.4	9.4	11.5	13.6

3—57 续表

单位:万吨

地　　区	1999年	2000年	2001年	2002年	2003年	2004年
全国总计	**4005.6**	**4031.4**	**4184.5**	**4326.6**	**4518.6**	**4701.6**
北　　京	28.6	29.1	31.2	33.8	32.7	31.8
天　　津	14.6	17.3	21.9	26.1	32.2	33.1
河　　北	226.5	242.8	260.3	265.2	290.3	313.4
山　　西	43.8	43.5	44.2	45.3	46.8	46.8
内 蒙 古	80.5	76.6	79.0	74.9	71.3	80.8
辽　　宁	121.7	117.0	123.8	132.4	147.9	175.3
吉　　林	121.7	95.5	68.6	75.6	84.5	98.5
黑 龙 江	89.0	87.1	73.1	82.4	85.6	93.9
上　　海	25.9	25.9	26.3	25.1	24.6	5.8
江　　苏	196.2	205.7	216.7	217.4	221.2	219.8
浙　　江	82.6	89.8	107.4	115.1	117.2	126.4
安　　徽	192.5	184.8	199.9	201.2	209.7	207.6
福　　建	110.0	106.5	107.2	110.6	116.4	121.5
江　　西	160.2	143.5	151.7	149.9	142.7	161.2
山　　东	272.5	285.9	298.7	314.8	332.6	346.4
河　　南	314.0	322.9	343.8	366.5	386.0	410.3
湖　　北	209.8	193.5	205.1	218.8	238.6	240.7
湖　　南	364.9	371.8	389.8	396.9	419.3	429.1
广　　东	204.4	206.8	213.7	225.8	234.5	237.7
广　　西	202.5	206.8	208.1	190.8	179.8	161.7
海　　南	21.4	22.7	22.9	23.3	28.4	32.1
重　　庆	120.6	132.1	122.6	126.9	132.1	137.1
四　　川	405.2	419.1	441.2	458.9	461.6	480.2
贵　　州	99.5	104.8	110.9	115.2	126.9	120.0
云　　南	162.2	172.6	183.7	195.9	208.8	228.3
西　　藏	0.7	0.8	0.8	0.9	0.9	1.0
陕　　西	64.2	60.9	61.8	60.2	62.0	69.9
甘　　肃	39.1	38.9	43.4	46.0	48.7	48.2
青　　海	7.0	7.0	7.0	7.2	7.4	8.0
宁　　夏	8.8	8.8	7.6	8.8	10.7	10.2
新　　疆	15.1	10.8	12.2	14.9	17.4	24.6

3—58 各地区牛肉产量

单位:万吨

地 区	1980年	1985年	1990年	1995年	1996年	1997年	1998年
全国总计	**26.9**	**46.7**	**125.6**	**415.4**	**355.7**	**440.9**	**479.9**
北 京		0.1	0.9	2.0	1.9	2.1	2.1
天 津		0.1	0.4	2.8	2.2	2.3	2.3
河 北	0.4	1.9	5.6	54.6	49.0	52.6	58.0
山 西	0.2	1.0	2.8	7.0	5.5	6.2	6.9
内蒙古	4.6	4.7	8.6	9.4	11.9	17.4	17.6
辽 宁	0.5	0.7	3.4	29.7	18.8	21.6	23.4
吉 林	0.8	1.1	3.6	17.5	12.5	25.4	28.3
黑龙江	1.6	1.0	5.2	23.7	22.9	23.5	25.7
上 海		0.1			0.1		0.1
江 苏	0.4	0.6	1.9	5.4	5.2	6.2	5.7
浙 江	0.5	0.5	0.5	0.9	0.9	0.9	0.9
安 徽	0.6	2.5	9.8	23.8	24.0	30.1	34.3
福 建	0.3	0.3	0.7	2.1	1.4	2.2	2.0
江 西	0.8	0.5	1.2	4.4	5.2	6.4	6.7
山 东	0.9	4.8	17.6	64.8	36.2	58.5	60.1
河 南	0.7	3.0	18.2	64.4	59.5	64.9	76.7
湖 北	0.5	0.4	1.3	8.3	11.0	12.8	13.2
湖 南	0.5	0.7	1.4	5.3	8.5	10.8	11.7
广 东	0.8	2.1	2.9	5.7	2.1	2.8	3.1
广 西	0.3	1.1	3.1	8.4	7.5	8.7	9.5
海 南			0.8	1.9	1.7	1.7	1.8
重 庆					3.1	3.5	3.5
四 川	3.6	4.1	6.9	18.7	9.2	18.1	20.0
贵 州	0.5	0.8	2.4	5.5	5.6	5.7	5.9
云 南	1.0	1.4	2.5	6.3	7.3	8.7	10.7
西 藏	2.1	3.4	4.4	6.2	6.4	6.7	7.8
陕 西	0.2	0.6	3.2	7.3	7.5	8.4	6.5
甘 肃	0.5	1.3	3.5	7.7	6.4	6.9	6.9
青 海	2.5	3.6	5.2	6.3	6.3	6.9	6.9
宁 夏		0.1	0.5	2.2	2.4	2.5	2.6
新 疆	2.1	4.2	7.1	13.1	13.5	16.4	19.2

3—58续表

单位:万吨

地　　区	1999年	2000年	2001年	2002年	2003年	2004年
全国总计	**505.4**	**532.8**	**548.8**	**584.6**	**630.4**	**675.9**
北　　京	2.4	3.3	4.0	4.9	5.2	5.1
天　　津	2.5	2.8	3.5	4.6	5.4	5.6
河　　北	61.9	65.3	68.5	71.2	78.6	82.9
山　　西	7.0	7.3	6.6	6.7	6.7	6.7
内 蒙 古	17.8	21.8	23.2	19.5	24.0	28.7
辽　　宁	23.8	25.8	27.3	29.7	33.9	37.3
吉　　林	31.3	33.5	35.3	37.0	40.3	49.0
黑 龙 江	27.3	27.1	23.6	28.2	29.9	31.4
上　　海	0.1			0.1	0.1	
江　　苏	5.2	5.1	5.0	5.3	5.6	5.3
浙　　江	0.9	0.9	1.0	1.2	1.4	1.5
安　　徽	32.6	31.9	28.7	35.3	34.9	35.6
福　　建	2.0	2.1	2.2	2.3	2.5	2.8
江　　西	5.2	5.2	5.3	6.0	7.0	8.7
山　　东	65.5	69.2	73.0	76.1	79.7	79.6
河　　南	82.2	83.0	89.2	89.2	93.0	98.3
湖　　北	13.1	13.8	13.4	14.6	14.9	15.9
湖　　南	13.0	13.5	13.2	15.9	16.1	16.8
广　　东	4.5	5.2	5.2	5.0	5.8	6.3
广　　西	8.9	9.8	10.4	11.6	12.9	14.6
海　　南	1.8	2.1	2.4	2.6	2.7	2.9
重　　庆	4.0	4.4	4.7	5.0	5.3	5.7
四　　川	21.4	23.8	22.3	23.6	25.6	27.0
贵　　州	6.4	7.0	7.6	9.0	10.1	11.4
云　　南	12.6	12.8	13.8	15.7	17.6	19.8
西　　藏	8.3	8.5	8.9	9.4	10.8	12.2
陕　　西	6.7	7.9	8.2	9.4	10.5	11.2
甘　　肃	7.2	7.9	8.7	9.5	10.7	11.3
青　　海	6.1	6.4	7.0	7.0	7.1	7.3
宁　　夏	3.0	3.3	2.5	2.9	3.7	4.7
新　　疆	20.6	22.2	24.0	25.9	28.8	30.4

3—59 各地区羊肉产量

单位:万吨

地 区	1980 年	1985 年	1990 年	1995 年	1996 年	1997 年	1998 年
全国总计	**44.5**	**59.3**	**106.8**	**201.5**	**181.0**	**212.8**	**234.6**
北 京	0.1	0.2	0.9	1.1	1.1	1.0	1.2
天 津	0.1	0.3	0.8	1.6	1.2	1.2	1.4
河 北	1.3	3.7	8.0	16.8	18.3	20.2	21.8
山 西	1.0	2.2	4.0	5.6	5.1	5.7	6.2
内 蒙 古	7.7	8.4	12.7	16.9	21.1	27.6	27.0
辽 宁	0.2	0.6	1.3	2.6	2.2	2.4	2.6
吉 林	0.2	0.3	0.8	1.9	1.3	2.4	2.6
黑 龙 江	0.7	0.8	1.3	2.7	2.7	2.6	3.0
上 海	0.1	0.1	0.3	0.4	0.3	0.5	0.7
江 苏	2.7	2.6	7.3	16.5	11.6	13.0	13.8
浙 江	0.5	0.6	1.0	1.9	2.0	2.0	2.2
安 徽	1.8	2.0	3.0	5.3	8.1	10.2	11.5
福 建	0.3	0.4	0.5	1.1	0.7	1.1	1.1
江 西		0.1	0.1	0.5	0.7	0.9	0.8
山 东	3.1	5.0	15.7	39.2	12.4	18.7	20.9
河 南	2.9	3.4	8.0	21.1	21.7	25.2	28.0
湖 北	0.8	0.7	1.1	2.8	1.6	2.0	2.1
湖 南	0.5	0.3	0.4	1.9	4.4	4.2	5.1
广 东	0.1	0.2	0.2	0.4	0.3	0.5	0.5
广 西	0.2	0.2	0.3	0.9	1.1	1.6	2.1
海 南			0.2	0.6	0.6	0.7	0.8
重 庆					1.1	1.3	1.5
四 川	3.7	3.2	3.7	8.3	7.5	8.4	10.7
贵 州	0.7	0.5	0.9	1.8	2.1	2.6	3.4
云 南	0.6	1.0	1.3	2.6	3.4	4.1	5.1
西 藏	2.4	3.4	3.9	4.8	4.9	4.8	5.6
陕 西	0.6	1.4	2.2	4.2	4.5	5.1	5.1
甘 肃	1.2	2.3	3.8	5.8	6.3	6.8	6.8
青 海	4.0	4.6	5.6	6.1	6.4	6.3	6.4
宁 夏	0.4	0.8	1.7	1.7	2.0	2.1	2.4
新 疆	6.5	10.0	15.8	24.5	24.3	27.7	32.5

3—59续表　　　　单位:万吨

地　区	1999年	2000年	2001年	2002年	2003年	2004年
全国总计	**251.3**	**274.0**	**292.7**	**316.7**	**357.2**	**399.3**
北　京	1.3	1.6	3.0	4.2	4.7	4.9
天　津	1.7	2.0	2.4	2.8	3.1	3.2
河　北	23.4	24.6	25.6	26.7	29.0	31.1
山　西	6.4	7.0	6.9	6.9	7.2	7.2
内蒙古	29.8	31.8	32.6	33.8	45.3	60.4
辽　宁	2.8	3.4	3.7	4.4	5.1	6.1
吉　林	2.9	3.2	3.4	3.5	3.8	4.0
黑龙江	3.2	3.5	3.9	4.7	6.7	9.0
上　海	0.7	0.7	0.9	0.9	0.9	0.7
江　苏	13.9	15.8	16.3	17.2	17.6	17.4
浙　江	2.4	2.6	2.9	3.1	3.6	3.8
安　徽	10.1	11.2	10.9	11.9	15.1	16.4
福　建	1.2	1.3	1.5	1.5	1.6	1.8
江　西	0.8	0.9	0.9	1.1	1.4	1.6
山　东	23.3	24.8	27.6	30.2	32.9	35.0
河　南	30.0	32.0	34.5	37.8	42.0	44.6
湖　北	2.5	3.0	3.6	4.3	4.9	5.8
湖　南	5.4	6.1	6.7	8.1	9.4	10.1
广　东	0.6	0.4	0.5	0.5	0.6	0.6
广　西	2.3	2.5	2.6	2.6	2.8	3.2
海　南	1.0	1.0	1.1	1.2	1.3	1.3
重　庆	1.8	1.9	2.1	2.4	2.7	3.4
四　川	13.2	16.2	16.3	16.8	17.4	18.8
贵　州	3.8	4.2	4.3	4.5	4.5	5.0
云　南	5.6	5.8	6.3	7.2	8.2	8.9
西　藏	5.7	5.7	6.2	6.9	7.4	7.6
陕　西	6.0	5.4	5.8	6.9	7.9	8.4
甘　肃	6.9	7.5	8.4	9.3	10.6	11.2
青　海	6.7	7.0	7.6	8.0	8.5	8.8
宁　夏	2.5	3.3	3.7	4.5	5.5	6.1
新　疆	33.6	37.5	40.5	42.6	45.5	52.7

3—60 各地区禽肉产量

单位:万吨

地区	1985年	1990年	1995年	1996年	1997年	1998年
全国总计	**160.2**	**322.9**	**934.7**	**832.7**	**978.5**	**1056.3**
北京	1.9	6.4	10.5	10.5	12.3	13.5
天津	0.8	1.6	4.5	4.6	3.1	3.8
河北	3.1	5.8	44.4	55.6	61.6	65.7
山西	0.9	1.5	3.4	4.2	3.3	3.5
内蒙古	0.7	1.4	5.1	5.4	6.4	6.5
辽宁	4.3	11.3	46.3	62	70.8	74.7
吉林	2.1	8.0	36.1	51.6	59.0	72.4
黑龙江	3.4	9.6	27.8	32.3	25.9	29.0
上海	2.4	13.9	33.5	38.2	35.7	32.5
江苏	20.4	34.9	84.3	88.1	75.7	82.9
浙江	6.7	10.4	18.2	18.6	19.5	19.2
安徽	15.1	21.0	30.6	39.1	51.1	58.0
福建	5.2	9.7	19.7	23.1	21.7	23.4
江西	4.0	9.2	25.8	26.2	28.7	30.0
山东	8.4	30.0	195.7	202.1	131.5	138.2
河南	4.1	9.4	31.0	46.9	49.3	50.8
湖北	3.8	9.4	28.5	33.4	41.8	42.8
湖南	9.3	14.0	28.0	37.9	33.6	40.6
广东	30.9	54.0	109.9	121.9	95.3	104.0
广西	10.2	13.6	45.1	54.7	43.2	45.0
海南		2.9	11.0	10.9	7.7	8.5
重庆					12.2	12.6
四川	16.0	33.2	67.9	77.6	58.3	65.2
贵州	1.9	2.9	4.6	5	5.6	6.0
云南	2.6	3.7	7.3	7.8	8.9	10.0
西藏						
陕西	0.8	2.0	6.6	6.6	7.0	7.0
甘肃	0.4	1.3	3.3	3.4	1.9	2.2
青海	0.2	0.1	0.2	0.2	0.2	0.3
宁夏	0.1	0.5	1.6	1.9	2.0	2.2
新疆	0.5	1.2	3.6	4.8	5.3	6.1

3—60续表

单位:万吨

地区	1999年	2000年	2001年	2002年	2003年	2004年
全国总计	**1115.5**	**1207.5**	**1210.3**	**1249.8**	**1312.1**	**1351.4**
北京	16.8	21.5	29.8	26.2	26.6	28.4
天津	4.4	6.4	8.1	10.8	12.2	11.5
河北	69.8	73.9	76.8	80.2	90.1	92.5
山西	3.7	4.4	4.3	4.3	4.2	4.2
内蒙古	7.1	7.5	8.2	12.0	16.4	25.6
辽宁	73.2	76.4	76.6	83.9	89.6	95.6
吉林	77.9	81.5	82.7	84.9	86.0	87.9
黑龙江	30.0	32.4	34.5	26.5	27.3	28.6
上海	27.5	28.4	28.8	25.5	25.2	5.7
江苏	87.5	96.5	98.5	102.6	103.6	98.8
浙江	21.4	23.9	24.0	27.0	29.8	28.5
安徽	62.7	69.2	65.7	66.3	68.0	72.4
福建	24.2	26.2	27.6	26.4	23.9	23.2
江西	31.7	34.6	35.2	37.7	43.2	45.2
山东	152.3	167.6	182.9	193.3	203.6	223.5
河南	51.5	55.0	61.2	66.4	74.0	79.6
湖北	39.5	38.4	39.6	39.9	42.1	45.8
湖南	42.6	43.2	46.4	50.1	57.3	58.9
广东	105.9	109.2	113.4	111.2	112.1	109.6
广西	48.9	55.9	43.4	41.6	29.3	28.4
海南	9.5	11.8	12.5	11.1	13.1	14.4
重庆	13.2	14.2	15.8	17.2	18.7	20.3
四川	76.8	87.9	49.7	55.0	60.8	64.4
贵州	6.8	7.3	8.0	9.0	10.1	10.8
云南	11.0	12.6	14.4	15.7	17.5	18.9
西藏						
陕西	7.3	8.1	8.1	8.7	9.3	9.2
甘肃	2.5	2.8	3.0	3.5	3.8	3.9
青海	0.3	0.3	0.3	0.3	0.4	0.4
宁夏	2.4	2.8	2.1	2.3	2.7	2.4
新疆	6.8	7.6	8.5	10.1	11.2	12.9

3－61　各地区牛奶产量

单位:万吨

地　区	1980年	1985年	1990年	1995年	1996年	1997年	1998年
全国总计	**114.1**	**249.9**	**415.7**	**576.4**	**629.4**	**601.1**	**662.9**
北　京	6.8	13.5	21.7	20.6	20.1	22.2	22.7
天　津	2.2	4.3	7.6	10.7	11.3	12.0	11.7
河　北	2.7	7.3	11.2	32.5	40.1	46.7	55.8
山　西	2.3	8.3	16.0	26.0	29.6	29.1	30.1
内蒙古	6.7	24.4	37.0	48.6	54.3	55.4	63.8
辽　宁	9.7	9.1	14.4	17.1	17.0	17.1	18.5
吉　林	2.5	6.1	11.7	10.2	11.3	9.4	12.4
黑龙江	12.4	43.0	101.7	164.6	185.0	140.5	142.1
上　海	7.3	14.2	22.7	21.8	21.8	23.9	24.6
江　苏	2.7	7.5	8.7	10.0	10.5	11.1	12.1
浙　江	3.5	10.5	11.3	9.2	9.0	8.6	8.0
安　徽	0.7	1.8	2.5	2.5	2.7	2.8	3.0
福　建	1.4	4.2	4.8	6.1	6.2	5.8	6.4
江　西	0.9	1.8	2.2	3.2	3.5	3.5	4.7
山　东	1.3	3.5	7.0	17.9	22.0	22.5	27.5
河　南	0.8	2.3	2.7	5.5	5.5	5.7	7.8
湖　北	2.4	3.8	5.2	3.8	4.3	4.6	4.2
湖　南	0.7	1.0	1.1	0.8	0.6	0.8	0.8
广　东	2.3	4.2	5.5	5.5	5.6	6.0	7.0
广　西	0.5	0.6	0.9	0.9	0.9	1.1	1.2
海　南			0.1	0.1	0.2		
重　庆							4.7
四　川	13.2	21.9	26.4	27.7	28.0	4.5	26.7
贵　州	0.5	0.6	1.0	1.4	1.6	25.0	1.6
云　南	1.5	4.2	7.3	9.5	10.0	0.5	9.9
西　藏	7.0	8.8	12.6	14.1	13.6	9.0	15.6
陕　西	1.7	5.6	9.5	17.4	20.6	29.8	28.2
甘　肃	2.5	4.3	7.9	9.6	10.5	11.4	13.8
青　海	11.6	15.5	20.1	20.0	18.1	18.6	19.9
宁　夏	0.4	1.2	4.1	14.0	16.9	19.1	18.2
新　疆	5.8	16.4	30.8	45.2	48.8	54.2	60.0

3—61续表

单位:万吨

地　　区	1999年	2000年	2001年	2002年	2003年	2004年
全国总计	**717.6**	**827.3**	**1025.4**	**1299.7**	**1746.3**	**2260.6**
北　　京	24.0	30.3	42.9	55.1	63.3	70.0
天　　津	12.9	16.5	24.1	33.6	43.2	54.2
河　　北	68.4	84.2	107.4	136.9	197.9	266.5
山　　西	30.2	33.5	37.9	44.7	53.2	61.1
内 蒙 古	67.9	79.8	106.2	165.2	308.0	497.9
辽　　宁	18.2	18.9	24.2	28.1	42.7	58.4
吉　　林	13.8	14.3	16.0	18.0	22.7	25.3
黑 龙 江	142.8	154.3	189.0	235.8	300.5	374.5
上　　海	25.9	25.9	26.0	28.0	27.1	25.2
江　　苏	16.2	25.5	35.4	45.3	49.8	53.6
浙　　江	9.1	11.2	17.6	22.2	24.7	26.0
安　　徽	3.6	4.1	5.5	7.4	9.0	10.2
福　　建	7.7	9.6	11.1	13.8	19.2	20.8
江　　西	5.2	5.6	5.9	7.9	10.9	11.6
山　　东	35.6	45.7	61.8	90.3	124.4	160.9
河　　南	10.3	16.1	27.0	36.0	49.6	74.5
湖　　北	3.9	5.6	8.8	10.1	11.1	11.7
湖　　南	1.0	1.1	1.8	3.0	5.3	6.7
广　　东	7.8	9.2	10.2	10.8	10.6	10.9
广　　西	1.3	1.7	2.0	3.1	3.8	4.8
海　　南					0.1	0.1
重　　庆	4.7	5.6	6.8	8.1	9.1	8.5
四　　川	26.6	28.5	33.0	38.9	45.4	52.6
贵　　州	1.5	1.7	2.0	2.5	3.4	3.6
云　　南	12.2	13.0	15.6	17.5	21.7	26.9
西　　藏	16.7	16.2	18.1	19.0	19.6	20.3
陕　　西	32.3	39.2	43.5	54.0	74.2	96.2
甘　　肃	13.4	13.3	15.2	16.8	22.2	25.5
青　　海	19.0	20.6	21.7	22.0	22.1	22.8
宁　　夏	20.5	23.6	27.6	30.7	38.6	46.1
新　　疆	64.8	72.5	81.1	94.9	113.0	133.3

3—62　各地区禽蛋产量

单位:万吨

地　区	1985 年	1990 年	1995 年	1996 年	1997 年	1998 年
全国总计	**534.7**	**794.6**	**1676.7**	**1965.2**	**1897.1**	**2021.3**
北　京	14.1	25.8	28.5	24.7	23.8	17.9
天　津	10.6	18.6	24.1	24.4	17.7	22.7
河　北	33.4	51.3	205.3	268.0	300.7	319.0
山　西	11.0	15.9	36.1	42.3	35.0	37.0
内蒙古	9.1	12.4	18.8	20.2	20.8	21.2
辽　宁	30.4	45.2	102.8	115.9	130.5	131.6
吉　林	17.2	25.0	48.9	56.5	66.5	73.1
黑龙江	20.5	30.9	79.0	95.1	67.5	71.2
上　海	10.4	15.1	14.8	14.9	16.1	15.1
江　苏	60.7	89.7	175.3	190.7	151.1	157.1
浙　江	16.2	19.0	31.7	33.6	34.3	31.7
安　徽	24.7	32.6	51.2	66.9	87.2	94.7
福　建	8.3	12.9	27.0	31.4	34.3	36.7
江　西	11.4	16.8	33.4	35.4	37.1	33.7
山　东	72.5	124.3	317.4	360.9	294.3	322.0
河　南	37.1	59.6	140.0	201.9	187.7	229.3
湖　北	40.1	51.9	87.9	101.6	118.2	121.6
湖　南	24.4	27.9	46.6	58.8	44.5	47.3
广　东	12.6	18.8	31.1	33.1	27.7	29.6
广　西	4.1	6.6	14.7	15.2	16.6	16.2
海　南		1.2	2.2	0.2	1.3	2.4
重　庆					23.5	24.5
四　川	32.5	47.1	79.2	87.7	73.6	80.4
贵　州	4.6	4.5	5.8	6.4	5.1	5.8
云　南	6.3	4.9	6.9	7.4	8.5	8.7
西　藏	0.1	0.1	0.7	0.2		0.2
陕　西	11.2	18.4	40.1	41.6	46.0	39.9
甘　肃	4.9	8.5	12.4	14.1	8.4	9.5
青　海	0.9	1.1	1.2	1.2	1.3	1.4
宁　夏	1.1	2.2	3.9	4.7	5.6	6.5
新　疆	4.3	6.3	9.5	10.3	12.2	13.3

3—62 续表 单位:万吨

地　区	1999 年	2000 年	2001 年	2002 年	2003 年	2004 年
全国总计	**2134.7**	**2243.3**	**2336.7**	**2462.7**	**2606.7**	**2723.7**
北　京	15.8	16.0	15.6	15.2	16.2	15.9
天　津	25.1	25.6	26.0	24.5	24.2	24.4
河　北	338.6	357.0	369.6	389.4	415.2	432.9
山　西	37.8	40.3	42.6	45.7	50.3	52.0
内蒙古	23.5	24.4	26.4	27.7	34.4	38.7
辽　宁	134.4	140.3	148.4	159.8	169.5	192.4
吉　林	77.7	80.0	83.0	84.0	90.0	95.0
黑龙江	74.9	75.3	80.3	84.6	90.3	98.3
上　海	16.2	16.6	16.9	16.6	15.1	10.5
江　苏	168.2	181.4	180.1	187.3	188.2	175.4
浙　江	34.7	37.2	40.6	43.5	42.2	42.1
安　徽	102.4	107.4	112.7	115.3	119.8	120.0
福　建	39.2	40.7	40.1	40.8	42.4	43.4
江　西	33.7	33.5	33.6	35.4	37.1	40.8
山　东	349.1	366.2	379.0	399.4	424.7	432.9
河　南	251.8	270.0	286.0	302.0	326.2	347.4
湖　北	105.5	102.6	108.2	112.1	117.4	118.1
湖　南	49.6	52.3	54.7	62.7	64.6	88.1
广　东	33.3	33.1	33.1	32.8	32.5	31.7
广　西	14.0	14.5	14.5	15.0	15.0	16.1
海　南	2.4	2.9	3.1	3.1	2.6	2.7
重　庆	26.3	27.9	29.8	31.6	35.4	36.6
四　川	89.4	99.7	108.8	121.1	133.6	145.2
贵　州	6.1	6.5	7.0	7.9	9.1	9.9
云　南	9.7	10.6	11.8	13.2	14.4	16.5
西　藏	0.3	0.2	0.2	0.3	0.2	0.3
陕　西	39.9	42.5	42.5	46.4	49.0	48.4
甘　肃	10.3	11.2	11.9	12.4	13.4	13.7
青　海	1.3	1.3	1.3	1.4	1.4	1.4
宁　夏	7.1	7.6	8.7	9.0	8.7	7.8
新　疆	16.7	18.5	20.4	22.6	23.6	25.0

3—63 各地区山羊毛产量

单位:吨

地　区	1980年	1985年	1990年	1995年	1996年	1997年	1998年
全国总计	**11687**	**10512**	**16506**	**29973**	**35284**	**25865**	**31417**
北　京	187	142	204	159	356	189	224
天　津	15	30	64	69	100	4	
河　北	575	915	2389	3985	4282	4609	5850
山　西	1028	462	936	1362	1503	1508	1600
内蒙古	1975	1800	2292	2603	3106	3463	3381
辽　宁	123	154	291	740	729	812	858
吉　林	17	39	22	108	128	134	206
黑龙江	102	57	93	124	143	91	91
上　海	72	36	28	20		77	84
江　苏	183	132	74	71	128		
浙　江	323	152	86				
安　徽	107	160	78	177	134	110	123
福　建				49	5	2	3
江　西	11		25	2	2	4	8
山　东	1120	1115	2987	11021	13639	5385	7818
河　南	771	624	1372	2143	2974	2768	3072
湖　北	75	17	15	110	28	35	47
湖　南	97	28		2	32	13	17
广　东			11	2	9	32	
广　西	8						
海　南							
重　庆							
四　川	191	189	167	312	314	358	412
贵　州	18	10	21	5	31	15	8
云　南	161	83	61	102	83	140	94
西　藏	1102	1061	893	965	1013		1060
陕　西	822	461	920	1128	1282	1342	1371
甘　肃	874	724	1132	1578	2050	1348	1366
青　海	378	337	420	605	507	538	559
宁　夏	335	213	290	362	444	482	491
新　疆	1021	1570	1635	2169	2262	2406	2674

3—63 续表 单位:吨

地区	1999年	2000年	2001年	2002年	2003年	2004年
全国总计	**31849**	**33266**	**34241**	**35459**	**36692**	**37727**
北京	219	199	261	397	397	320
天津	57	49	41	97	95	67
河北	6088	5567	4690	4666	4075	3760
山西	1649	1659	1682	1702	1715	1687
内蒙古	3457	3443	4379	5133	5793	6329
辽宁	908	748	767	1119	1393	1635
吉林	192	365	2050	362	401	401
黑龙江	108	62	182	251	713	712
上海	93	214	153	171	131	107
江苏	45	17	7	8	10	16
浙江				560	71	603
安徽	55	82	110	83	93	105
福建		9	16	10	10	
江西	4	2	1			
山东	8271	8618	8722	8774	8791	8553
河南	2360	2641	2306	2421	2639	2731
湖北	62	52	36	30	452	15
湖南	16	18		8	10	7
广东	4	10	32	8	11	9
广西						
海南						
重庆				4	11	2
四川	428	398	384	433	412	426
贵州	4	26	44	36	27	30
云南	152	118	90	92	100	75
西藏	1452	1834	1051	1468	1181	1153
陕西	1047	1007	896	1055	1148	1230
甘肃	1356	1559	1560	1573	1646	1633
青海	613	745	791	764	866	1105
宁夏	601	715	863	873	843	787
新疆	2608	3110	3127	3361	3658	4229

3—64 各地区绵羊毛产量

单位:吨

地　区	1980年	1985年	1990年	1995年	1996年	1997年	1998年
全国总计	**175728**	**177953**	**239457**	**277375**	**298102**	**255059**	**277545**
北　京	93	135	263	368	367	382	431
天　津	101	180	350	859	1014	91	873
河　北	5134	7515	12634	17427	19284	21547	23172
山　西	2966	2962	5608	7357	8096	6694	6943
内蒙古	38608	48997	59203	57251	62003	66917	65955
辽　宁	3250	5137	7803	9603	9538	7402	7450
吉　林	4813	5137	8487	12178	15373	12548	19220
黑龙江	9635	7564	9614	15650	19067	13014	12921
上　海	169	70	79	81	82	80	66
江　苏	2532	1379	1853	2305	2354	1130	1116
浙　江	4385	2895	2560	2219	2266	2178	2194
安　徽	3776	1123	713	313	268	232	198
福　建							
江　西			2			1	
山　东	10910	7970	21362	35644	38541	14115	15615
河　南	11580	4261	5373	5266	6249	5768	5855
湖　北	288	80	83	142	130	139	76
湖　南	4		14	7	5	8	8
广　东							
广　西	6						
海　南							
重　庆						15	14
四　川	2604	2396	2739	3283	3284	3434	3760
贵　州	440	476	821	433	418	269	255
云　南	1437	1584	1851	1838	1715	1371	1389
西　藏	9540	8023	8264	8262	8047		8291
陕　西	2710	2726	4006	3713	4089	4229	4179
甘　肃	9327	10051	15543	17857	18359	13541	15413
青　海	16662	14956	17155	17302	15974	15861	15904
宁　夏	2675	3230	3780	3555	3862	3990	4100
新　疆	32090	39105	49297	54462	57717	60103	62147

3—64 续表

单位：吨

地　　区	1999 年	2000 年	2001 年	2002 年	2003 年	2004 年
全国总计	**283152**	**292502**	**298254**	**307588**	**338058**	**373902**
北　　京	519	762	1351	1380	1245	1260
天　　津	1006	1418	1332	1110	1186	820
河　　北	25715	27788	27475	28657	30004	31678
山　　西	6787	7287	7109	7685	8401	8632
内 蒙 古	65956	65051	60894	58538	69255	85670
辽　　宁	7909	7567	8339	9158	10587	10821
吉　　林	19403	21228	22276	21675	24453	24566
黑 龙 江	12793	13550	14540	17505	20606	24391
上　　海	78	127	231	68	45	23
江　　苏	1261	1104	1017	746	646	672
浙　　江	2045	2132	2319	1637	1671	1768
安　　徽	199	174	125	131	126	140
福　　建						
江　　西						
山　　东	16458	17808	18378	19527	19761	20082
河　　南	6871	7736	8645	8990	10680	11182
湖　　北	60	35	24	23	20	9
湖　　南	4	3	2	3	3	3
广　　东						
广　　西						
海　　南						
重　　庆	8	6	6	8	5	4
四　　川	3963	4108	4288	4800	5059	5375
贵　　州	268	273	287	302	347	318
云　　南	1707	1690	1660	1569	1758	1704
西　　藏	7936	7947	8101	8472	8746	9125
陕　　西	3412	3593	3415	3220	4187	5286
甘　　肃	14532	14145	14676	15314	16976	20148
青　　海	14980	15588	15775	15930	16483	16629
宁　　夏	4313	4703	6068	6718	7389	8689
新　　疆	64969	66678	69921	74422	78419	84907

3－65 各地区大牲畜年末存栏头数

单位:万头

地　区	1978年	1980年	1985年	1990年	1995年	1996年	1997年
全国总计	**9389.2**	**9524.6**	**11381.8**	**13021.3**	**15861.7**	**13360.6**	**14541.8**
北　京	32.1	29.9	25.2	29.4	23.1	20.6	19.6
天　津	23.1	21.1	24.8	31.3	40.0	32.5	30.5
河　北	354.7	341.1	446.5	525.2	870.9	885.3	896.1
山　西	223.7	224.0	260.4	293.2	358.6	285.4	303.6
内蒙古	263.5	681.3	736.6	707.5	708.3	734.5	714.0
辽　宁	414.2	279.1	303.3	326.1	476.4	372.6	366.7
吉　林	397.2	236.8	294.6	309.1	498.7	404.1	472.7
黑龙江	361.7	257.8	305.5	348.2	632.6	540.6	545.3
上　海	6.2	6.0	6.8	8.1	6.9	6.1	5.8
江　苏	124.6	112.2	85.3	92.5	123.3	78.4	82.2
浙　江	82.6	83.0	76.1	68.0	50.3	49.5	46.4
安　徽	254.3	291.5	450.9	536.3	723.7	587.2	645.4
福　建	98.4	99.4	118.6	129.7	127.7	103.7	120.5
江　西	210.2	209.3	248.5	323.7	384.4	386.9	411.1
山　东	349.0	343.5	442.3	725.8	1463.3	816.6	932.9
河　南	515.0	542.0	886.4	1116.3	1420.5	1089.2	1420.8
湖　北	345.8	320.0	325.7	356.6	413.9	435.7	451.9
湖　南	322.2	325.1	350.5	400.6	432.7	472.5	485.9
广　东	380.7	394.9	521.0	476.5	471.6	357.1	367.4
广　西	431.2	429.4	582.7	730.9	830.4	754.9	772.6
海　南				122.3	146.5	123.6	122.6
重　庆						140.6	144.0
四　川	926.4	954.1	986.8	1069.2	1189.8	565.5	1017.3
贵　州	402.7	428.8	546.0	659.4	729.8	664.2	678.9
云　南	655.8	678.9	874.1	929.7	966.4	928.2	947.0
西　藏	494.6	501.7	539.4	553.8	589.9	560.9	574.6
陕　西	243.2	247.3	255.6	305.4	336.0	256.6	267.1
甘　肃	373.9	392.4	507.9	584.0	617.6	528.8	532.0
青　海	568.8	553.9	589.4	612.3	559.0	505.6	481.2
宁　夏	72.8	57.5	73.3	74.3	89.7	83.6	85.6
新　疆	460.6	482.6	517.6	575.9	580.0	589.5	600.1

3—65 续表

单位:万头

地　　区	1998年	1999年	2000年	2001年	2002年	2003年	2004年
全国总计	**14803.2**	**15024.8**	**15151.5**	**14995.9**	**15189.3**	**15500.1**	**15737.8**
北　　京	18.6	18.9	23.6	27.6	31.0	33.0	31.7
天　　津	30.9	30.6	31.6	35.4	44.1	48.8	48.7
河　　北	936.6	962.6	955.4	944.1	929.4	944.3	988.9
山　　西	316.8	311.0	309.3	296.3	298.0	294.1	283.7
内 蒙 古	677.3	667.4	622.1	536.3	543.4	615.4	718.2
辽　　宁	382.1	399.8	420.7	411.7	421.5	455.0	476.9
吉　　林	494.8	522.1	539.8	551.0	560.4	599.4	615.2
黑 龙 江	549.5	549.0	547.7	558.3	564.6	592.3	590.8
上　　海	6.2	6.0	6.3	6.3	6.2	6.3	1.2
江　　苏	84.7	75.4	74.5	72.0	78.8	74.1	74.1
浙　　江	43.5	40.6	39.0	39.3	39.6	38.9	39.3
安　　徽	637.9	604.3	559.4	533.9	587.6	496.3	464.4
福　　建	117.2	114.7	111.6	109.8	109.4	109.9	107.8
江　　西	391.7	374.7	369.4	360.9	356.7	358.6	366.4
山　　东	1048.6	1112.6	1140.3	1124.8	1128.8	1143.9	1089.1
河　　南	1416.8	1448.4	1445.7	1428.9	1410.4	1469.5	1491.2
湖　　北	442.6	433.1	431.5	409.7	401.9	404.0	409.1
湖　　南	493.4	498.5	509.8	511.6	537.9	560.3	587.9
广　　东	416.4	416.8	420.7	434.6	413.1	398.4	395.1
广　　西	786.3	808.8	814.5	807.0	808.0	802.7	783.3
海　　南	127.2	138.4	144.9	150.2	149.5	147.0	147.0
重　　庆	152.5	163.9	167.5	174.2	168.1	173.2	167.2
四　　川	1035.2	1055.2	1089.0	1111.9	1161.5	1175.9	1207.6
贵　　州	700.2	714.4	731.5	746.1	771.0	801.9	839.9
云　　南	957.5	1000.4	1036.3	973.2	930.2	941.5	966.6
西　　藏	559.5	579.3	578.6	607.3	633.3	647.8	667.6
陕　　西	288.0	292.9	301.9	296.6	306.9	322.4	335.1
甘　　肃	545.0	548.9	562.8	565.9	590.9	599.1	586.5
青　　海	451.7	431.4	441.4	454.9	462.2	455.9	432.8
宁　　夏	88.0	88.9	92.1	85.5	90.5	95.8	108.0
新　　疆	606.8	615.9	632.9	630.7	654.4	694.5	716.6

3－66 各地区猪年末存栏头数

单位:万头

地　　区	1978 年	1980 年	1985 年	1990 年	1995 年	1996 年	1997 年
全国总计	**30128.5**	**30543.1**	**33139.6**	**36240.8**	**44169.2**	**36283.6**	**40034.8**
北　京	248.3	232.5	157.6	206.0	253.5	240.0	241.0
天　津	100.4	100.9	78.3	79.0	88.0	82.5	101.7
河　北	1245.7	1293.4	1421.4	1494.2	2052.8	2068.2	2194.4
山　西	578.5	531.2	372.1	363.1	561.0	429.8	476.1
内蒙古	192.2	518.5	462.3	523.0	765.7	710.6	809.8
辽　宁	1345.4	1057.5	1035.6	1093.5	1468.4	912.4	953.3
吉　林	736.3	592.9	497.0	507.5	764.4	517.6	818.2
黑龙江	876.6	716.7	592.9	654.9	1140.3	900.8	932.2
上　海	365.7	260.9	198.7	237.5	208.4	188.5	224.6
江　苏	2161.1	2089.4	1952.6	1851.1	2119.0	1538.0	1829.8
浙　江	1334.7	1403.8	1368.8	1330.5	1286.6	892.7	1010.1
安　徽	1165.9	1114.1	1241.2	1284.1	1565.6	1443.1	1529.4
福　建	642.4	687	836.8	930.8	1101.5	861.3	994.4
江　西	944.3	1018	1232.5	1547.3	1951.0	1640.0	1680.0
山　东	1992.1	2112.5	1812.8	1810.9	2485.4	1641.5	2209.7
河　南	1724.9	1474.2	1621.7	1750.3	2667.7	2229.7	2931.9
湖　北	1706.2	1589.3	1902.1	2063.5	2449.1	1821.2	1839.4
湖　南	1850	2033.8	2441.7	2798.3	3391.1	3008.0	3401.0
广　东	1980.5	1914.6	2150.2	2058.9	2184.0	1603.8	1642.4
广　西	1039	1034.1	1435.7	1742.5	2425.2	2007.7	2122.1
海　南				279.1	296.3	242.4	236.7
重　庆						1477.1	1475.3
四　川	4263	5146.3	5916.3	6539.5	7090.9	4361.2	4802.1
贵　州	787.5	895.7	1144.5	1354.9	1607.6	1509.2	1540.8
云　南	1298.4	1313	1703.3	2064.9	2295.1	2432.4	2461.6
西　藏	24.8	19.6	13.2	16.4	19.8	22.6	21.1
陕　西	788.7	760.5	793.8	812.2	906.4	656.2	678.6
甘　肃	475.3	423.9	546.5	594.7	688.4	517.2	521.9
青　海	84.5	68.3	83.0	96.5	108.9	107.1	108.9
宁　夏	72.8	55.9	60.4	66.0	91.9	82.6	100.6
新　疆	103.3	84.6	66.6	89.7	135.3	138.2	145.7

3—66 续表

单位:万头

地　区	1998 年	1999 年	2000 年	2001 年	2002 年	2003 年	2004 年
全国总计	**42256.3**	**43019.8**	**44681.8**	**45743.0**	**46291.5**	**46601.7**	**48189.1**
北　京	254.5	248.3	250.1	248.2	277.8	248.5	243.2
天　津	127.2	127.0	164.8	182.9	269.9	245.1	252.4
河　北	2332.7	2372.8	2415.8	2592.5	2614.3	2763.4	2945.9
山　西	510.6	502.2	468.4	475.5	472.7	462.5	452.7
内蒙古	816.1	777.6	801.3	765.4	681.8	647.7	711.2
辽　宁	1039.9	1123.4	1300.2	1291.8	1281.8	1275.4	1364.8
吉　林	855.0	877.6	646.0	889.6	474.5	523.9	568.0
黑龙江	958.1	1014.4	992.6	971.2	1010.8	1046.2	1217.3
上　海	242.8	240.6	230.0	239.5	216.1	195.0	50.8
江　苏	1961.9	1917.6	2015.0	2028.5	2011.7	1993.0	1910.8
浙　江	1040.6	1024.4	1043.0	1146.9	1139.2	1132.4	1125.3
安　徽	1809.1	1773.3	1858.4	1910.6	1995.4	2019.3	1969.0
福　建	1024.2	1049.6	1108.6	1119.9	1132.9	1180.8	1241.8
江　西	1799.6	1554.3	1755.0	1481.4	1369.9	1301.2	1441.5
山　东	2485.9	2560.5	2660.3	2769.4	2883.0	2975.2	3058.2
河　南	3439.7	3556.4	3587.7	3672.1	3800.0	3914.0	4232.0
湖　北	1843.9	2121.0	1900.4	1885.8	2107.6	2123.3	2190.0
湖　南	3492.2	3422.4	3583.8	3604.3	3908.5	4108.7	4343.4
广　东	1768.7	2019.1	2034.8	2138.8	2062.3	1961.1	1989.1
广　西	2085.2	2309.6	3171.8	3154.6	3029.3	2637.7	2671.0
海　南	256.5	282.6	344.0	301.0	309.1	346.6	370.2
重　庆	1493.0	1512.2	1610.0	1636.4	1690.6	1719.6	1720.2
四　川	4793.9	4732.8	4781.1	5270.8	5376.2	5564.9	5627.3
贵　州	1593.2	1641.0	1802.7	1787.7	1869.1	1867.5	2033.1
云　南	2507.9	2459.4	2587.1	2518.6	2486.9	2554.1	2605.5
西　藏	21.3	22.3	23.5	23.9	23.7	25.2	26.2
陕　西	731.6	793.2	639.9	674.0	735.2	722.1	756.6
甘　肃	567.1	565.0	548.2	596.0	625.1	630.2	641.0
青　海	113.3	109.2	104.0	103.3	104.8	101.0	106.3
宁　夏	121.1	122.1	120.3	110.6	126.2	125.1	117.6
新　疆	169.8	188.3	133.0	151.9	205.1	191.2	206.7

3—67 各地区牛年末存栏头数

单位:万头

地区	1980年	1985年	1990年	1995年	1996年	1997年	1998年
全国总计	**7167.6**	**8682.0**	**10288.4**	**13206.0**	**11031.8**	**11684.7**	**12441.9**
北京	9.6	8.7	14.5	14.1	12.6	12.8	12.5
天津	4.4	5.9	10.3	22.2	19.5	18.6	18.3
河北	120.7	155.1	207.9	579.3	598.0	618.7	664.5
山西	109.3	141.0	179.3	251.7	201.0	215.1	227.0
内蒙古	353.7	396.5	385.3	389.3	409.5	395.8	375.6
辽宁	130.6	134.9	150.9	301.6	187.8	193.5	209.3
吉林	112.4	166.7	188.3	384.3	294.6	329.8	386.0
黑龙江	103.4	175.7	236.8	511.5	442.5	452.9	456.6
上海	6.0	6.8	8.1	6.9	6.1	5.8	6.2
江苏	98.5	68.0	71.5	99.1	63.6	67.1	70.8
浙江	83.0	76.1	68.0	50.3	49.5	46.4	43.5
安徽	240.9	398.3	501.2	701.3	568.6	631.8	627.0
福建	99.1	118.4	129.5	127.6	103.7	120.4	117.1
江西	209.3	248.5	323.7	384.4	386.9	411.1	391.7
山东	217.8	258.0	511.8	1239.3	704.9	773.1	911.8
河南	339.6	609.9	892.5	1253.6	1020.7	1298.2	1300.6
湖北	310.9	320.0	351.5	409.5	431.3	447.6	439.0
湖南	324.0	349.1	399.2	430.5	469.4	493.7	489.0
广东	394.9	521.0	476.5	471.5	357.1	367.2	416.3
广西	411.0	560.2	703.9	797.1	720.2	736.1	748.2
海南			122.3	146.5	123.6	125.9	127.2
重庆					137.9	141.0	149.2
四川	917.3	939.6	1008.0	1115.9	495.8	506.3	954.9
贵州	379.5	485.9	590.1	649.3	596.0	611.8	630.2
云南	570.4	732.1	767.5	786.1	752.4	764.5	779.9
西藏	465.9	499.0	505.6	538.5	510.0	524.2	508.6
陕西	175.9	185.4	241.6	278.1	210.6	223.1	239.4
甘肃	222.5	288.8	337.9	370.3	317.3	320.8	330.1
青海	486.8	515.9	538.6	500.9	443.2	421.7	394.3
宁夏	19.6	23.2	27.9	51.9	47.7	49.9	52.8
新疆	250.6	293.3	338.2	343.5	349.8	359.8	364.3

3—67 续表

单位:万头

地　　区	1999年	2000年	2001年	2002年	2003年	2004年
全国总计	**12698.3**	**12866.3**	**12824.2**	**13084.8**	**13467.2**	**13781.8**
北　　京	13.6	18.9	23.4	27.4	29.8	29.3
天　　津	18.8	21.5	27.0	37.3	42.9	43.4
河　　北	693.9	697.9	701.6	703.2	737.1	795.5
山　　西	224.9	225.0	214.9	217.5	218.3	212.2
内 蒙 古	379.7	351.6	301.1	327.3	409.7	514.7
辽　　宁	228.1	254.0	251.1	264.8	301.9	329.1
吉　　林	413.1	431.9	454.6	460.0	500.0	525.0
黑 龙 江	458.2	461.4	478.2	491.9	526.4	532.8
上　　海	6.0	6.1	6.3	6.2	6.3	1.2
江　　苏	63.7	59.1	59.1	63.6	66.4	65.8
浙　　江	40.6	39.0	39.3	39.6	38.9	39.3
安　　徽	595.2	553.0	528.4	582.5	492.6	461.8
福　　建	114.6	111.4	109.7	109.3	109.9	107.8
江　　西	374.7	369.4	360.9	356.7	358.6	366.4
山　　东	977.3	1008.6	1006.9	1018.9	1040.2	998.8
河　　南	1341.0	1340.2	1338.0	1330.6	1396.0	1423.9
湖　　北	429.9	428.4	406.9	399.3	401.5	406.7
湖　　南	493.9	504.8	507.9	534.0	556.2	583.6
广　　东	416.8	420.6	434.5	413.0	398.3	395.0
广　　西	770.7	775.3	766.6	766.5	760.6	739.7
海　　南	138.4	144.9	150.2	149.5	147.0	147.0
重　　庆	160.6	164.1	170.6	164.5	169.9	163.7
四　　川	972.1	1002.8	1022.2	1067.4	1078.0	1105.0
贵　　州	642.8	658.1	671.4	692.6	721.7	758.9
云　　南	818.7	854.8	793.4	750.4	762.6	788.6
西　　藏	527.6	526.2	552.7	577.1	591.4	612.8
陕　　西	246.7	257.7	255.8	267.6	285.6	300.9
甘　　肃	332.7	343.4	349.4	379.0	390.4	381.3
青　　海	378.2	391.0	401.3	410.7	405.6	383.8
宁　　夏	55.5	60.5	54.5	62.4	70.5	85.7
新　　疆	370.5	385.0	386.4	414.1	453.1	482.3

3—68 各地区羊年末存栏头数

单位:万只

地 区	1978年	1980年	1985年	1990年	1995年	1996年	1997年
全国总计	**16993.7**	**18731.1**	**15588.4**	**21002.1**	**27685.6**	**23728.3**	**25575.7**
北 京	56.2	56.0	48.9	78.4	81.5	81.7	80.9
天 津	22.5	36.3	52.4	67.0	74.9	47.8	43.6
河 北	600.8	814.8	721.1	1074.5	1565.7	1656.5	1788.1
山 西	872.0	909.9	414.3	709.6	915.0	905.3	970.4
内蒙古	1428.3	2553.4	2468.4	3023.9	3321.0	3642.8	3656.7
辽 宁	522.8	194.7	193.6	267.2	373.2	274.5	292.6
吉 林	344.3	170.9	151.2	233.6	337.0	276.4	308.5
黑龙江	438.7	303.0	229.6	283.3	494.7	431.7	440.5
上 海	38.4	41.1	22.3	37.2	47.7	40.9	51.9
江 苏	540.5	545.8	400.6	850.8	1273.9	664.7	851.8
浙 江	294.9	324.0	176.2	185.1	218.6	221.3	214.6
安 徽	299.6	383.3	215.5	398.0	621.1	523.4	620.8
福 建	52.0	71.8	61.1	60.0	100.5	71.5	90.9
江 西	7.0	10.8	8.8	14.1	45.8	71.8	84.0
山 东	756.4	1041.3	783.3	2076.4	4520.4	1787.8	2038.6
河 南	989.7	1147.7	661.5	1279.5	2298.3	1767.1	2326.0
湖 北	155.1	169.0	120.5	163.1	263.2	134.4	139.8
湖 南	73.0	84.9	55.7	66.5	214.8	390.2	345.3
广 东	41.3	35.6	38.5	14.2	27.3	20.1	24.4
广 西	94.8	80.3	66.6	80.6	141.3	161.6	228.7
海 南				37.1	71.2	57.2	66.0
重 庆						114.2	131.3
四 川	1032.9	1088.6	876.8	945.9	1210.6	863.0	1021.6
贵 州	174.4	201.8	147.4	177.7	221.2	233.1	284.0
云 南	707.9	746.8	723.9	722.4	718.7	734.4	767.9
西 藏	1570.4	1825.3	1626.5	1676.9	1770.1	1692.9	1714.7
陕 西	601.5	665.9	341.1	612.6	663.4	678.4	668.4
甘 肃	1071.2	1187.5	912.8	1109.8	1126.5	1131.5	1120.6
青 海	1645.0	1612.8	1328.2	1608.3	1666.3	1569.5	1601.2
宁 夏	390.1	322.4	309.7	317.6	292.7	346.4	340.1
新 疆	2172.0	2105.4	2431.9	2830.8	3009.0	3136.2	3261.8

3—68续表

单位：万只

地　　区	1998年	1999年	2000年	2001年	2002年	2003年	2004年
全国总计	**26903.5**	**27925.8**	**29031.9**	**29826.4**	**31655.2**	**34053.7**	**36639.1**
北　　京	95.8	103.1	120.1	145.1	175.2	183.0	158.5
天　　津	56.1	56.9	65.2	82.1	93.7	106.5	93.6
河　　北	1924.0	2063.5	2090.0	2185.0	2101.1	2209.7	2361.7
山　　西	1019.1	1016.0	1058.4	1096.9	1068.0	1015.8	998.8
内 蒙 古	3712.9	3702.6	3551.6	3515.9	3951.7	4450.2	5318.5
辽　　宁	318.1	347.9	386.1	449.4	446.0	1076.9	1204.5
吉　　林	324.1	342.2	353.0	359.3	372.3	392.0	410.0
黑 龙 江	462.8	481.1	507.4	567.8	749.1	1029.5	1153.6
上　　海	56.5	52.3	55.4	54.5	47.0	62.0	61.9
江　　苏	904.9	927.5	1023.0	1088.1	1147.0	1205.1	1196.9
浙　　江	207.6	219.0	233.5	245.0	258.6	262.9	256.7
安　　徽	671.1	718.2	794.9	720.9	948.7	1049.9	953.8
福　　建	91.3	93.8	96.2	101.4	106.4	123.8	128.9
江　　西	72.9	79.2	81.1	86.4	73.9	103.7	107.4
山　　东	2322.0	2536.2	2784.7	2904.5	3039.5	3133.7	3286.8
河　　南	2553.1	2786.3	2961.4	3120.1	3378.0	3315.8	3910.0
湖　　北	144.1	166.2	224.8	226.5	301.9	327.1	343.6
湖　　南	336.6	349.5	375.2	387.9	483.0	588.4	671.1
广　　东	28.1	30.7	29.3	35.9	31.2	27.8	32.2
广　　西	239.2	241.1	241.8	237.6	232.4	246.6	278.1
海　　南	72.8	91.1	92.5	97.0	94.8	93.9	90.1
重　　庆	129.6	149.6	160.6	168.7	213.0	245.1	285.6
四　　川	1112.2	1199.0	1321.6	1287.0	1329.0	1370.2	1479.0
贵　　州	320.5	330.1	341.8	350.0	360.7	391.9	421.0
云　　南	801.4	836.4	892.9	838.3	784.1	809.6	853.2
西　　藏	1671.0	1688.7	1664.3	1728.9	1782.4	1779.0	1815.6
陕　　西	692.1	582.8	635.3	664.5	760.1	877.2	941.8
甘　　肃	1118.6	1126.5	1163.3	1172.9	1209.1	1236.3	1302.4
青　　海	1638.9	1639.5	1642.0	1676.8	1732.9	1761.7	1763.7
宁　　夏	358.9	376.7	394.3	467.2	476.0	474.4	493.5
新　　疆	3447.4	3592.3	3690.2	3764.9	3908.2	4104.3	4266.7

七、各地区渔业生产情况

3－69 各地区水产品总产量

单位:吨

地 区	1978年	1980年	1985年	1990年	1995年	1996年	1997年
全国总计	**4653482**	**4496985**	**7051534**	**12370203**	**25171794**	**32880941**	**36017753**
北 京	1786	4037	48740	51602	80523	78336	76642
天 津	45021	32107	127495	108338	153481	169936	189757
河 北	136862	97688	2761	218553	396125	506930	606110
山 西	719	796	17889	10228	17539	19588	21344
内蒙古	14161	11356	583300	30428	47644	52764	55196
辽 宁	467907	420664	29588	1073558	1978640	2580159	2850568
吉 林	10340	8435	66389	70885	110550	120756	132040
黑龙江	21707	20171	206016	147869	252900	290209	323450
上 海	213993	204458	675354	273583	290739	280427	301996
江 苏	397617	427081	1048212	1182549	2194737	2457217	2657190
浙 江	875187	817412	173113	1389791	3180742	3421430	3776805
安 徽	53186	72807	760601	291044	751997	1107043	1352111
福 建	447593	471309	160189	1186412	2572685	3582343	4293056
江 西	59252	75510	814047	306824	840354	1001024	1150772
山 东	740283	619591	63663	1677973	3809420	5866931	6102938
河 南	24693	29135	374923	104753	180939	205115	238803
湖 北	109989	135662	319905	709840	1509119	1746388	2023698
湖 南	118666	159131	1182958	530082	862750	1031190	1107610
广 东	721738	692220	188980	2076577	3543383	5096311	5209642
广 西	117137	111349	144938	323493	1033690	1768925	1916838
海 南				167464	432509	475705	522689
重 庆							158265
四 川	47433	52363	13454	232561	419966	473237	371991
贵 州	3714	5400	26476	22440	32686	35042	42112
云 南	11222	15155	261	46041	84209	101985	118872
西 藏			6136	249	1291	1291	1650
陕 西	2218	2518	636	20567	37655	41429	45464
甘 肃	197	212	4350	3562	7625	8580	9315
青 海	4400	3200	2119	3356	2444	2213	1752
宁 夏	285	339	8958	10217	18420	19950	22118
新 疆	6176	6879	83.0	23217	44432	47960	52366
中水公司				76147	282600	290527	284593

3—69 续表

单位:吨

地　区	1998年	1999年	2000年	2001年	2002年	2003年	2004年
全国总计	**39065111**	**41224066**	**42784845**	**43813340**	**45645340**	**47045587**	**49017671**
北　京	76366	75555	75044	74302	74168	71249	66753
天　津	213768	230317	242201	264564	285564	298257	310033
河　北	693317	759566	809496	848887	870571	862715	923788
山　西	22619	25426	26021	27552	29226	31067	35364
内蒙古	62011	68550	72110	76084	77707	72794	77257
辽　宁	3127064	3338326	3384556	3507602	3748309	3819845	4025331
吉　林	142011	144679	140107	110238	105142	108748	119821
黑龙江	357033	364998	382153	401892	417786	418915	430066
上　海	268150	276691	288682	297658	326905	354787	344105
江　苏	2820337	2968153	3087902	3208522	3344167	3429302	3661285
浙　江	4227337	4427333	4695144	4728529	4806837	4828206	4935288
安　徽	1462025	1538627	1598002	1599418	1633857	1652645	1713259
福　建	4759204	5023205	5278934	5424862	5587142	5727725	5912117
江　西	1183450	1221182	1271209	1322576	1382016	1460644	1563427
山　东	6505106	6950476	6982259	6860957	6950136	7062250	7181520
河　南	270224	288347	321661	314631	362179	389500	426958
湖　北	2183175	2289703	2343402	2421754	2720393	2867643	3021300
湖　南	1167793	1244528	1332133	1409648	1495595	1565947	1661048
广　东	5542770	5759456	5931865	6096725	6280635	6485465	6645646
广　西	2175194	2309345	2398592	2477685	2551456	2646137	2688879
海　南	597676	707119	830642	955778	1092951	1230690	1358484
重　庆	178607	191313	200345	196967	211568	224893	234134
四　川	422870	465670	513068	571245	648436	764047	861150
贵　州	50208	55032	62387	68861	74567	79585	88475
云　南	138360	155266	166164	180181	192564	204308	220498
西　藏	1284	1761	1800	1110	142	89	548
陕　西	50365	56033	60840	63294	64109	66682	73686
甘　肃	11451	12861	14089	14693	14757	14344	14539
青　海	1416	1488	1166	1989	1796	1253	1477
宁　夏	26399	34221	36983	41283	48576	50384	56541
新　疆	53391	55840	60065	60876	63906	67278	72239
中水公司	274130	182999	175823	182977	182177	188197	292655

3—70 各地区海水产品产量

单位:吨

地　区	1978年	1980年	1985年	1990年	1995年	1996年	1997年
全国总计	**3594787**	**3257038**	**4197461**	**7132915**	**14391297**	**20128785**	**21764233**
北　京			75	519	22	17	16
天　津	39321	24722	28006	36270	25845	29420	30967
河　北	125274	86558	104529	164880	210215	283038	338322
山　西							
内蒙古							
辽　宁	461572	412228	552423	1007118	1784276	2353498	2579815
吉　林							
黑龙江							
上　海	195859	185570	152874	170438	162135	144982	161817
江　苏	214560	221465	240988	338540	650868	794998	850638
浙　江	816918	750317	890437	1131742	2787032	2992340	3319673
安　徽							
福　建	435082	454488	711846	1091643	2241947	3168043	3825521
江　西							
山　东	691451	570854	729568	1522059	3273162	5185635	5359138
河　南							
湖　北							
湖　南							
广　东	528788	471572	664830	1245332	1972136	3260410	3306598
广　西	85962	79264	121885	202672	645706	1233512	1280870
海　南				145555	355353	392365	426265
重　庆							
四　川							
贵　州							
云　南							
西　藏							
陕　西							
甘　肃							
青　海							
宁　夏							
新　疆							
中水公司				76147	282600	290527	284593

3—70 续表 单位:吨

地区	1998年	1999年	2000年	2001年	2002年	2003年	2004年
全国总计	**23567168**	**24719208**	**25387389**	**25716967**	**26463371**	**26857267**	**27677907**
北京							
天津	32872	37466	39840	43834	52778	50850	48606
河北	384917	423429	482032	514411	518440	489702	536902
山西							
内蒙古							
辽宁	2814118	2968464	3023084	3104923	3270787	3308457	3461571
吉林							
黑龙江							
上海	122055	122845	122286	104904	118235	133491	134237
江苏	882105	902563	908688	941014	970773	981715	1073982
浙江	3727998	3894092	4104595	4069625	4093332	4060015	4149798
安徽							
福建	4255187	4485404	4705066	4818225	4947843	5078732	5232746
江西							
山东	5665247	6023034	5951085	5830883	5982623	6041543	6120970
河南							
湖北							
湖南							
广东	3462032	3553690	3604525	3670700	3743593	3792069	3817870
广西	1461470	1554260	1594505	1639807	1664169	1687368	1658050
海南	485037	570962	675860	795664	918621	1045128	1150520
重庆							
四川							
贵州							
云南							
西藏							
陕西							
甘肃							
青海							
宁夏							
新疆							
中水公司	274130	182999	175823	182977	182177	188197	292655

3—71 各地区内陆水域水产品产量

单位:吨

地 区	1978 年	1980 年	1985 年	1990 年	1995 年	1996 年	1997 年
全国总计	**1058695**	**1239947**	**2854073**	**5237288**	**10780497**	**12752156**	**14253520**
北 京	1786	4037	15917	51083	80501	78319	76626
天 津	5700	7385	20734	72068	127636	140516	158790
河 北	11588	11130	22966	53673	185910	223892	267788
山 西	719	796	2761	10228	17539	19588	21344
内蒙古	1997	11356	17889	30428	47644	52764	55196
辽 宁	7343	8436	30877	66440	194364	226661	270753
吉 林	11431	8435	29588	70885	110550	120756	132040
黑龙江	31772	20171	66389	147869	252900	290209	323450
上 海	18134	18888	53142	103145	128604	135445	140179
江 苏	183057	205616	434366	844009	1543869	1662219	1806552
浙 江	58269	67095	157775	258049	393710	429090	457132
安 徽	53186	72807	173113	291044	751997	1107043	1352111
福 建	12511	16821	48755	94769	330738	414300	467535
江 西	59252	75510	160189	306824	840354	1001024	1150772
山 东	48832	48737	84479	155914	536258	681296	743800
河 南	24693	29135	63663	104753	180939	205115	238803
湖 北	109989	135662	374923	709840	1509119	1746388	2023698
湖 南	118666	159131	319905	530082	862750	1031190	1107610
广 东	192950	220648	518128	831245	1571247	1835901	1903044
广 西	28221	29164	67095	120821	387984	535413	635968
海 南	2954	2921		21909	77156	83340	96424
重 庆							158265
四 川	47433	52363	129029	232561	419966	473237	371991
贵 州	3714	5400	13454	22440	32686	35042	42112
云 南	11222	15155	26476	46041	84209	101985	118872
西 藏			261	249	1291	1291	1650
陕 西	2218	2518	6136	20567	37655	41429	45464
甘 肃	197	212	636	3562	7625	8580	9315
青 海	4400	3200	4350	3356	2444	2213	1752
宁 夏	285	339	2119	10217	18420	19950	22118
新 疆	6176	6879	8958	23217	44432	47960	52366

3—71 续表

单位：吨

地区	1998年	1999年	2000年	2001年	2002年	2003年	2004年
全国总计	**15497943**	**16504858**	**17397456**	**18096373**	**19181969**	**20188320**	**21339764**
北京	76366	75555	75044	74302	74168	71249	66753
天津	180896	192851	202361	220730	232786	247407	261427
河北	308400	336137	327464	334476	352131	373013	386886
山西	22619	25426	26021	27552	29226	31067	35364
内蒙古	62011	68550	72110	76084	77707	72794	77257
辽宁	312946	369862	361472	402679	477522	511388	563760
吉林	142011	144679	140107	110238	105142	108748	119821
黑龙江	357033	364998	382153	401892	417786	418915	430066
上海	146095	153846	166396	192754	208670	221296	209868
江苏	1938232	2065590	2179214	2267508	2373394	2447587	2587303
浙江	499339	533241	590549	658904	713505	768191	785490
安徽	1462025	1538627	1598002	1599418	1633857	1652645	1713259
福建	504017	537801	573868	606637	639299	648993	679371
江西	1183450	1221182	1271209	1322576	1382016	1460644	1563427
山东	839859	927442	1031174	1030074	967513	1020701	1060550
河南	270224	288347	321661	314631	362179	389500	426958
湖北	2183175	2289703	2343402	2421754	2720393	2867643	3021300
湖南	1167793	1244528	1332133	1409648	1495595	1565947	1661048
广东	2080738	2205766	2327340	2426025	2537042	2693396	2827776
广西	713724	755085	804087	837878	887287	958769	1030829
海南	112639	136157	154782	160114	174330	185562	207964
重庆	178607	191313	200345	196967	211568	224893	234134
四川	422870	465670	513068	571245	648436	764047	861150
贵州	50208	55032	62387	68861	74567	79587	88475
云南	138360	155266	166164	180181	192564	204308	220498
西藏	1284	1761	1800	1110	142	89	548
陕西	50365	56033	60840	63294	64109	66682	73686
甘肃	11451	12861	14089	14693	14757	14344	14539
青海	1416	1488	1166	1989	1796	1253	1477
宁夏	26399	34221	36983	41283	48576	50384	56541
新疆	53391	55840	60065	60876	63906	67278	72239

3—72 各地区捕捞水产品产量

单位:吨

地 区	1978 年	1980 年	1985 年	1990 年	1995 年	1996 年	1997 年
全国总计	**3441690**	**3151161**	**3961516**	**6291908**	**11641237**	**14252428**	**15740185**
北 京							1500
天 津	41689	28504	32217	42023	39842	44458	45222
河 北	129290	91406	108199	149470	197969	264844	317301
山 西	27	24	201	117	335	285	297
内蒙古	1304	9341	12883	14767	18508	20252	20024
辽 宁	355533	300771	390976	500002	948159	1251246	1481468
吉 林	3606	2617	9368	25517	32132	33894	37625
黑龙江	24233	11219	28184	47940	52212	51896	48572
上 海	202908	192948	158054	171998	167330	150610	165869
江 苏	293906	305706	332961	471036	821714	913361	1013921
浙 江	790282	720774	814832	1021767	2519566	2656310	3001223
安 徽	16453	29242	46649	79083	120762	190940	218135
福 建	344380	344359	517376	843033	1655316	1790875	2003384
江 西	16949	22914	27077	57748	166699	202863	222799
山 东	534011	449250	569347	1064228	1679486	2662674	3055767
河 南	1437	7945	9909	10922	11795	12100	12780
湖 北	20209	28616	44613	105734	192243	258276	311353
湖 南	20269	23261	28921	48143	84722	154739	126380
广 东	530412	472388	658634	1149332	1687746	2064732	2024210
广 西	87826	80705	125396	209873	544409	785011	860220
海 南	274			143909	348411	379593	406367
重 庆							11540
四 川	8017	8860	18219	24772	34206	38150	32022
贵 州	1540	919	2219	2880	3770	3629	4270
云 南	7570	11021	14379	19084	17615	17989	18403
西 藏			261	249	1291	1291	1650
陕 西	298	336	373	575	870	1238	1530
甘 肃	111	97	75	207	384	312	414
青 海	4400	3189	4140	2981	1804	1548	1185
宁 夏	132	138	498	555	250	338	451
新 疆	4624	4611	5555	7816	9091	8447	9710
中水公司				76147	282600	290527	284593

3—72 续表 单位:吨

地　区	1998 年	1999 年	2000 年	2001 年	2002 年	2003 年	2004 年
全国总计	**17250371**	**17253932**	**17038176**	**16552043**	**16586999**	**16792542**	**16930650**
北　京							
天　津	48570	50975	48905	50597	57630	52887	49276
河　北	368297	394695	397975	388879	390221	383615	393427
山　西	370	280	195	215	218	269	2084
内蒙古	24528	27516	26756	30363	31868	28184	29014
辽　宁	1634032	1634052	1533358	1530318	1520203	1510192	1533461
吉　林	49680	44482	43943	27860	23398	19298	27783
黑龙江	73111	52245	57635	37010	52197	47810	53568
上　海	126848	129326	127560	110594	122384	137242	136839
江　苏	1023446	983245	956824	916036	886146	933760	902180
浙　江	3336194	3389546	3472073	3370291	3323204	3227127	3311320
安　徽	255715	298627	316896	332676	328103	404620	357559
福　建	2121921	2137391	2154560	2171745	2197343	2296209	2317846
江　西	285243	258098	232516	228711	229781	230947	231619
山　东	3414542	3413756	3168311	2868788	2799318	2781602	2805630
河　南	16605	17036	19402	15601	21482	26163	28604
湖　北	438968	410341	412233	313828	389319	404266	393660
湖　南	166844	155272	150442	156497	170346	175582	170303
广　东	2074410	2076320	2049982	2013011	1980269	1949902	1840288
广　西	974752	977771	979955	992107	961801	956326	909480
海　南	453702	529357	618961	711782	811688	918280	1015153
重　庆	14948	12768	12831	12567	12317	12238	12912
四　川	34415	35182	38060	44772	50154	56853	61295
贵　州	5245	6264	7969	8710	8411	9303	10855
云　南	18915	20907	21228	21822	23554	24030	25370
西　藏	1266	1731	80	89	113	61	512
陕　西	1696	2317	3205	3035	2856	2951	3886
甘　肃	430	558	649	556	594	1162	880
青　海	775	807	92	103	79	58	60
宁　夏	452	876	564	421	247	314	398
新　疆	10321	9192	9193	10082	9578	13094	12733
中水公司	274130	182999	175823	182977	182177	188197	292655

3—73 各地区养殖水产品产量

单位:吨

地 区	1978年	1980年	1985年	1990年	1995年	1996年	1997年
全国总计	**1211792**	**1345824**	**3090018**	**6078295**	**13530557**	**18628513**	**20277568**
北 京	1786	4037	15992	51602	80523	78336	75142
天 津	3332	3603	16523	66315	113639	125478	144535
河 北	7572	6282	19296	69083	198156	242086	288809
山 西	692	772	2560	10111	17204	19303	21047
内蒙古	693	2015	5006	15661	29136	32512	35172
辽 宁	113382	119893	192324	573556	1030481	1328913	1369100
吉 林	7825	5818	20220	45368	78418	86862	94415
黑龙江	7539	8952	38205	99929	200688	238313	274878
上 海	11085	11510	47962	101585	123409	129817	136127
江 苏	103711	121375	342393	711513	1373023	1543856	1643269
浙 江	84905	96638	233380	368024	661176	765120	775582
安 徽	36733	43565	126464	211961	631235	916103	1133976
福 建	103213	126950	243225	343379	917369	1791468	2289672
江 西	42303	52596	133112	249076	2328698	798161	927973
山 东	206272	170341	244700	613745	474891	3204257	3047171
河 南	23256	21190	53754	93831	169144	193015	226023
湖 北	89780	107046	330310	604106	1316876	1488112	1712345
湖 南	98397	135870	290984	481939	778028	876451	981230
广 东	191326	219832	524324	927245	1855637	3031579	3185432
广 西	26357	30644	63584	113620	489281	983914	1056618
海 南	2680			23555	84098	96112	116322
重 庆							146725
四 川	39416	43503	110810	207789	385760	435087	339969
贵 州	2174	4481	11235	19560	28916	31413	37842
云 南	3652	4134	12097	26957	66594	83996	100469
西 藏							
陕 西	1920	2182	5763	19992	36785	40191	43934
甘 肃	86	115	561	3355	7241	8268	8901
青 海		11	210	375	640	665	567
宁 夏	153	201	1621	9662	18170	19612	21667
新 疆	1552	2268	3403	15401	35341	39513	42656

3—73 续表

单位:吨

地　区	1998年	1999年	2000年	2001年	2002年	2003年	2004年
全国总计	**21814740**	**23970134**	**25746669**	**27261297**	**29058341**	**30253045**	**32087021**
北　京	76366	75555	75044	74302	74168	71249	66753
天　津	165198	179342	193296	213967	227934	245370	260757
河　北	325020	364871	411521	460008	480350	479100	530361
山　西	22249	25146	25826	27337	29008	30798	33280
内蒙古	37483	41034	45354	45721	45839	44610	48243
辽　宁	1493032	1704274	1851198	1977284	2228106	2309653	2491870
吉　林	92331	100197	96164	82378	81744	89450	92038
黑龙江	283922	312753	324518	364882	365589	371105	376498
上　海	141302	147365	161122	187064	204521	217545	207266
江　苏	1796891	1984908	2131078	2292486	2458021	2495542	2759105
浙　江	891143	1037787	1223071	1358238	1483633	1601079	1623968
安　徽	1206310	1240000	1281106	1266742	1305754	1248025	1355700
福　建	2637283	2885814	3124374	3253117	3389799	3431516	3594271
江　西	898207	963084	1038693	1093865	1152235	1229697	1331808
山　东	3090564	3536720	3813948	3992169	4150818	4280642	4375890
河　南	253619	271311	302259	299030	340697	363337	398354
湖　北	1744207	1879362	1931169	2107926	2331074	2463377	2627640
湖　南	1000949	1089256	1181691	1253151	1325249	1390365	1490745
广　东	3468360	3683136	3881883	4083714	4300366	4535563	4805358
广　西	1200442	1331574	1418637	1485578	1589655	1689811	1779399
海　南	143974	177762	211681	243996	281263	312410	343331
重　庆	163659	178545	187514	184400	199251	212655	221222
四　川	388455	430488	475008	526473	598282	707194	799855
贵　州	44963	48768	54418	60151	66156	70284	77620
云　南	119445	134359	144936	158359	169010	180278	195128
西　藏	18	30	1720	1021	29	28	36
陕　西	48669	53716	57635	60259	61253	63731	69800
甘　肃	11021	12303	13440	14137	14163	13182	13659
青　海	641	681	1074	1886	1717	1195	1417
宁　夏	25947	33345	36419	40862	48329	50070	56143
新　疆	43070	46648	50872	50794	54328	54184	59506

3—74 各地区水产养殖面积

单位:千公顷

地 区	1978年	1980年	1985年	1990年	1995年	1996年	1997年
全国总计	**2823.4**	**2997.7**	**3964.5**	**4258.7**	**5385.3**	**5654.4**	**5900.8**
北 京	17.2	16.1	19.1	23.0	22.7	22.8	22.3
天 津	7.1	4.3	17.3	26.8	31.2	34.1	38.1
河 北	55.7	60.5	69.2	76.8	119.5	128.0	133.5
山 西	13.1	15.7	18.9	18.9	18.8	16.2	17.8
内蒙古	39.6	98.9	153.9	84.8	107.4	123.8	122.8
辽 宁	151.4	104.7	149.1	170.3	255.0	274.5	308.8
吉 林	149.7	149.1	164.5	186.6	212.4	223.8	222.7
黑龙江	94.1	103.4	194.6	193.1	277.7	310.0	335.9
上 海	21.2	21.6	28.6	33.5	32.9	33.2	33
江 苏	268.2	283.9	393.6	448.1	555.2	573.2	592.4
浙 江	154.7	154.5	199.2	218.3	245.2	252.3	262.3
安 徽	273.8	290.7	365.7	369.7	496.8	530.2	526.6
福 建	47.8	56.1	90.8	112.1	158.6	171.6	187.9
江 西	144.4	173.8	242.2	261.3	311.8	317.1	323.3
山 东	134.9	135.5	143.4	182.3	331.6	376.4	412.6
河 南	131.2	147.6	163.6	161.7	174.3	177.6	180.3
湖 北	243.1	275.4	412.0	439.9	533.8	539.0	549.1
湖 南	253.2	272.4	330.7	353.5	390.3	368.4	384.9
广 东	214.4	227.3	324.4	343.6	445.9	489.4	527.8
广 西	66.2	71.6	88.8	132.3	191.6	208.9	225.3
海 南	27.7	27.0	32.5	37.0	47.8	49.8	51.4
重 庆							53.4
四 川	144.1	148.5	164.3	172.5	194.7	197.9	152.7
贵 州	11.9	5.9	12.0	21.8	21.6	19.8	20
云 南	47.8	46.7	58.7	62.5	72.7	74.3	76.3
西 藏							
陕 西	22.5	22.8	26.1	28.5	29.5	28.0	28.1
甘 肃	17.3	17.3	18.4	16.0	19.1	19.2	19.4
青 海	0.7	4.7	5.0	4.8	4.6	5.5	5.6
宁 夏	2.4	2.5	8.9	10.1	10.1	10.8	10.6
新 疆	67.9	59.1	69.0	68.9	72.5	79.0	75.9

3—74续表 单位:千公顷

地　　区	1998年	1999年	2000年	2001年	2002年	2003年	2004年
全国总计	**6068.7**	**6277.1**	**6508.1**	**6686.3**	**6854.4**	**7141.5**	**7346.8**
北　　京	23.4	23.6	22.7	22.2	22.4	20.9	20.1
天　　津	37.1	37.6	36.4	36.7	38.2	38.3	40.4
河　　北	155.5	144.9	154.8	155.3	158.2	156.0	158.0
山　　西	18.1	18.1	17.3	17.1	17.4	17.3	18.1
内 蒙 古	127.3	128.0	125.8	109.0	96.3	108.2	110.8
辽　　宁	322.6	354.9	366.9	383.6	437.1	531.0	557.7
吉　　林	215.7	229.4	212.4	188.1	182.2	191.3	189.6
黑 龙 江	340.5	364.5	381.1	385.7	380.7	374.6	394.4
上　　海	34.3	35.4	40.0	44.7	42.8	45.4	42.5
江　　苏	612.3	641.7	706.1	736.2	759.5	779.6	800.3
浙　　江	271.9	292.8	314.1	323.5	329.9	332.6	323.0
安　　徽	536.7	543.7	549.3	551.4	566.9	574.7	589.1
福　　建	201.2	210.2	221.5	232.2	236.9	239.2	247.8
江　　西	328.0	330.9	337.2	344.9	348.8	358.5	363.8
山　　东	433.2	481.9	525.0	552.9	535.0	620.6	676.2
河　　南	183.5	186.2	189.2	175.1	198.2	200.3	203.7
湖　　北	565.4	564.8	573.8	604.4	633.5	665.7	662.4
湖　　南	385.1	396.3	413.2	422.5	437.3	431.9	465.7
广　　东	538.6	542.9	564.5	578.8	585.7	595.3	599.0
广　　西	234.4	235.3	239.6	244.0	261.4	254.4	258.0
海　　南	54.1	57.2	59.6	60.6	61.9	62.2	63.5
重　　庆	53.8	54.8	56.5	68.4	69.2	68.6	68.9
四　　川	153.4	155.5	157.9	168.2	172.4	183.9	195.1
贵　　州	24.9	25.7	26.4	30.6	31.5	34.9	34.8
云　　南	78.4	80.6	81.6	83.3	83.8	86.2	86.2
西　　藏	4.7						
陕　　西	28.6	28.5	28.6	28.8	26.3	28.6	26.1
甘　　肃	19.4	19.5	19.4	19.5	21.5	20.1	19.4
青　　海	5.5	4.9	6.0	43.7	43.3	43.4	42.8
宁　　夏	13.8	16.8	11.5	11.8	13.3	13.4	14.3
新　　疆	67.5	70.5	69.8	63.3	62.6	64.4	75.0

3—75 各地区内陆水域养殖面积

单位:千公顷

地区	1978 年	1980 年	1985 年	1990 年	1995 年	1996 年	1997 年
全国总计	**2722.8**	**2864.1**	**3687.5**	**3829.8**	**4669.4**	**4832.3**	**4962.9**
北京	17.2	16.1	19.0	22.5	22.2	22.3	22.2
天津	6.0	3.8	14.6	22.1	27.0	29.0	32.9
河北	50.1	52.4	59.6	53.1	68.6	71.7	81.9
山西	13.1	15.7	18.9	18.9	18.8	16.2	17.8
内蒙古	39.6	98.9	153.9	84.8	107.4	123.8	122.8
辽宁	124.1	71.1	93.3	98.9	113.6	119.5	116.8
吉林	149.7	149.1	164.5	186.6	212.4	223.8	222.7
黑龙江	94.1	103.4	194.6	193.1	277.7	310.0	335.9
上海	21.2	21.6	27.9	31.8	32.0	32.5	32.4
江苏	263.9	265.0	345.0	381.3	467.3	474.2	486.7
浙江	146.2	146.1	174.7	185.5	194.4	195.1	198.6
安徽	273.8	290.7	365.7	369.7	496.8	530.2	526.6
福建	30.7	34.9	49.2	56.2	75.3	79.5	83.3
江西	144.4	173.8	242.2	261.3	311.8	317.1	323.3
山东	117.0	116.5	110.4	112.3	199.7	214.7	229.9
河南	131.2	147.6	163.6	161.7	174.3	177.6	180.3
湖北	243.1	275.4	412.0	439.9	533.8	539.0	549.1
湖南	253.2	272.4	330.7	353.5	390.3	368.4	384.9
广东	197.4	205.1	265.8	251.3	329.7	350.8	356.8
广西	64.3	70.0	86.9	126.9	150.6	160.4	173.1
海南	27.7	27.0	32.5	33.3	40.9	42.2	42.9
重庆							53.4
四川	144.1	148.5	164.3	172.5	194.7	197.9	152.7
贵州	11.9	5.9	12.0	21.8	21.6	19.8	20
云南	47.8	46.7	58.7	62.5	72.7	74.3	76.3
西藏							
陕西	22.5	22.8	26.1	28.5	29.5	28.0	28.1
甘肃	17.3	17.3	18.4	16.0	19.1	19.2	19.4
青海	0.7	4.7	5.0	4.8	4.6	5.5	5.6
宁夏	2.4	2.5	8.9	10.1	10.1	10.8	10.6
新疆	67.9	59.1	69.0	68.9	72.5	79.0	75.9

3—75 续表　　　　单位：千公顷

地　　区	1998年	1999年	2000年	2001年	2002年	2003年	2004年
全国总计	**5064.2**	**5182.1**	**5264.8**	**5399.4**	**5509.7**	**5609.4**	**5723.3**
北　　京	23.4	23.6	22.7	22.2	22.4	20.9	20.1
天　　津	32.6	33.3	31.9	32.3	32.4	33.3	35.0
河　　北	83.8	85.1	84.9	80.6	82.9	78.4	76.3
山　　西	18.1	18.1	17.3	17.1	17.4	17.3	18.1
内 蒙 古	127.3	128.0	125.8	109.0	96.3	108.2	110.8
辽　　宁	121.4	125.4	130.4	137.4	158.5	149.9	153.0
吉　　林	215.7	229.4	212.4	188.1	182.2	191.3	189.6
黑 龙 江	340.5	364.5	381.1	385.7	380.7	374.6	394.4
上　　海	33.7	34.7	39.3	44.0	42.1	45.0	42.2
江　　苏	502.2	526.5	561.9	592.4	609.2	622.6	634.0
浙　　江	201.7	205.3	207.7	210.8	213.0	215.2	205.1
安　　徽	536.7	543.7	549.3	551.4	566.9	574.7	589.1
福　　建	86.3	88.2	91.2	97.9	98.9	99.8	100.3
江　　西	328.0	330.9	337.2	344.9	348.8	358.5	363.8
山　　东	244.4	257.8	245	262.9	242.2	262.3	277.6
河　　南	183.5	186.2	189.2	175.1	198.2	200.3	203.7
湖　　北	565.4	564.8	573.8	604.4	633.5	665.7	662.4
湖　　南	385.1	396.3	413.2	422.5	437.3	431.9	465.7
广　　东	362.1	362.8	369.6	376.0	377.6	378.6	377.8
广　　西	178.9	176.7	178.2	182.7	199.7	192.1	196.1
海　　南	43.4	44.1	45.1	44.8	45.4	45.4	45.8
重　　庆	53.8	54.8	56.5	68.4	69.2	68.6	68.9
四　　川	153.4	155.5	157.9	168.2	172.4	183.9	195.1
贵　　州	24.9	25.7	26.4	30.6	31.5	34.9	34.8
云　　南	78.4	80.6	81.6	83.3	83.8	86.2	86.2
西　　藏	4.7						
陕　　西	28.6	28.5	28.6	28.8	26.3	28.6	26.1
甘　　肃	19.4	19.5	19.4	19.5	21.5	20.1	19.4
青　　海	5.5	4.9	6	43.7	43.3	43.4	42.8
宁　　夏	13.8	16.8	11.5	11.8	13.3	13.4	14.3
新　　疆	67.5	70.5	69.8	63.3	62.6	64.4	75.0

3—76 各地区海水养殖面积

单位：千公顷

地区	1978年	1980年	1985年	1990年	1995年	1996年	1997年
全国总计	**100.6**	**133.6**	**277.0**	**428.9**	**715.9**	**822.1**	**937.9**
北京			0.1	0.5	0.5	0.5	0.1
天津	1.1	0.5	2.7	4.7	4.2	5.1	5.2
河北	5.6	8.2	9.6	23.7	50.9	56.3	51.6
山西							
内蒙古							
辽宁	27.3	33.6	55.7	71.5	141.4	155.0	191.9
上海			0.7	1.7	0.9	0.7	0.6
江苏	4.3	18.9	48.6	66.9	87.9	99.0	105.8
浙江	8.4	8.4	24.5	32.8	50.8	57.2	63.7
安徽							
福建	17.1	21.2	41.6	55.9	83.3	92.1	104.6
江西							
山东	17.9	19.0	33.1	70.0	131.9	161.6	182.7
河南							
湖北							
湖南							
广东	17.0	22.2	58.7	92.3	116.2	138.5	171.0
广西	1.9	1.6	1.9	5.4	41	48.4	52.2
海南				3.7	6.9	7.6	8.5
重庆							
四川							
贵州							
云南							
西藏							
陕西							
甘肃							
青海							
宁夏							
新疆							

3—76 续表　　　　单位：千公顷

地　区	1998 年	1999 年	2000 年	2001 年	2002 年	2003 年	2004 年
全国总计	**1004.4**	**1095.0**	**1243.2**	**1286.9**	**1344.7**	**1532.2**	**1623.8**
北　京							
天　津	4.5	4.3	4.4	4.4	5.8	5.1	5.4
河　北	71.6	59.9	70	74.8	75.3	77.6	81.7
山　西							
内蒙古							
辽　宁	201.2	229.5	236.5	246.2	278.6	381.1	404.8
吉　林							
黑龙江							
上　海	0.6	0.7	0.7	0.7	0.7	0.5	0.4
江　苏	110.1	115.2	144.2	143.8	150.3	156.9	166.3
浙　江	70.2	87.5	106.4	112.8	116.9	117.4	118.3
安　徽							
福　建	114.9	122.0	130.3	134.3	138.0	139.4	147.5
江　西							
山　东	188.8	224.1	280	290.0	292.8	358.3	398.7
河　南							
湖　北							
湖　南							
广　东	176.4	180.1	194.9	202.8	208.2	216.8	221.3
广　西	55.6	58.6	61.4	61.3	61.7	62.3	61.9
海　南	10.6	13.1	14.5	15.9	16.4	16.8	17.7
重　庆							
四　川							
贵　州							
云　南							
西　藏							
陕　西							
甘　肃							
青　海							
宁　夏							
新　疆							